高职高专教改系列教材

水利水电工程实训教程

主　编　费成效　潘孝兵
副主编　赵吴静　张海娥　刘甘华
主　审　毕守一

中国水利水电出版社
www.waterpub.com.cn

内 容 提 要

本教程是中央财政支持提升水利水电专业能力建设项目的子项目，是高等职业教育改革系列教材之一。本教程是根据全国水利水电高职教研会的水利水电工程指导性教学计划编写的。本教程涵盖了大部分水利水电专业的实训项目，对如何开发、开展实训项目，如何组织实训项目起到指导性的作用。全书共分10个项目，内容包括水利水电工程专业导论、水利工程制图与识图实训、水工混凝土结构实训、工程水文实训、水利工程招投标与合同管理实训、水利工程造价实训、水利工程施工与管理实训、水利工程监理实训、水工建筑物识图与实训和综合实践。

本教程是高等职业教育院校水利工程、水利水电工程、水利工程施工技术、水利工程管理等专业的实训教程，也可作为其他土木工程类专业的参考教程，还可供从事水利水电工程行业的技术人员参考。

图书在版编目（CIP）数据

水利水电工程实训教程 / 费成效，潘孝兵主编. -- 北京 : 中国水利水电出版社，2016.6
高职高专教改系列教材
ISBN 978-7-5170-4528-1

Ⅰ. ①水… Ⅱ. ①费… ②潘… Ⅲ. ①水利水电工程－高等职业教育－教材 Ⅳ. ①TV

中国版本图书馆CIP数据核字(2016)第161735号

书 名	高职高专教改系列教材 **水利水电工程实训教程**
作 者	主 编 费成效 潘孝兵 副主编 赵昊静 张海娥 刘甘华 主 审 毕守一
出版发行	中国水利水电出版社 （北京市海淀区玉渊潭南路1号D座 100038） 网址：www.waterpub.com.cn E-mail：sales@waterpub.com.cn 电话：(010) 68367658（发行部）
经 售	北京科水图书销售中心（零售） 电话：(010) 88383994、63202643、68545874 全国各地新华书店和相关出版物销售网点
排 版	中国水利水电出版社微机排版中心
印 刷	北京纪元彩艺印刷有限公司
规 格	184mm×260mm 16开本 17印张 403千字
版 次	2016年6月第1版 2016年6月第1次印刷
印 数	0001—3000册
定 价	**39.50元**

前言

依据2011年中央1号文件《中共中央　国务院关于加快水利改革发展的决定》《国家中长期教育改革和发展规划纲要（2010—2020年）》《水利部　教育部　关于进一步推进水利职业教育改革发展的意见》（水人事〔2013〕121号）、《关于推进高等职业教育改革创新引领职业教育科学发展的若干意见》（教职成〔2011〕12号）、《关于实施高等学校本科教学质量与教学改革工程的意见》（教高〔2007〕1号）、《国务院关于加快发展现代职业教育的决定》，以邓小平理论和“三个代表”重要思想为指导，深入贯彻落实科学发展观，全面贯彻党和国家的教育方针，遵循教育教学工作的基本规律。充分吸收职业教育教学内容和课程体系改革的成果，坚持以就业为导向，注重素质教育和个性发展，突出技术应用能力的培养，注重创新意识和实践能力的培养，德、智、体、美有机结合，进一步强化技术应用型特色。

准确定位专业培养目标，深化校企合作，以培养技术应用型人才为目标，以提高技术应用型人才培养质量为核心，创新技术应用型人才培养模式。要以职业能力培养为主线，能力培养突出应用性、培养过程突出实践性、教学环境突出开放性、质量评价突出社会性、培养方案突出操作性。构建能主动适应经济社会发展需要、特色鲜明、科学优化的课程体系，做到课程设置能力培养和突出职业性、教学内容突出前瞻性、知识构建突出针对性。

教程内容突出能力要求：强化学生水利水电工程制图、测量、材料检测、计算机应用、工程测试和试验设备使用的基本能力；土建结构工程的勘测、规划、设计与结构分析能力；水利工程施工技术、施工组织设计和项目管理能力；文献检索和资料查询的实际工作能力。

本教程编写分工如下：安徽水利水电职业技术学院费成效编写学习项目1和学习项目3、学习单元7.1～7.5，刘甘华编写学习项目2、学习单元9.1，赵吴静编写学习项目4，张海娥编写学习项目6和学习项目8，潘孝兵编写学习单元9.2，宋春发编写学习单元9.3，刘军号编写学习单元1.1，黄百顺编写学习单元1.2，丁友斌编写学习单元1.4，安徽水利基本建设管理局李光华编写学习项目5，安徽省龙河口水库管理处胡平编写学习单元7.6～7.9，河南黄河河务局刘东锋编写学习项目10，巢湖管理局巢湖闸管理处崔雷编写学习单元8.1.3，四川锦瑞青山科技有限公司陈前编写学习单元6.3和学习单元6.4。本教程由费成效、潘孝兵担任主编，费成效负责全书统稿，由赵吴静、张海娥、刘甘华担任副主编，宋春发、程保磊参编，由安徽水利水电职业技术学院毕守一教授担任主审。

由于编者水平有限，编写时间仓促，书中难免出现不妥之处，恳请师生及读者批评指正。

编　者

2016年1月

目 录

学习项目1　水利水电工程专业导论

学习单元1.1　水　利　事　业

水是生命之源、生产之要、生态之基。兴水利、除水害，事关人类生存、经济发展、社会进步，历来是治国安邦的大事。促进经济长期平稳较快发展和社会和谐稳定，夺取全面建设小康社会新胜利，必须下决心加快水利发展，切实增强水利支撑保障能力，实现水资源可持续利用。近年来中国频繁发生的严重水旱灾害，造成重大生命财产损失，暴露出农田水利等基础设施十分薄弱，必须大力加强水利建设。

1.1.1　新形势下水利的战略地位

1. 水利面临的新形势

新中国成立以来，特别是改革开放以来，党和国家始终高度重视水利工作，领导人民开展了气壮山河的水利建设，取得了举世瞩目的巨大成就，为经济社会发展、人民安居乐业作出了突出贡献。但必须看到，人多水少、水资源时空分布不均是中国的基本国情水情。洪涝灾害频繁仍然是中华民族的心腹大患，水资源供需矛盾突出仍然是可持续发展的主要瓶颈，农田水利建设滞后仍然是影响农业稳定发展和国家粮食安全的最大硬伤，水利设施薄弱仍然是国家基础设施的明显短板。随着工业化、城镇化深入发展，全球气候变化影响加大，中国水利面临的形势更趋严峻，增强防灾减灾能力要求越来越迫切，强化水资源节约保护工作越来越繁重，加快扭转农业主要“靠天吃饭”局面任务越来越艰巨。2010年西南地区发生特大干旱、多数省区市遭受洪涝灾害、部分地方突发严重山洪泥石流，再次警示我们加快水利建设刻不容缓。

2. 新形势下水利的地位和作用

水利是现代农业建设不可或缺的首要条件，是经济社会发展不可替代的基础支撑，是生态环境改善不可分割的保障系统，具有很强的公益性、基础性、战略性。加快水利改革发展，不仅事关农业农村发展，而且事关经济社会发展全局；不仅关系到防洪安全、供水安全、粮食安全，而且关系到经济安全、生态安全、国家安全。要把水利工作摆上党和国家事业发展更加突出的位置，着力加快农田水利建设，推动水利实现跨越式发展。

1.1.2　水利改革发展的指导思想、目标任务和基本原则

1. 指导思想

全面贯彻2011年《中共中央　国务院关于加快水利改革发展的决定》，国务院印发《关于加快发展现代职业教育的决定》（国发〔2014〕19号），以邓小平理论和“三个代表”重要思想为指导，深入贯彻落实科学发展观，把水利作为国家基础设施建设的优先领

域，把农田水利作为农村基础设施建设的重点任务，把严格水资源管理作为加快转变经济发展方式的战略举措，注重科学治水、依法治水，突出加强薄弱环节建设，大力发展民生水利，不断深化水利改革，加快建设节水型社会，促进水利可持续发展，努力走出一条中国特色水利现代化道路。

2. 目标任务

力争通过5～10年努力，从根本上扭转水利建设明显滞后的局面。到2020年，基本建成防洪抗旱减灾体系，重点城市和防洪保护区防洪能力明显提高，抗旱能力显著增强，“十二五”期间基本完成重点中小河流（包括大江大河支流、独流入海河流和内陆河流）重要河段治理、全面完成小型水库除险加固和山洪灾害易发区预警预报系统建设；基本建成水资源合理配置和高效利用体系，全国年用水总量力争控制在6700亿m^3以内，城乡供水保证率显著提高，城乡居民饮水安全得到全面保障，万元国内生产总值和万元工业增加值用水量明显降低，农田灌溉水有效利用系数提高到0.55以上，“十二五”期间新增农田有效灌溉面积4000万亩；基本建成水资源保护和河湖健康保障体系，主要江河湖泊水功能区水质明显改善，城镇供水水源地水质全面达标，重点区域水土流失得到有效治理，地下水超采基本遏制；基本建成有利于水利科学发展的制度体系，最严格的水资源管理制度基本建立，水利投入稳定增长机制进一步完善，有利于水资源节约和合理配置的水价形成机制基本建立，水利工程良性运行机制基本形成。

3. 基本原则

一要坚持民生优先。着力解决群众最关心最直接最现实的水利问题，推动民生水利新发展。二要坚持统筹兼顾。注重兴利除害结合、防灾减灾并重、治标治本兼顾，促进流域与区域、城市与农村、东中西部地区水利协调发展。三要坚持人水和谐。顺应自然规律和社会发展规律，合理开发、优化配置、全面节约、有效保护水资源。四要坚持政府主导。发挥公共财政对水利发展的保障作用，形成政府社会协同治水兴水合力。五要坚持改革创新。加快水利重点领域和关键环节改革攻坚，破解制约水利发展的体制机制障碍。

1.1.3 突出加强农田水利等薄弱环节建设

1. 大兴农田水利建设

到2020年，基本完成大型灌区、重点中型灌区续建配套和节水改造任务。结合全国新增千亿斤粮食生产能力规划实施，在水土资源条件具备的地区，新建一批灌区，增加农田有效灌溉面积。实施大中型灌溉排水泵站更新改造，加强重点涝区治理，完善灌排体系。健全农田水利建设新机制，中央和省级财政要大幅增加专项补助资金，市、县两级政府也要切实增加农田水利建设投入，引导农民自愿投工投劳。加快推进小型农田水利重点县建设，优先安排产粮大县，加强灌区末级渠系建设和田间工程配套，促进旱涝保收高标准农田建设。因地制宜兴建中小型水利设施，支持山丘区小水窖、小水池、小塘坝、小泵站、小水渠等“五小水利”工程建设，重点向革命老区、民族地区、边疆地区、贫困地区倾斜。大力发展节水灌溉，推广渠道防渗、管道输水、喷灌滴灌等技术，扩大节水、抗旱设备补贴范围。积极发展旱作农业，采用地膜覆盖、深松深耕、保护性耕作等技术。稳步发展牧区水利，建设节水高效灌溉饲草料地。

2. 加快中小河流治理和小型水库除险加固

中小河流治理要优先安排洪涝灾害易发、保护区人口密集、保护对象重要的河流及河段，加固堤岸，清淤疏浚，使治理河段基本达到国家防洪标准。巩固大中型病险水库除险加固成果，加快小型病险水库除险加固步伐，尽快消除水库安全隐患，恢复防洪库容，增强水资源调控能力。推进大中型病险水闸除险加固。山洪地质灾害防治要坚持工程措施和非工程措施相结合，抓紧完善专群结合的监测预警体系，加快实施防灾避让和重点治理。

3. 抓紧解决工程性缺水问题

加快推进西南等工程性缺水地区重点水源工程建设，坚持蓄引提与合理开采地下水相结合，以县域为单元，尽快建设一批中小型水库、引提水和连通工程，支持农民兴建小微型水利设施，显著提高雨洪资源利用和供水保障能力，基本解决缺水城镇、人口较集中乡村的供水问题。

4. 提高防汛抗旱应急能力

尽快健全防汛抗旱统一指挥、分级负责、部门协作、反应迅速、协调有序、运转高效的应急管理机制。加强监测预警能力建设，加大投入，整合资源，提高雨情汛情旱情预报水平。建立专业化与社会化相结合的应急抢险救援队伍，着力推进县乡两级防汛抗旱服务组织建设，健全应急抢险物资储备体系，完善应急预案。建设一批规模合理、标准适度的抗旱应急水源工程，建立应对特大干旱和突发水安全事件的水源储备制度。加强人工增雨（雪）作业示范区建设，科学开发利用空中云水资源。

5. 继续推进农村饮水安全建设

“十二五”期间基本解决新增农村饮水不安全人口的饮水问题。积极推进集中供水工程建设，提高农村自来水普及率。有条件的地方延伸集中供水管网，发展城乡一体化供水。加强农村饮水安全工程运行管理，落实管护主体，加强水源保护和水质监测，确保工程长期发挥效益。制定支持农村饮水安全工程建设的用地政策，确保土地供应，对建设、运行给予税收优惠，供水用电执行居民生活或农业排灌用电价格。

1.1.4　全面加快水利基础设施建设

1. 继续实施大江大河治理

进一步治理淮河，搞好黄河下游治理和长江中下游河势控制，继续推进主要江河河道整治和堤防建设，加强太湖、洞庭湖、鄱阳湖综合治理，全面加快蓄滞洪区建设，合理安排居民迁建。搞好黄河下游滩区安全建设。“十二五”期间抓紧建设一批流域防洪控制性水利枢纽工程，不断提高调蓄洪水能力。加强城市防洪排涝工程建设，提高城市排涝标准。推进海堤建设和跨界河流整治。

2. 加强水资源配置工程建设

完善优化水资源战略配置格局，在保护生态前提下，尽快建设一批骨干水源工程和河湖水系连通工程，提高水资源调控水平和供水保障能力。加快推进南水北调东中线一期工程及配套工程建设，确保工程质量，适时开展南水北调西线工程前期研究。积极推进一批跨流域、区域调水工程建设。着力解决西北等地区资源性缺水问题。大力推进污水处理回用，积极开展海水淡化和综合利用，高度重视雨水、微咸水利用。

3. 搞好水土保持和水生态保护

实施国家水土保持重点工程，采取小流域综合治理、淤地坝建设、坡耕地整治、造林绿化、生态修复等措施，有效防治水土流失。进一步加强长江上中游、黄河上中游、西南石漠化地区、东北黑土区等重点区域及山洪地质灾害易发区的水土流失防治。继续推进生态脆弱河流和地区水生态修复，加快污染严重江河湖泊水环境治理。加强重要生态保护区、水源涵养区、江河源头区、湿地的保护。实施农村河道综合整治，大力开展生态清洁型小流域建设。强化生产建设项目水土保持监督管理。建立健全水土保持、建设项目占用水利设施和水域等补偿制度。

4. 合理开发水能资源

在保护生态和农民利益前提下，加快水能资源开发利用。统筹兼顾防洪、灌溉、供水、发电、航运等功能，科学制定规划，积极发展水电，加强水能资源管理，规范开发许可，强化水电安全监管。大力发展农村水电，积极开展水电新农村电气化县建设和小水电代燃料生态保护工程建设，搞好农村水电配套电网改造工程建设。

5. 强化水文气象和水利科技支撑

加强水文气象基础设施建设，扩大覆盖范围，优化站网布局，着力增强重点地区、重要城市、地下水超采区水文测报能力，加快应急机动监测能力建设，实现资料共享，全面提高服务水平。健全水利科技创新体系，强化基础条件平台建设，加强基础研究和技术研发，力争在水利重点领域、关键环节和核心技术上实现新突破，获得一批具有重大实用价值的研究成果，加大技术引进和推广应用力度。提高水利技术装备水平。建立健全水利行业技术标准。推进水利信息化建设，全面实施“金水工程”，加快建设国家防汛抗旱指挥系统和水资源管理信息系统，提高水资源调控、水利管理和工程运行的信息化水平，以水利信息化带动水利现代化。加强水利国际交流与合作。

1.1.5 建立水利投入稳定增长机制

1. 加大公共财政对水利的投入

多渠道筹集资金，力争今后 10 年全社会水利年平均投入比 2010 年高出 1 倍。发挥政府在水利建设中的主导作用，将水利作为公共财政投入的重点领域。各级财政对水利投入的总量和增幅要有明显提高。进一步提高水利建设资金在国家固定资产投资中的比重。大幅度增加中央和地方财政专项水利资金。从土地出让收益中提取 10%用于农田水利建设，充分发挥新增建设用地土地有偿使用费等土地整治资金的综合效益。进一步完善水利建设基金政策，延长征收年限，拓宽来源渠道，增加收入规模。完善水资源有偿使用制度，合理调整水资源费征收标准，扩大征收范围，严格征收、使用和管理。有重点防洪任务和水资源严重短缺的城市要从城市建设维护税中划出一定比例用于城市防洪排涝和水源工程建设。切实加强水利投资项目和资金监督管理。

2. 加强对水利建设的金融支持

综合运用财政和货币政策，引导金融机构增加水利信贷资金。有条件的地方根据不同水利工程的建设特点和项目性质，确定财政贴息的规模、期限和贴息率。在风险可控的前提下，支持农业发展银行积极开展水利建设中长期政策性贷款业务。鼓励国家开发银行、

农业银行、农村信用社、邮政储蓄银行等银行业金融机构进一步增加农田水利建设的信贷资金。支持符合条件的水利企业上市和发行债券，探索发展大型水利设备设施的融资租赁业务，积极开展水利项目收益权质押贷款等多种形式融资。鼓励和支持发展洪水保险。提高水利利用外资的规模和质量。

3. 广泛吸引社会资金投资水利

鼓励符合条件的地方政府融资平台公司通过直接、间接融资方式，拓宽水利投融资渠道，吸引社会资金参与水利建设。鼓励农民自力更生、艰苦奋斗，在统一规划基础上，按照多筹多补、多干多补原则，加大一事一议财政奖补力度，充分调动农民兴修农田水利的积极性。结合增值税改革和立法进程，完善农村水电增值税政策。完善水利工程耕地占用税政策。积极稳妥推进经营性水利项目进行市场融资。

1.1.6　实行最严格的水资源管理制度

1. 建立用水总量控制制度

确立水资源开发利用控制红线，抓紧制定主要江河水量分配方案，建立取用水总量控制指标体系。加强相关规划和项目建设布局水资源论证工作，国民经济和社会发展规划以及城市总体规划的编制、重大建设项目的布局，要与当地水资源条件和防洪要求相适应。严格执行建设项目水资源论证制度，对擅自开工建设或投产的一律责令停止。严格取水许可审批管理，对取用水总量已达到或超过控制指标的地区，暂停审批建设项目新增取水；对取用水总量接近控制指标的地区，限制审批新增取水。严格地下水管理和保护，尽快核定并公布禁采和限采范围，逐步削减地下水超采量，实现采补平衡。强化水资源统一调度，协调好生活、生产、生态环境用水，完善水资源调度方案、应急调度预案和调度计划。建立和完善国家水权制度，充分运用市场机制优化配置水资源。

2. 建立用水效率控制制度

确立用水效率控制红线，坚决遏制用水浪费，把节水工作贯穿于经济社会发展和群众生产生活全过程。加快制定区域、行业和用水产品的用水效率指标体系，加强用水定额和计划管理。对取用水达到一定规模的用水户实行重点监控。严格限制水资源不足地区建设高耗水型工业项目。落实建设项目节水设施与主体工程同时设计、同时施工、同时投产制度。加快实施节水技术改造，全面加强企业节水管理，建设节水示范工程，普及农业高效节水技术。抓紧制定节水强制性标准，尽快淘汰不符合节水标准的用水工艺、设备和产品。

3. 建立水功能区限制纳污制度

确立水功能区限制纳污红线，从严核定水域纳污容量，严格控制入河湖排污总量。各级政府要把限制排污总量作为水污染防治和污染减排工作的重要依据，明确责任，落实措施。对排污量已超出水功能区限制排污总量的地区，限制审批新增取水和入河排污口。建立水功能区水质达标评价体系，完善监测预警监督管理制度。加强水源地保护，依法划定饮用水水源保护区，强化饮用水水源应急管理。建立水生态补偿机制。

4. 建立水资源管理责任和考核制度

县级以上地方政府主要负责人对本行政区域水资源管理和保护工作负总责。严格实施水资源管理考核制度，水行政主管部门会同有关部门，对各地区水资源开发利用、节约保护主要指标的落实情况进行考核，考核结果交由干部主管部门，作为地方政府相关领导干部综合考核评价的重要依据。加强水量水质监测能力建设，为强化监督考核提供技术支撑。

1.1.7 不断创新水利发展体制机制

1. 完善水资源管理体制

强化城乡水资源统一管理，对城乡供水、水资源综合利用、水环境治理和防洪排涝等实行统筹规划、协调实施，促进水资源优化配置。完善流域管理与区域管理相结合的水资源管理制度，建立事权清晰、分工明确、行为规范、运转协调的水资源管理工作机制。进一步完善水资源保护和水污染防治协调机制。

2. 加快水利工程建设和管理体制改革

区分水利工程性质，分类推进改革，健全良性运行机制。深化国有水利工程管理体制改革，落实好公益性、准公益性水管单位基本支出和维修养护经费。中央财政对中西部地区、贫困地区公益性工程维修养护经费给予补助。妥善解决水管单位分流人员社会保障问题。深化小型水利工程产权制度改革，明确所有权和使用权，落实管护主体和责任，对公益性小型水利工程管护经费给予补助，探索社会化和专业化的多种水利工程管理模式。对非经营性政府投资项目，加快推行代建制。充分发挥市场机制在水利工程建设和运行中的作用，引导经营性水利工程积极走向市场，完善法人治理结构，实现自主经营、自负盈亏。

3. 健全基层水利服务体系

建立健全职能明确、布局合理、队伍精干、服务到位的基层水利服务体系，全面提高基层水利服务能力。以乡镇或小流域为单元，健全基层水利服务机构，强化水资源管理、防汛抗旱、农田水利建设、水利科技推广等公益性职能，按规定核定人员编制，经费纳入县级财政预算。大力发展农民用水合作组织。

4. 积极推进水价改革

充分发挥水价的调节作用，兼顾效率和公平，大力促进节约用水和产业结构调整。工业和服务业用水要逐步实行超额累进加价制度，拉开高耗水行业与其他行业的水价差价。合理调整城市居民生活用水价格，稳步推行阶梯式水价制度。按照促进节约用水、降低农民水费支出、保障灌排工程良性运行的原则，推进农业水价综合改革，农业灌排工程运行管理费用由财政适当补助，探索实行农民定额内用水享受优惠水价、超定额用水累进加价的办法。

1.1.8 切实加强对水利工作的领导

1. 落实各级党委和政府责任

各级党委和政府要站在全局和战略高度，切实加强水利工作，及时研究解决水利改革发展中的突出问题。实行防汛抗旱、饮水安全保障、水资源管理、水库安全管理行政首长负责制。各地要结合实际，认真落实水利改革发展各项措施，确保取得实效。各级水行政

主管部门要切实增强责任意识，认真履行职责，抓好水利改革发展各项任务的实施工作。各有关部门和单位要按照职能分工，尽快制定完善各项配套措施和办法，形成推动水利改革发展合力。把加强农田水利建设作为农村基层开展创先争优活动的重要内容，充分发挥农村基层党组织的战斗堡垒作用和广大党员的先锋模范作用，带领广大农民群众加快改善农村生产生活条件。

2. 推进依法治水

建立健全水法规体系，抓紧完善水资源配置、节约保护、防汛抗旱、农村水利、水土保持、流域管理等领域的法律法规。全面推进水利综合执法，严格执行水资源论证、取水许可、水工程建设规划同意书、洪水影响评价、水土保持方案等制度。加强河湖管理，严禁建设项目非法侵占河湖水域。加强国家防汛抗旱督察工作制度化建设。健全预防为主、预防与调处相结合的水事纠纷调处机制，完善应急预案。深化水行政许可审批制度改革。科学编制水利规划，完善全国、流域、区域水利规划体系，加快重点建设项目前期工作，强化水利规划对涉水活动的管理和约束作用。做好水库移民安置工作，落实后期扶持政策。

3. 加强水利队伍建设

适应水利改革发展新要求，全面提升水利系统干部职工队伍素质，切实增强水利勘测设计、建设管理和依法行政能力。支持大专院校、中等职业学校水利类专业建设。大力引进、培养、选拔各类管理人才、专业技术人才、高技能人才，完善人才评价、流动、激励机制。鼓励广大科技人员服务于水利改革发展第一线，加大基层水利职工在职教育和继续培训力度，解决基层水利职工生产生活中的实际困难。广大水利干部职工要弘扬“献身、负责、求实”的水利行业精神，更加贴近民生，更多服务基层，更好服务经济社会发展全局。

4. 动员全社会力量关心和支持水利工作

加大力度宣传国情水情，提高全民水患意识、节水意识、水资源保护意识，广泛动员全社会力量参与水利建设。把水情教育纳入国民素质教育体系和中小学教育课程体系，作为各级领导干部和公务员教育培训的重要内容。把水利纳入公益性宣传范围，为水利又好又快发展营造良好舆论氛围。对在加快水利改革发展中取得显著成绩的单位和个人，各级政府要按照国家有关规定给予表彰奖励。

加快水利改革发展，使命光荣，任务艰巨，责任重大。

学习单元1.2　水利水电工程专业教育基本知识

1.2.1　水利水电工程专业高职教育简介

深入贯彻十八大、2011年中央1号文件、中央水利工作会议有关精神，认真落实《国家中长期教育改革和发展规划纲要（2010—2020年）》相关要求，以满足水利事业发展对技能人才的需求为主要目标，充分利用社会各类优质资源，以提供职业院校学生顶岗实习岗位和人才供需信息为切入点，调动各水利职业院校与企事业单位之间深度合作积极性。努力把职教集团打造成全国示范性职教集团之一，通过职教集团构建水利职业教育产学合作平台，进一步完善职教集团运行管理机制，实现职教集团各成员单位之间资源共享、优势互补，共同推进水利职业教育改革与发展，为行业发展培养更多的技能型、实用型人才。

1. 建立校企合作机制

调动行业企业参与学校办学积极性，组织各企业、学校开展校企深度融合，通过创新合作机制与运行模式，使校企双方在合作过程中实现双赢。向企业提供各专业毕业生信息，为企业输送优质的高技能人才；向企业提供各院校科研、咨询、培训等技术服务资源信息，为企业培训、技术更新、咨询服务、企业文化建设、解决生产和经营疑难问题等提供服务与合作；向院校提供顶岗实习、就业岗位、兼职教师、实习基地、设备捐赠、奖教奖学金等信息，为院校人才培养工作服务；逐步建立职教集团区域性学生顶岗实习岗前训练基地，由院校、企事业单位共同派教师对学生进行顶岗实习前培训，对毕业生顶岗实习过程进行管理、考核、评价。

2. 建立校校合作机制

发挥职教集团的桥梁作用，加强集团内校际间的交流、合作。整合各院校优质教学资源、人才资源和环境资源，充分利用各院校办学优势和特色，实现资源共享，使各院校的办学资源发挥最大效益。建立校际间优秀专兼教师资源库，建立教师互派、交流机制，实现校际教师共享；在部分具有较好实践教学条件的院校中，整合优质的校内外实验实训室和实训基地资源，向其他有需求的院校提供接纳学生训练的服务；发挥各院校的校企合作成果和地域优势，促进校际之间开展毕业生顶岗实习和就业工作，形成各院校互相支持、互相帮助和共同推动毕业生就业工作的良好运行机制。

3. 建立信息共享机制

利用网络技术的优势，建立面向全国水利行业企事业单位、全国水利职业院校的服务性网站，为学校、企业、毕业生提供服务。在全国水利职业院校建立专门机构和专门人员，定期向网站输送毕业生信息、专业信息、社会服务信息，发动全国主要水利企事业向网站提供企业用人、培训、技术咨询服务等信息，建立校企双方供需动态数据库；建立完善网站运行管理机制，保证网站的正常运行，发挥应有的效益。

1.2.2 课程简介

1. 思想政治

本课程是电大各专业必修的公共基础课。通过本课程的开设，使学生深刻把握邓小平理论的精神实质，掌握什么是社会主义，如何建设社会主义这个基本理论问题；把握社会主义的本质和社会主义建设的规律，增强执行党的“一个中心，两个基本点”的基本路线的自觉性和坚定性；确立建设中国特色的社会主义的理想，立志为改革开放和现代化建设服务。

本课程的主要内容：时代的发展与中国特色社会主义的兴起、邓小平哲学思想与党的思想路线、社会主义初级阶段理论与党在现阶段的大政方针、邓小平对社会主义本质理论的贡献、社会主义市场经济理论与中国走向市场经济的道路、中国社会主义建

设的发展战略、中国现代化建设的国际环境与对外开放战略、社会主义必须建设高度的精神文明、政治体制改革与有中国特色社会主义民主政治建设、“一国两制”构想与国家统一战略、科教兴国战略与高等教育的改革和发展、建设有中国特色社会主义事业的关键在于党。

2. 计算机应用基础

本课程是理工科各专业必修的基础课。通过本课程的教学，使学生掌握计算机的基础知识、基本概念和基本操作技能，并掌握计算机实用软件的使用，为学生使用计算机和进一步学习计算机有关知识打下基础。

课程的主要内容：计算机的产生、发展及应用，计算机系统组成，计算机安全常识等计算机基本知识；信息处理概述，计算机中数和字符的表示方式，汉字输入方法等计算机信息处理技术；DOS 操作系统基本使用方法；Windows 操作系统基本使用方法；计算机网络基本概念和 Internet 入网方法。此外设有 WPS 文字处理系统、数据库管理系统和 Word 文字处理系统、Excel 电子报表系统两部分选择教学内容，供各地电大根据本地实际选用。

3. 工程力学

本课程是水利水电工程专业中理论性较强的技术基础课。它的任务是使学生掌握质点、质点系和刚体结构运动的基本规律及其研究方法，构件的强度、刚度、稳定等问题的基本概念、基本理论，掌握杆系结构的内力、强度、刚度、稳定计算的基本原理和基本方法，为从事水利水电工程结构设计及施工提供必要的理论知识，为学习专业课奠定必要的力学基础。

本课程的选修课：高等数学等。

本课程的后续课：水力学，水工钢筋混凝土结构等。

4. 水利工程测量

本课程是水利水电工程专业的技术基础课，学习这门课程为解决工程规划、设计和施工中有关测绘问题打下基础。学生通过学习应掌握测量学的基本原理，了解水准仪、经纬仪等基本构造原理、操作方法和检验方法，掌握小面积大比例及地形测绘的基本工作程序和方法，能正确识读地形图，并从图上取得工程规划中常用的地形资料和数据。掌握施工放样的基本方法。

本课程的后续课：水利工程施工，水工建筑物等。

5. 水利工程制图

本课程是水利水电工程专业的基础课。本课程内容包括画法几何和工程制图两大部分，在工程制图中着重讲述常见水工建筑物制图的基本理论、方法与技巧。要求学生掌握用投影原理绘制工程图样的一般理论和方法。学习本课程的目的是使学生认识、掌握和运用工程语言绘制工程图和识读工程图。

本课程的后续课：水工建筑物，水利工程施工等。

6. 水力学

本课程是水利水电工程专业的一门主要技术基础课。本课程的主要任务是使学生掌握水静力学和明渠、管道、堰流、渗流等各种水流运动的一般规律和有关的基本概念、基本理论、分析方法、水力计算和一定的试验技术。为学生学习专业课程、从事专业工作打下基础。

本课程的后续课：水工建筑物，水电站及泵站，水资源管理等。

7. 电工电气

本课程是水利水电工程专业的一门技术基础课。通过本课程的教学，使学生获得最必要的电学基本理论、基本知识和基本技能。

课程的主要内容：电路的基本定律、直流电路和交流电路的分析方法、RLC串并联电路、交流电路的向量图、三相交流电路；磁路与变压器、异步电动机的转矩特性、异步电动机的机械特性、异步电动机的继电 接触器控制；电子技术中的半导体二极管及其应用电路、三极管、放大电路、基本运算电路、门电路等，数模及模数转换电路。

本课程先修课程：高等数学等。

本课程的后续课：水电站与水泵站等。

8. 水工建筑物

本课程是水利水电工程专业的专业课。本课程的主要任务是：要求学生掌握各种水工建筑物的设计理论和方法，各种基层常用水工建筑物在各种水利枢纽中的功用及其布置原则，水工建筑物的观测等技术。使学生能够运用所学知识解决实际工程问题，配合其他有关课程的学习，为今后从事水工建筑物的设计、施工、管理等工作打下基础。

本课程的后续课：水利工程施工等。

9. 水文与水资源

本课程主要讲述水文现象的一般规律，掌握水文测验和工程水文学的基本原理，水利水电规划的基本知识和方法，我国水资源的分布和开发利用情况，使学生针对于不同资料具有进行水文分析和提出规划要求的基本能力，了解中国的水资源状况，掌握水资源的开发、保护、管理等方面的基本知识。

本课程的选修课：高等数学，水力学等。

10. 水利工程施工

本课程是水利水电工程专业的专业课。本课程的主要任务是：使学生掌握水利水电工程建筑施工技术和施工组织的基本知识，掌握水利水电工程的施工方法、施工组织和管理。

课程的主要内容：施工过程中的水流控制、爆破工程、基础工程、土石坝工程、面板堆石坝工程、混凝土坝工程、碾压混凝土坝工程、地下建筑及喷锚支护工程等。它是一门研究水利工程施工中各主要工种工程的施工工艺、技术和方法，是实践性很强的学科。施工组织设计、施工管理等。

本课程的选修课：水利工程测量，水工建筑物等。

11. 水电站及泵站

本课程主要包括水电站及泵站的类型及建筑物基本组成，进水口及引水道的布置设计，压力钢管的布置和结构分析，调压室布置设计及水力计算，水电站及泵站厂房布置设计等，水电站及泵站调节保证计算。

本课程的选修课：高等数学，水轮机、水泵及辅助设备，电子技术基础等。

12. 建筑材料

本课程是水利水电工程专业的技术基础课。课程的主要内容：建筑材料基本性质；水泥的原料、生产主要技术性能，掺混合材水泥及水泥选用，详细讲述混凝土的组成材料、技术性能、质量控制、配合比设计，石材，建筑砂浆，沥青混凝土及其制品，介绍常用建筑塑料，钢材基本性质、分类、牌号及选用，木材，绝热吸声，装饰材料种类、功能、选用及土工合成材料的分类、性质、技术性能、质量控制等。

本课程的后续课：水工建筑物，砖石结构，水工钢筋混凝土结构，水利工程施工等。

13. 水工钢筋混凝土结构

本课程是水利水电工程专业的专业课，其任务是使学生掌握水工建筑物中钢筋混凝土结构的设计基本理论，学会一般构件的设计方法，能正确配置钢筋、绘出施工详图。

选修课程：工程力学，建筑材料等。

后续课程：水工建筑物，水利工程施工等。

14. 工程地质与土力学

本课程是水利水电工程专业的专业课。本课程分为工程地质和土力学两部分。工程地质主要介绍岩石分类，地质构造及地史概要，第四纪沉积层及其地貌特征，地下水，若干地貌区的水文地质特征等；土力学主要讲述土的物理性质和工程分类，土的渗透，土的压缩与沉降计算，抗剪强度，土压力和土坡稳定分析，水工结构中的地基基础处理等问题。

本课程的选修课：建筑材料，工程力学，水力学等。

15. 水利工程管理

本课程是水利水电工程专业的专业课。本课程主要介绍水利工程管理方面的原理、方法及工程实践经验，主要内容包括水利工程管理的法律、法规、建筑物的维护与运行管理、检修等，水利工程的综合经营等。如水库库区防护、库岸失稳防治、水库泥沙淤积及防沙措施，水库的异重流排沙、土坝和混凝土建筑物的养护和修理，溢洪道和输水建筑物的养护和维修等内容。

本课程的选修课：水工建筑物，水电站及泵站，水力学等。

16. 水利工程经济

本课程是水利水电工程专业的专业课。本课程主要讲述工程经济学的基本概念，工程建设基本程序，工程建设项目资金的筹措，工程项目投资的经济效益、影响因素、资金的时间因素及等值运算，工程项目技术经济分析方法及评价，预测和决策技术，价值工程。

本课程的选修课：高等数学等。

17. 水利工程施工与组织管理

本课程是水利水电工程专业的专业课。本课程主要讲述工程建设的组织管理的基本过程和基本操作程序。要求学生掌握工程概预算、工程招投标等基本知识和方法，了解监理制的基本概念，工程监理的基本操作程序，业主在进度控制、投资控制、质量控制等方面的管理要求，了解“水利水电土木工程施工合同条件”和条款等。

本课程的选修课：水工建筑物，水利工程施工等。

学习单元 1.3 教学条件及教学计划

1.3.1 校内实训基地

围绕“工学交替双循环”人才培养模式，按专业核心即水利工程测绘、水利工程施工技术、水利工程运行管理、工程质量项目管理、施工组织与概预算编制建设相应的实训场（室）。既建立了水利工程测绘实训场、水利工程施工技术实训场、水利工程管理仿真实训中心、水利工程项目管理工作室、水利工程教学实训室，还建立了节水灌溉技术实训场。防洪抢险仿真中心等。

以“生产性、真实性、示范性、开放性”为原则，以设备生产化、功能系列化、环境真实化、管理企业化、人员职业化为目标，建成具有一定的先进性、仿真性和示范性，融专业教学、职业技能培训、行业技能鉴定、技术服务为一体的实验实训基地。

1.3.2 校外实习基地

依托行业、联合企业进行校外实习基地建设。以校企联合办学单位为依托，与安徽水利开发股份有限公司和安徽省水利建筑安装总公司、六安水电工程施工与监理公司等单位进一步合作。根据互利互惠、双向互动的原则，采取集中与分散相结合的方法，建立了长期稳定的校外实习基地、顶岗实习基地和就业基地。同时，加强与合作企业的联合，进行技术开发、服务，建立并完善与企业联合进行人才培养、职业培训、技术服务的产学合作长效机制。

1.3.3 教学计划

具体教学计划表可见表 1.1 和表 1.2。

表 1.1　　水利水电建筑工程专业教学计划进程表

课程类别	课程代码	课程名称	授课学时			学分	时间安排及每周授课学时					
			合计	其中			第一学年		第二学年		第三学年	
				理论教学	实习实践		第 1 学期	第 2 学期	第 3 学期	第 4 学期	第 5 学期	第 6 学期
							12 周	17 周	17 周	16 周	16 周	16 周
公共基础课	100101	思想政治	92	72	20	4.5	2	2	2			
	100301	英语	116	86	30	6	4	4				
	100501	体育	58	20	38	4	2	2				
	100401	工程数学	136	90	46	7	6	2				
	100601	计算机应用基础	56	28	28	3	4					
	401018	就业指导	32	22	10	1.5				2		

续表

课程类别	课程代码	课程名称	授课学时			学分	时间安排及每周授课学时					
			合计	其中			第一学年		第二学年		第三学年	
				理论教学	实习实践		第1学期	第2学期	第3学期	第4学期	第5学期	第6学期
							12周	17周	17周	16周	16周	16周
专业必修课	401007	工程力学	48	30	18	2.5	4					
	401028	水工CAD	48	24	24	2.5	4					
	401006	建筑材料	48	24	24	4	4					
	401041	水工钢筋混凝土结构	64	32	32	3			4			
	401005	水利工程测量	48	26	22	2.5	4					
	401043	水力学	60	40	20	3		4				
	401069	地基基础施工与监测	60	40	20	3		4				
	401009	电工与电气设备	60	40	20	3			4			
	401014	水利工程施工[①]	60	40	20	3				4		
	401044	工程水文	60	40	20	3			4			
	401031	水工程施工组织管理	54	25	29	2.5					6	
	401030	水工程施工监理	54	25	29	2.5					6	
	401060	水电站[①]	60	40	20	3				4		
	401030	水利工程管理	60	40	20	3				4		
	401013	水工建筑物基础[①]	90	45	45	4.5			6			
	401016	招投标与合同管理	60	40	20	3				4		
专业选修课		施工模块方向										
	401056	土石坝设计与施工训练	180	90	90	9					6	
	401055	重力坝设计与施工训练（选）	150	75	75	7.5					5	
	401054	水闸设计与施工训练	120	60	60	6					4	
	401057	泵站设计与施工训练（选）	120	60	60	6					4	
	401070	小型水电站设计与施工（选）	120	60	60	6					4	
	401071	综合技能训练	120	40	80	6					4	
	401072	水电工程造价分析训练（选）	120	40	80	6			4		4	
	401073	堤防工程造价分析与编制（选）	120	40	80	6					4	
	401074	水闸工程造价分析与编制（选）	120	40	80	6					4	
	401075	岗前训练（选）	60	4	56	3					2	
	401076	水利工程监理训练（选）	120	40	80	6					4	
	401077	土石坝工程造价分析与编制（选）	30	10	20	1.5					1	
	401078	水闸工程造价分析与编制（选）	30	10	20	1.5					1	
	401079	水电工程质量检查训练（选）	30	10	20	1.5					1	
	401080	堤防工程质量检查（选）	30	10	20	1.5					1	
	401081	混凝土工程质量检查（选）	30	10	20	1.5					1	
合计			1964	1119	845	156						

① 专业核心课程。

表 1.2　　水利水电建筑工程专业实践课教学进程表

实训环节类别	实训内容	学分	时间安排与实践周数						备　注
			第一学年		第二学年		第三学年		
			1	2	3	4	5	6	
专业认知实训	军事训练及国防教育、入学教育	2	2						
	房屋、设备认识实习	1.5			1				
专业基本技能实训	计算机应用训练	1.5	1						
	测量实训	4.5		1		2			
	工程 CAD 实训	1.5		1					
	建材实训	1.5		1					
	土工实训	1.5					1		
	工程制图	1.5	1						
专项训练	土石坝设计专项训练	1.5					1		用一个项目完整的原始数据，按照一定的顺序完整地进行该项目
	水闸设计专项训练	1.5					1		
	施工组织专项训练	1.5					1		
	造价专项训练	1.5					1		
	质量检测专项训练	1.5					1		
	水利工程施工专项训练	1.5			1				
	水利工程监理专项训练	3.0					2		
岗前综合实训	识读工程图	1.5					1		找一个工程，让学生从识读图纸开始，熟读图纸后根据图纸进行模拟放样，然后实地进行施工、监理训练，完成一个工程项目
	测量放样	1.5					1		
	水利工程施工技术实训	1.5					1		
	水利工程监理实训	1.5					1		
	暑假专业实践锻炼	2				（暑假）1.5			利用第四学期暑假进行
技能鉴定	技能鉴定	1.5					1		
顶岗实习及学业总结	毕业综合实践	14						14	
	毕业教育及鉴定	1						1	
合计		47	4	3	2	2+（1.5）	13	15	

学习单元1.4　水利水电工程专业职业规划与发展

水利水电工程毕业生可在水利水电工程管理、设计、科学研究机构、企事业单位和高等院校从事相关的设计、施工、管理、营销和教学等工作。可在土木建筑、交通和市政工程及其他行业从事相关工作。

1. 建设单位

譬如中国长江三峡工程开发总公司、二滩水电开发公司等。这些单位就是水电工程的投资单位。这些单位主要从事项目管理工作，工作内容包括管理工程质量、进度、投资、合同及安全文明管理，沟通与协调各参建单位，但是同样是在工程现场或者是在水电站。

2. 设计单位

众多水电设计院。这些单位由于近几年水利工程投资增多，项目较多。待遇较高，但工作压力较大，工作时间长，需要经常加班。

3. 监理单位

由于水电项目的特殊性，国家强制规定必须要有监理。监理单位的人也是常年待在工地，但是工作相比施工单位较轻松。

4. 施工单位

各水电工程局等施工单位也是大部分水工专业毕业生去的单位。由于是处在水电建设的第一线，接触到很多工程实践，很容易积累大量经验。

学习单元1.5　毕业后5～10年职业发展

关于水利水电工程专业毕业生职业发展调查，可见表1.3和表1.4。

表1.3　　水利水电工程专业毕业生职业发展调查表1

姓名：肖艳（女）　　　　工作单位：阜阳水利建筑安装公司

毕业时间：2005年6月　　　　填表时间：2012年7月

项目名称	日期	岗位	从事何种工作	获取执业资格证
姜唐湖蓄（行）洪区堤防加固工程Ⅰ标段	2005年1—11月	技术员	施工测量放线、工程量计算、内业资料整理	
淮北大堤加固工程施工02标段	2005年11月至2007年8月	技术员、资料员	施工测量放线、工程量计算、内业资料整理（含竣工资料）	资料员证 职称英语C证
洪汝河近期治理工程施工D标段	2007年3—5月	资料员	竣工资料整理及归档	
沙颍河近期治理工程施工2标段	2008年7—10月	技术员、资料员	外业辅助工作、内业资料整理、竣工资料及决算	质检员证、助理工程师、职称英语B
淮北大堤加固工程第19标段	2008年11月至2009年5月	质检员、资料员	施工内业资料、质检、竣工决算	二级建造师证

续表

项目名称	日期	岗位	从事何种工作	获取执业资格证
2007年灾后重建颍上县润赵保庄圩施工B标段	2008年4—6月		开工资料及施工图预算	
	2009年12月至2010年1月		竣工资料及决算	
阜阳市东城河泵站	2008年9月至2009年5月		内业资料、竣工决算	房建安全员证
淮北大堤加固工程涡河右堤蒙城段21标段	2008年11月至2009年1月		内业资料、竣工资料及决算	
阜阳水建四公司	2009年6月至2010年5月		投标文件编制	
阜阳水建经营科	2010年7月至今		投标文件编制	职称计算机证5门 水利造价工程师
合肥市枯草塘水库除险加固工程	2010年12月至2012年1月		内业资料	

表1.4　　水利水电工程专业毕业生职业发展调查表2

姓名：杨窃　　工作单位：安徽思宙水利建设工程有限公司

毕业时间：2005年7月　　填表时间：2014年3月

项目名称	日期	岗位	从事何种工作	获取执业资格证
安徽建工学院	2005年9月至2007年7月	学生	专升本，继续求学	本科毕业证、学士学位
中铁四局一公司（南昌向莆高铁项目）	2007年7月至2008年7月	施工员	现场管理、测量、资料	助工、二建师（房建）
中建四局六公司（黄山·汤口印象、中国南车集团铜陵车辆厂职工集资住房项目、合肥万科金域华府）	2008年7月至2010年11月	技术负责人	测量放线、资料、预决算、方案编制	注册安全工程师、GCT硕士
徐州市镇湖水利建设有限公司	2010年11月至2012年9月	经营管理部经理	标书编制、工地检查	工程师（施工管理） 小型水利负责人、质检员
安徽思宙水利建设工程有限公司	2012年9月至今	经理	自主创业，公司管理、现场控制	二建师（水利）、水利造价工程师、工程师（水利）

学习项目2　水利工程制图与识图实训

学习单元2.1　水利工程识图实训

2.1.1　实训目标

（1）熟悉《水利水电工程制图标准》（SL 73.1—2013）。
（2）掌握识读水利工程图的方法和步骤。
（3）熟悉水利工程图的内容与图示表达方法。

2.1.2　实训任务

识读水利工程图（依据水利工程例图和教材相关例图）。
（1）渡槽工程图。
（2）土坝工程图。

2.1.3　实训内容

1. 熟悉实训任务书

根据实训的目标，认真阅读实训任务书，熟悉实训任务书的内容和要求，对实训任务书中所附的水利工程图仔细分析，熟悉水利工程图的图示表达方法。

2. 熟悉实训任务和安排

依据实训任务，了解实训任务的内容与时间安排，按时完成实训任务。

3. 熟悉实训例图

依据实训要求，熟悉实训例图的图示表达方案、图示方法与图样间关系等。

4. 识读实训例图

（1）渡槽。图2.1为渡槽工程图，采用了2个基本视图（纵剖视图、平面图）及3个断面图等图形表达渡槽的结构和组成。

仔细阅读和分析渡槽设计图，理解该渡槽各组成部分的结构形状、尺寸和材料等，然后根据其相对位置关系进行组合，理解渡槽的整体结构形状。

（2）土石坝。图2.2～图2.4为水库枢纽设计图，该水库枢纽由土坝、溢洪道和输水隧洞3个水工建筑物组成。

仔细阅读和分析水库枢纽设计图，理解该土坝各组成部分的结构形状、尺寸和材料等，然后根据其相对位置关系进行组合，理解土坝的整体结构形状。

2.1.4　实训成果

提交完整的实训成果一套并认真装订：封面、目录、实训任务书、绘制指定水工建筑

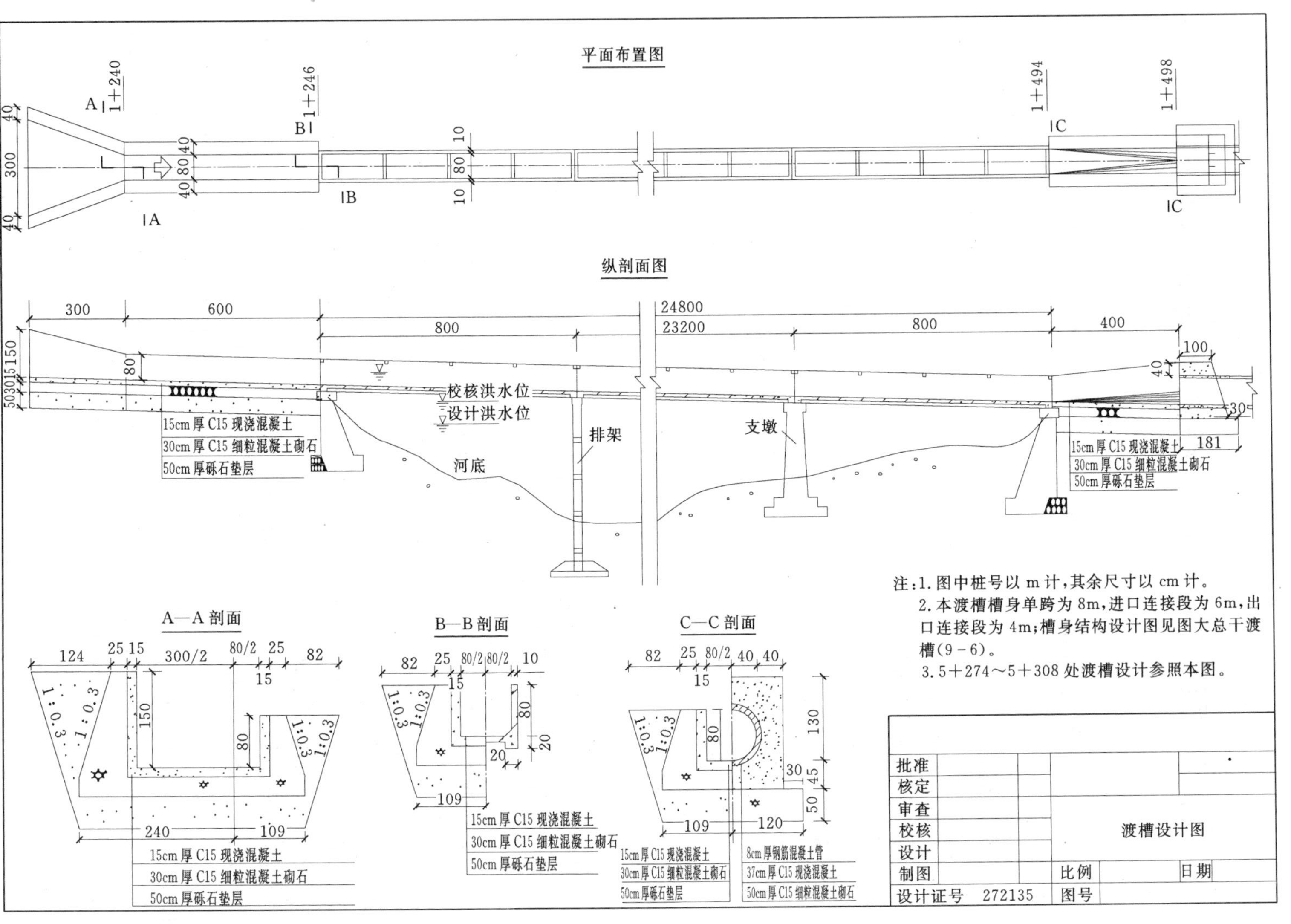

平面布置图
A
1+240
B
1+246
1+494
1+498
C
40
300
80
10
纵剖面图
300
600
800
24800
23200
400
100
150
15
30
50
80
40
30
181
校核洪水位
设计洪水位
排架
支墩
河底
15cm 厚 C15 现浇混凝土
30cm 厚 C15 细粒混凝土砌石
50cm 厚砾石垫层
注：1. 图中桩号以 m 计，其余尺寸以 cm 计。
2. 本渡槽槽身单跨为 8m，进口连接段为 6m，出口连接段为 4m；槽身结构设计图见图大总干渡槽(9－6)。
3. 5＋274～5＋308 处渡槽设计参照本图。
A—A 剖面
124
25
15
300/2
80/2
82
150
1:0.3
240
109
B—B 剖面
20
C—C 剖面
130
45
50
120
8cm 厚钢筋混凝土管
37cm 厚 C15 现浇混凝土
50cm 厚 C15 细粒混凝土砌石
批准
核定
审查
校核
设计
制图
设计证号 272135
渡槽设计图
比例
日期
图号

图 2.1 渡槽工程图

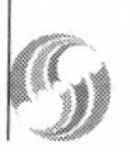

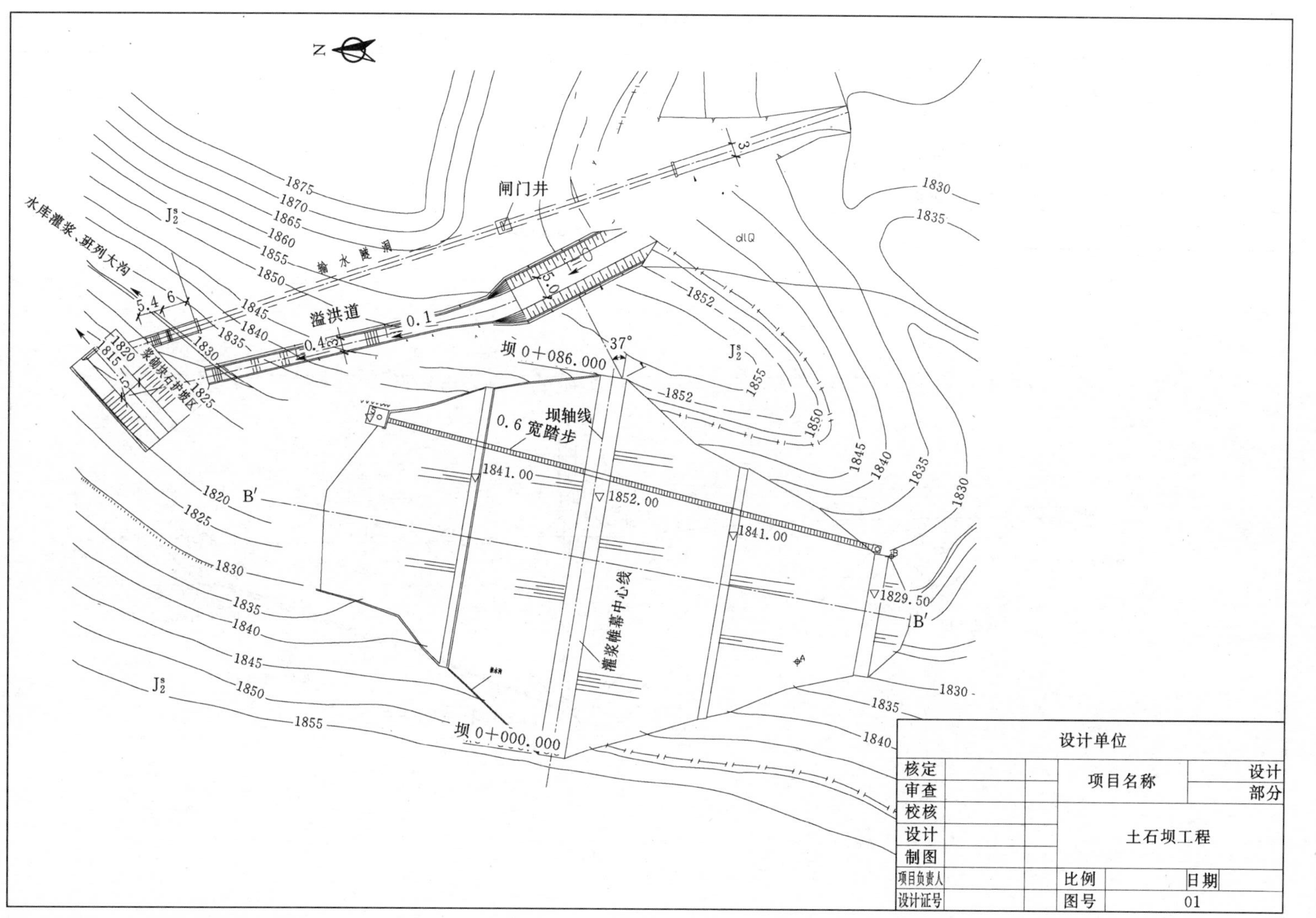

图 2.2　土坝枢纽平面布置图

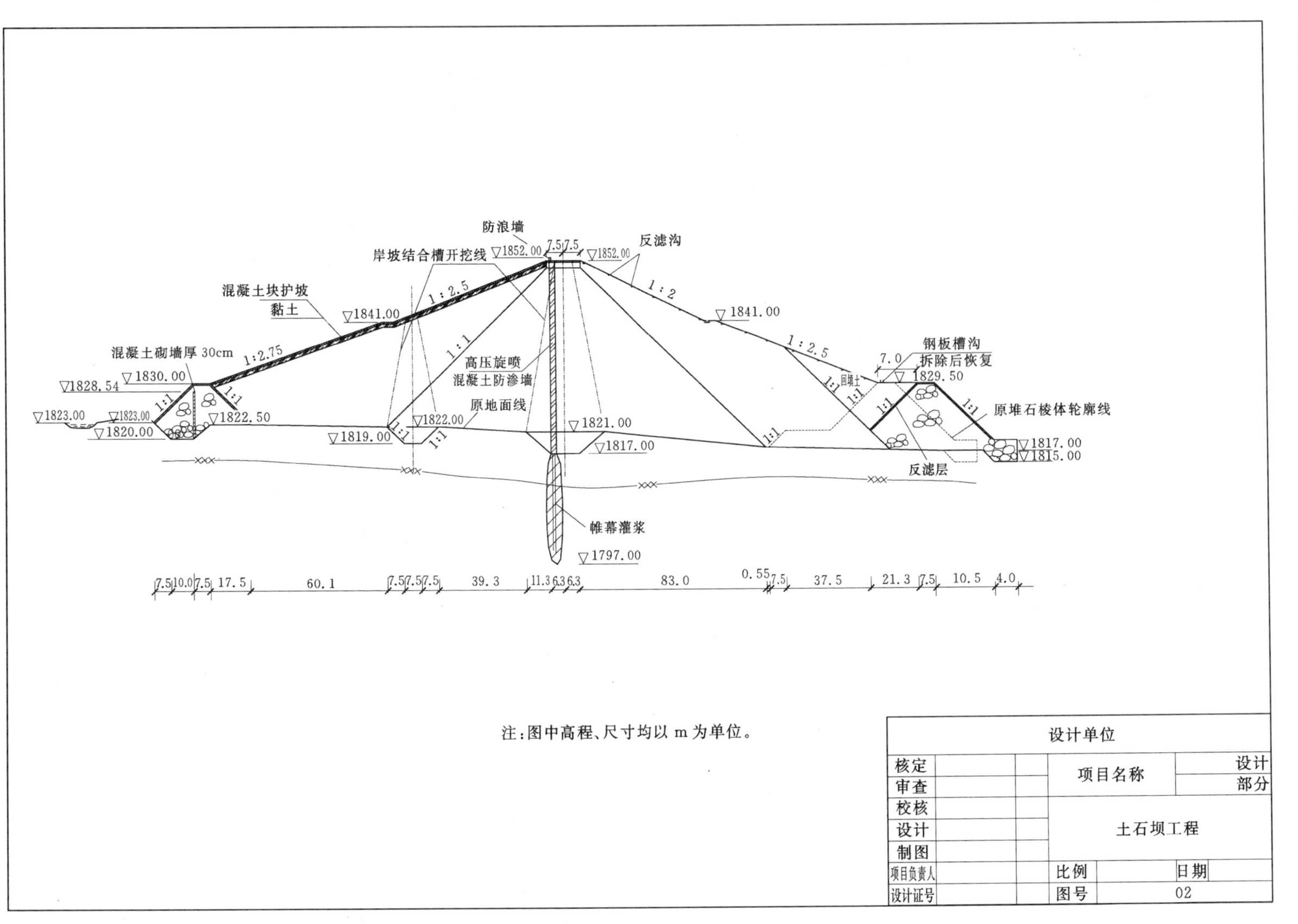

防浪墙
岸坡结合槽开挖线
反滤沟
混凝土块护坡
黏土
混凝土砌墙厚 30cm
高压旋喷
混凝土防渗墙
原地面线
帷幕灌浆
钢板槽沟
拆除后恢复
原堆石棱体轮廓线
反滤层
回填土
▽1852.00
▽1841.00
▽1830.00
▽1828.54
▽1823.00
▽1822.50
▽1820.00
▽1822.00
▽1819.00
▽1821.00
▽1817.00
▽1797.00
▽1829.50
▽1815.00
1:2.75
1:2.5
1:2
1:1
7.0
7.5 10.0 7.5 17.5 60.1 7.5 7.5 7.5 39.3 11.3 6.3 6.3 83.0 0.55 7.5 37.5 21.3 7.5 10.5 4.0
注：图中高程、尺寸均以 m 为单位。
设计单位
核定
审查
校核
设计
制图
项目负责人
设计证号
项目名称
设计
部分
土石坝工程
比例
日期
图号
02

图 2.3 大坝横断面图

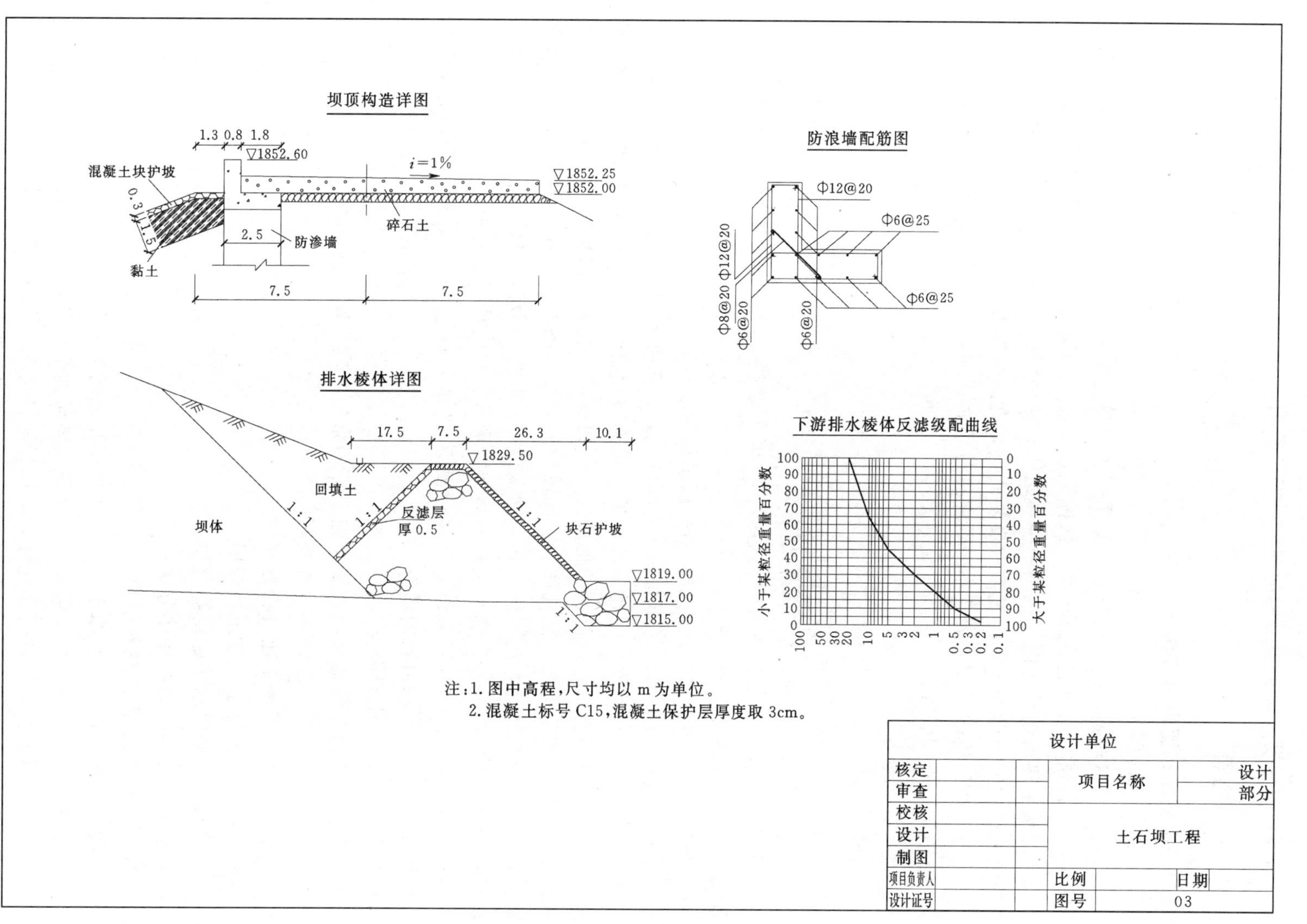
坝顶构造详图
1.3 0.8 1.8
▽1852.60
i=1%
▽1852.25
▽1852.00
混凝土块护坡
0.3
1.5
2.5
防渗墙
碎石土
黏土
7.5
7.5
防浪墙配筋图
Φ12@20
Φ6@25
Φ8@20
Φ12@20
Φ6@20
Φ6@20
Φ6@25
排水棱体详图
17.5
7.5
26.3
10.1
▽1829.50
回填土
坝体
1:1
1:1
反滤层
厚0.5
1:1
块石护坡
▽1819.00
▽1817.00
▽1815.00
1:1
下游排水棱体反滤级配曲线
小于某粒径重量百分数
大于某粒径重量百分数
注:1.图中高程,尺寸均以m为单位。
2.混凝土标号C15,混凝土保护层厚度取3cm。
设计单位
核定
审查
校核
设计
制图
项目负责人
设计证号
项目名称
设计
部分
土石坝工程
比例
日期
图号
03

图 2.4　土坝细部详图

物图、回答识图问题、实训中遇到的问题，实训总结。

2.1.5 实训指导

2.1.5.1 水利工程图识读方法

1. 水工图识读顺序

(1) 对水工枢纽图，按水工枢纽布置图—水工建筑物结构图—水工建筑物细部构造图的顺序进行，遇到问题做记录或在图上做标记，经过多次反复研读，直到全部看懂。

(2) 对水工建筑物结构图，按图中主体结构—局部结构—细部结构的顺序进行，遇到问题做记录或在图上做标记，经过多次反复研读，直到全部看懂。

(3) 对每个结构图，按先大后小的顺序进行，遇到问题做记录或在图上做标记，经过多次反复研读，直到看懂。

2. 水工图识读步骤

(1) 概括分析。

1) 先看相关专业资料和设计说明书。

2) 按图纸目录，了解图纸的配套情况。

3) 依次或有选择地对图纸进行粗略阅读，看标题栏，了解本张图纸表达水工建筑物的部位，与其他图纸之间的关系。

4) 分析图纸中表达水工建筑物结构采用了何种图示表达方法。

5) 分析图纸中有关图样之间的相互之间的关系，明确各视图所表达的部位和内容。

(2) 深入阅读。识读水工图时，需要运用相关的专业知识，还应根据工程结构的具体情况；一般采用形体分析法来进行结构分析，并根据水工建筑物的功能和结构常识，运用对照的方法读图，即平面图、剖视图、立面图对照着读，图形、尺寸、文字说明对照着分析识读等。概括分析之后，还要进一步仔细阅读，其顺序一般是由总体到部分，由主要结构到次要结构，逐次深入，识读水工建筑物结构形状、相对位置和材料等。

(3) 归纳总结。通过归纳总结，对水工建筑物的大小、形状、位置、功能、结构特点、材料等有一个完整和清晰的理解。

2.1.5.2 水利工程图识读要点

由于水工建筑物受到地形、水流、施工等因素的影响，图示内容显得“杂乱”，识读时首要工作就是“清理”图纸，一般按照以下方法进行：

(1) 按地形位置将水工建筑物分部位。

(2) 按施工流程将水工建筑物分层。

(3) 按水流方向将水工建筑物分段。

(4) 按水工建筑物结构用途分块。

2.1.5.3 水利工程图识读注意事项

(1) 找齐识读目标的所有图示图样，分析相互之间的关系。

(2) 读图时不要只盯一张图或一个图样看，要做到全面分析，更不能背图纸。

(3) 读图时可根据具体的工作任务，有选择地确定识读内容。

(4) 读图时应先看图样形状，然后再看尺寸、标注和图例等定大小、相对位置和材料等。

2.1.5.4　水闸工程图识读

1. 概括分析

图2.5为进水闸设计图，比例1：150，采用了3个基本视图（纵剖视图，平面图，上、下游立面图）及5个断面图等图形表达水闸的结构和组成。

2. 分析图示表达方案

平面图表达了水闸各组成部分的平面布置、形状、材料和大小。进水闸为对称结构，采用对称画法。

闸室段工作桥、交通桥和闸门采用了拆卸画法；冒水孔的分布情况采用了省略画法；标注出B—B、C—C、D—D、E—E、F—F剖切位置线。

A—A纵剖视图是用剖切平面沿水流方向经过闸孔剖开得到。它表达了铺盖、闸室底板、消力池、海漫等部分的剖面形状和各段的长度及连接形状，图中可以看到门槽位置、排架形状以及上、下游设计水位和各部分的高程。

上、下游立面图：表达了梯形河道剖面及水闸上游立面和下游立面的结构布置。由于视图对称，采用各画一半的合成视图表达。

5个断面图：B—B断面图表达闸室为钢筋混凝土整体结构，同时还可以看出岸墙处回填黏土剖面形状和尺寸。C—C、E—E、F—F断面图分别表达上、下游翼墙的剖面形状、尺寸、材料、回填黏土和排水孔处垫粗砂的情况。D—D剖面表达了路沿挡土墙的剖面形状和上游面护坡的砌筑材料等。

3. 深入阅读

综合阅读相关视图可知，本进水闸可采取分段、分层和分部位阅读。水闸的上游段、闸室段、下游段各部分的大小、材料和构造。

上游段的铺盖底部是黏土层，采用钢筋混凝土材料护面，端部有防渗齿坎。两岸是浆砌块石护坡。翼墙采用斜降式八字翼墙，防止两岸土体坍塌，保护河岸免受水流冲刷。翼墙与闸室边墩之间设垂直止水，钢筋混凝土铺盖与闸室底板之间设水平止水；具体参数如图2.5所示。

水闸的闸室为钢筋混凝土整体结构，由底板、闸墩、岸墙（也称边墩）、闸门、交通桥、排架及工作桥等组成。闸室全长7m、宽6.8m，中间有一闸墩分成两孔，闸墩厚0.6m，两端分别做成半圆形，墩上有闸门槽及修理门槽。闸门为平板门。混凝土底板厚0.7m，前后有齿坎，防止水闸滑动。靠闸室下游设有钢筋混凝土交通桥，中部由排架支承工作桥；具体参数如图2.5所示。

在闸室的下游，连接着一段陡坡及消力池，其两侧为混凝土挡土墙。消力池用混凝土材料做成，海漫由浆砌石做成，为了降低渗水压力，在消力池和海漫的混凝土底板上设有冒水孔，为防止排水时冲走地下的土壤，在底板下筑有反滤层。下游采用圆柱面翼墙，与渠道边坡连接，保证水流顺畅地进入下游渠道，具体参数如图2.5所示。

4. 深入阅读

经过对图纸中进水闸结构的仔细阅读和分析，理解该进水闸各组成部分的结构形状、尺寸和材料等，然后根据其相对位置关系进行组合，可以理解出水闸空间的整体结构形状，如图2.6所示。

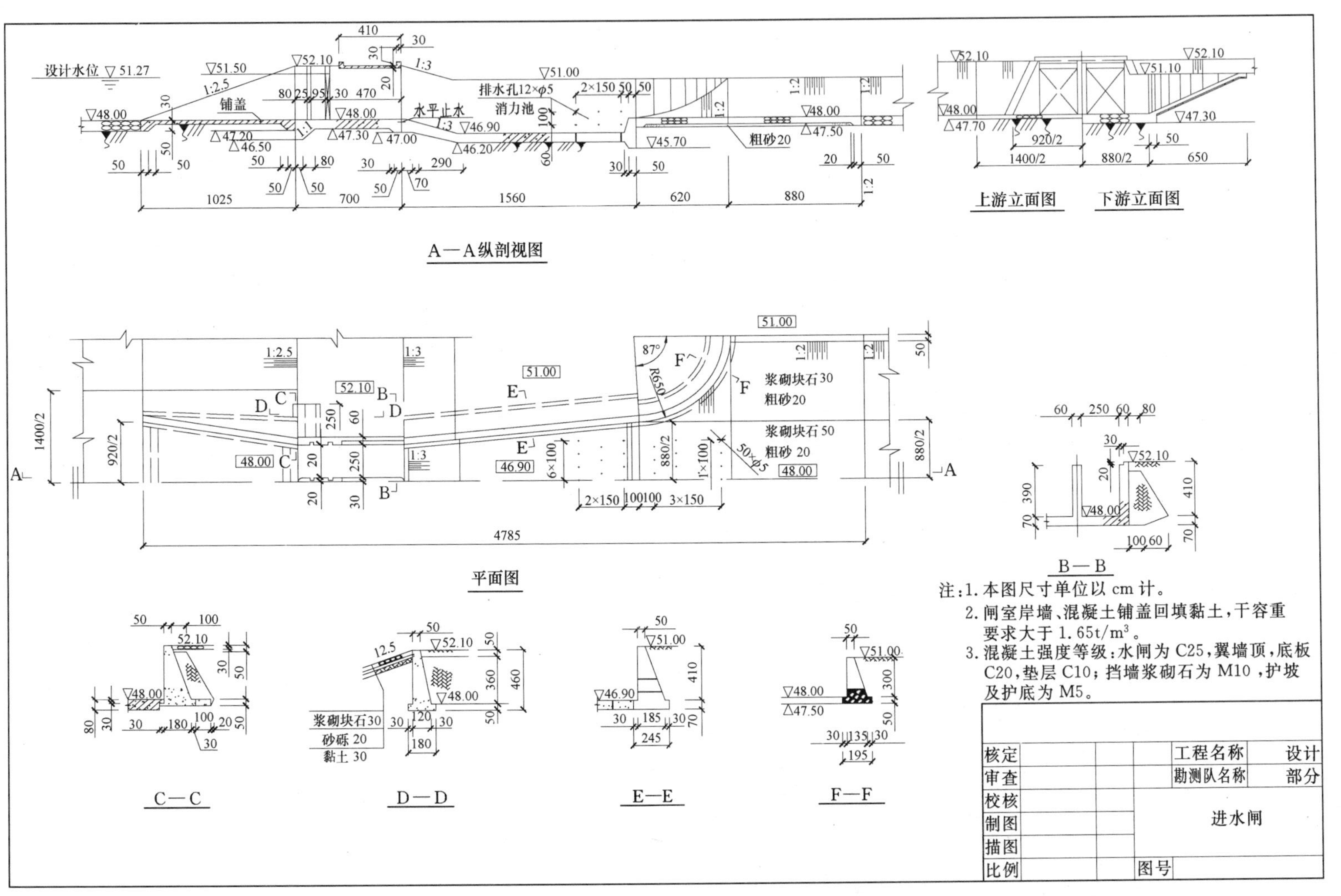

A—A纵剖视图
上游立面图
下游立面图
平面图
B—B
C—C
D—D
E—E
F—F
设计水位 ▽51.27
铺盖
水平止水
消力池
排水孔12×φ5
粗砂20
浆砌块石30
粗砂20
浆砌块石50
粗砂 20
浆砌块石30
砂砾 20
黏土 30
注：1.本图尺寸单位以cm计。
2.闸室岸墙、混凝土铺盖回填黏土，干容重要求大于1.65t/m³。
3.混凝土强度等级：水闸为C25，翼墙顶，底板C20，垫层C10；挡墙浆砌石为M10，护坡及护底为M5。
核定
审查
校核
制图
描图
比例
工程名称
勘测队名称
设计
部分
进水闸
图号

图 2.5 水闸工程图

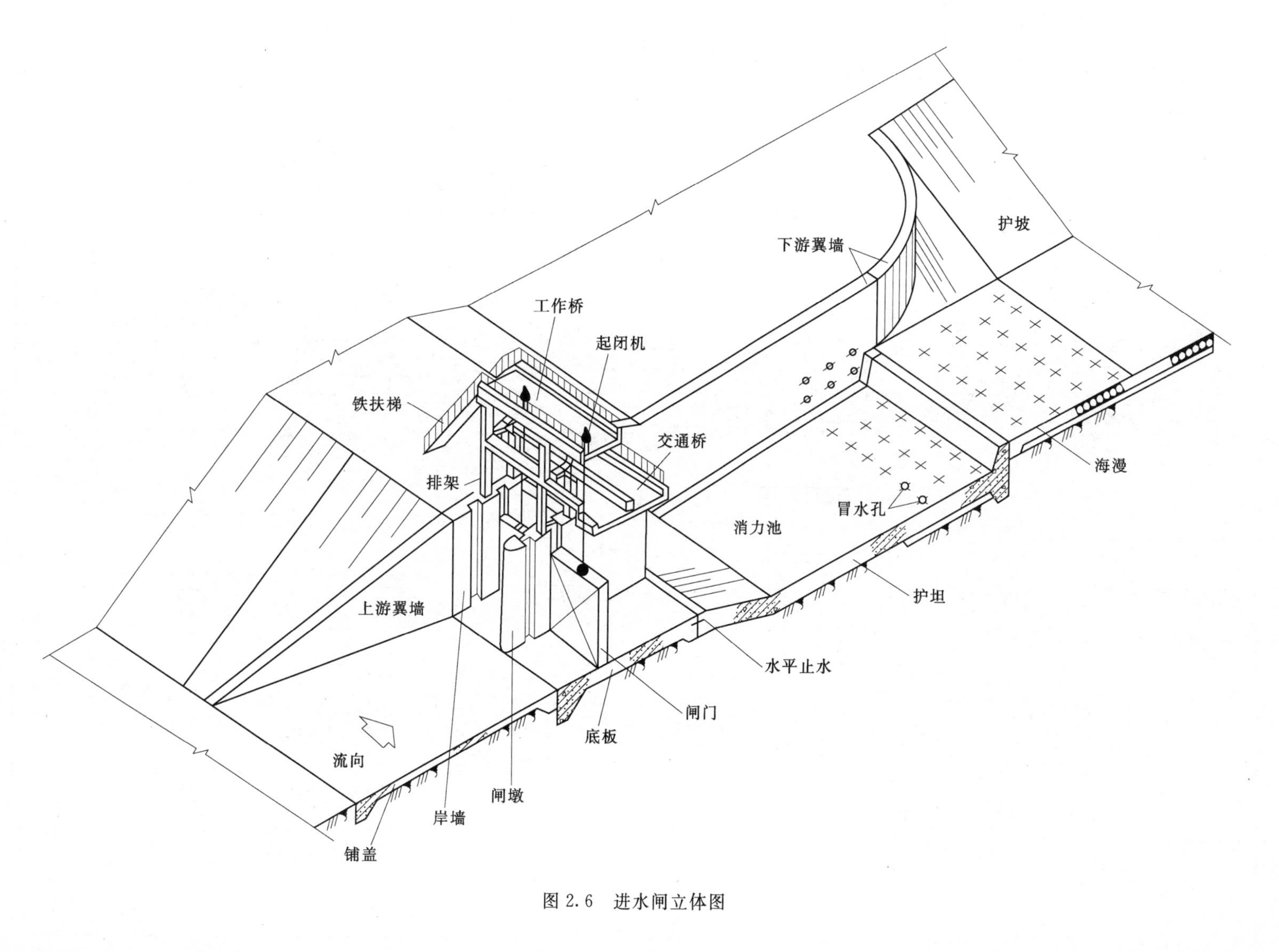
护坡
下游翼墙
工作桥
起闭机
铁扶梯
交通桥
排架
海漫
冒水孔
消力池
护坦
上游翼墙
水平止水
闸门
底板
流向
闸墩
岸墙
铺盖

图 2.6　进水闸立体图

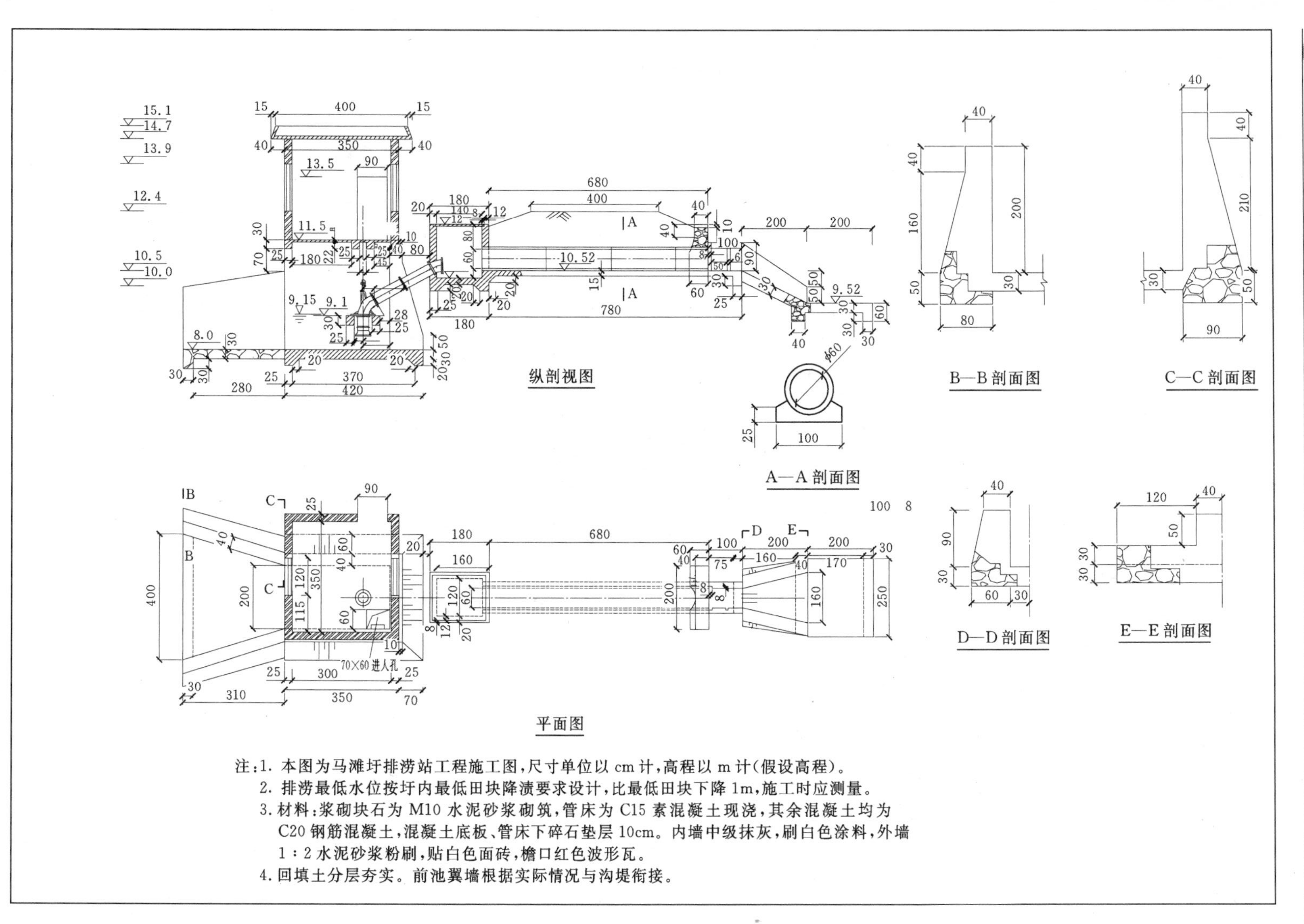
纵剖视图
A—A 剖面图
B—B 剖面图
C—C 剖面图
平面图
D—D 剖面图
E—E 剖面图
70×60 进人孔
注:1. 本图为马滩圩排涝站工程施工图,尺寸单位以 cm 计,高程以 m 计(假设高程)。
2. 排涝最低水位按圩内最低田块降渍要求设计,比最低田块下降 1m,施工时应测量。
3. 材料:浆砌块石为 M10 水泥砂浆砌筑,管床为 C15 素混凝土现浇,其余混凝土均为 C20 钢筋混凝土,混凝土底板、管床下碎石垫层 10cm。内墙中级抹灰,刷白色涂料,外墙 1:2 水泥砂浆粉刷,贴白色面砖,檐口红色波形瓦。
4. 回填土分层夯实。前池翼墙根据实际情况与沟堤衔接。

图 2.7 泵站工程图

2.1.5.5　泵站工程图识读

1．概括分析

图2.7为小型泵站设计图，采用了2个基本视图（纵剖视图、平面图）及5个断面图等图形表达泵站的结构和组成。

2．分析图示表达方案

平面图表达了各组成部分的平面布置、形状、材料和大小，泵房采用剖视表达。标注出B—B、C—C、D—D、E—E剖切位置线。

纵剖视图是用剖切平面沿水流方向经过泵站对称面剖开得到。它表达了进水池、泵房、出水池、穿堤涵管等部分的剖面形状和各段的长度及连接形状，图中可以看到各部分的尺寸、高程和材料图例，并标注A—A断面图的剖切位置。

5个断面图：A—A断面图表达了穿堤涵管的剖面形状和材料等，B—B、C—C、D—D、E—E断面图分别表达上、下游翼墙的剖面形状、尺寸、材料等的情况。

3．深入阅读

综合阅读相关视图可知，本泵房可采取分段、分层和分部位阅读。进水池、泵房、等部分的大小、材料和构造。

进水池是浆砌石砌筑，底部设有齿坎；泵房的水泵层、水泵梁、电机梁等采用钢筋混凝土材料浇筑，底板有齿坎；出水池为钢筋混凝土材料浇筑；穿堤涵管与支座是混凝土材料，涵管出口设闸门控制。

在小闸室的下游，连接着一段陡坡及消力池，其两侧为浆砌石砌筑挡土墙。消力池用浆砌石做成，具体参数如图2.7所示。

4．深入阅读

经过对图纸中泵站结构的仔细阅读和分析，理解该泵站各组成部分的结构形状、尺寸和材料等，然后根据其相对位置关系进行组合，可以理解出泵站的整体结构形状。

学习单元2.2　水利工程制图实训

2.2.1　实训目标

（1）熟悉《水利水电工程制图标准》（SL 73.1—2013）。

（2）熟悉水利工程图的内容和图示表示法。

（3）掌握绘制水利工程图的方法的步骤。

2.2.2　实训任务

（1）用A3图幅抄绘附图2.3土坝工程图。

（2）用A3图幅抄绘附图2.5水闸工程图。

（3）用A3图幅抄绘附图2.7泵站工程图。

2.2.3 实训内容

1. 熟悉实训任务书

根据实训的目标，认真阅读实训任务书，熟悉实训任务书的内容和要求，对实训任务书中所附的水利工程图仔细分析，熟悉水利工程图的图示表达方法。

2. 熟悉实训任务和安排

依据实训任务，了解实训任务的内容与时间安排，按时完成实训任务。

3. 熟悉实训例图的图示表达方案

依据实训要求，熟悉实训例图的图示表达方案，如图纸样式、标题栏样式、比例、图线、字体、尺寸样式、建筑图例、图样布置与图样间关系等。

4. 抄绘实训例图

(1) 设置实训图中的图示方案的各项参数。依据实训要求，设置图纸样式、标题栏样式、比例、图线、字体、尺寸样式和工程图例等相关参数。

(2) 绘制实训图。根据例图中图样间的关系，进行图样布置，确定绘图基准，并严格按实训要求绘图。

2.2.4 实训成果

提交完整的实训成果一套，并认真装订：封面、目录、实训任务书、抄绘图纸、实训中遇到的问题，实训总结。

2.2.5 实训指导

2.2.5.1 平面图形的分析

平面图形是由许多基本线段连接而成的。有些线段可以根据所给定的尺寸直接画出；而有些线段则需要利用已知条件和线段连接关系才能间接画出。所以，在画图时应首先对图形进行尺寸分析和线段分析。

1. 平面图形的尺寸分析

平面图形中的尺寸，按其作用可分为定形尺寸和定位尺寸两种。

定形尺寸是指用于确定线段的长度、圆的直径或半径、角度的大小等的尺寸。定位尺寸是指用于确定平面图形中各组成部分之间所处相对位置的尺寸。

定位尺寸应以尺寸基准作为标注尺寸的起点，一个平面图形应有水平和铅垂两个方向的尺寸基准。尺寸基准通常选用图形的对称线、底边、侧边、圆或圆弧的中心线等。

2. 平面图形的线段分析

平面图形中的线段，按其尺寸的完整与否可分为 3 种：已知线段、中间线段和连接线段。

已知线段是指定形和定位尺寸均已知的线段，可以根据尺寸直接画出；中间线段是指已知定形尺寸，但缺少其中一个定位尺寸，作图时需根据它与其他已知线段的连接条件，才能确定其位置的线段；连接线段是指只有定形尺寸，没有定位尺寸，作图时需根据与其两端相邻线段的连接条件，才能确定其位置的线段。

2.2.5.2　平面图形的绘制

1. 准备阶段

(1) 绘图工具准备：根据需要选配需用的工具。手工绘图选用能保证精度的工具，如图板、丁字尺、三角板、绘图仪、铅笔等；计算机绘图选用性能良好的计算机、功能优良的专用绘图软件等。

(2) 资料准备：收集齐全相关资料，并看懂，做到对图示表达对象全方位清楚。

(3) 心理准备：由于责任重大，图示内容多，稍有不慎就可能出错，因此，绘图中应认真细致，在心理上要重视，进入绘图状态。

2. 草图阶段

(1) 拟定图示表达方案。根据图示内容和图样复杂程度，选定图幅和图纸样式；选定标题栏格式；拟定图纸相关参数，如图线的线型和线宽、各种字体的样式和字号、尺寸样式、比例等。

根据图纸幅面大小和图样间相互关系，进行图样布置，确定作图基准。

(2) 绘制图样草图。通常用细实线绘制。

(3) 检查图样草图。对照设计资料检查图样草图绘制是否正确，及时修正。

3. 成图阶段

(1) 按图线的线型和线宽处理图样中的所有图线。

(2) 检查图样中图线。对照设计资料认真细致检查图样中所有图线的线型和线宽是否正确，及时修正。

(3) 标注尺寸和符号。

(4) 检查图样中标注尺寸是否正确。对照设计资料认真细致检查图样中标注的尺寸和符号是否正确，及时修正。

(5) 校核修正底稿，清理图面，注写图名、各种标注和说明等。

(6) 填写标题栏，出图。

学习单元2.3　水利工程CAD制图基本命令实训

2.3.1　实训目标

(1) 掌握CAD基本绘图命令：直线、多段线、多线、矩形、多边形、圆形、圆弧、点等。

(2) 掌握CAD基本编辑命令：偏移、移动、旋转、缩放、阵列、修剪、延伸、倒角、圆角等。

2.3.2　实训任务

按1：1比例绘制图2.8～图2.10并进行文字及尺寸标注。

2.3.3　实训内容

(1) 识读图2.8～图2.10。

(2) 设置点画线、粗线、标注图层。

(3) 绘制图2.8～图2.10。

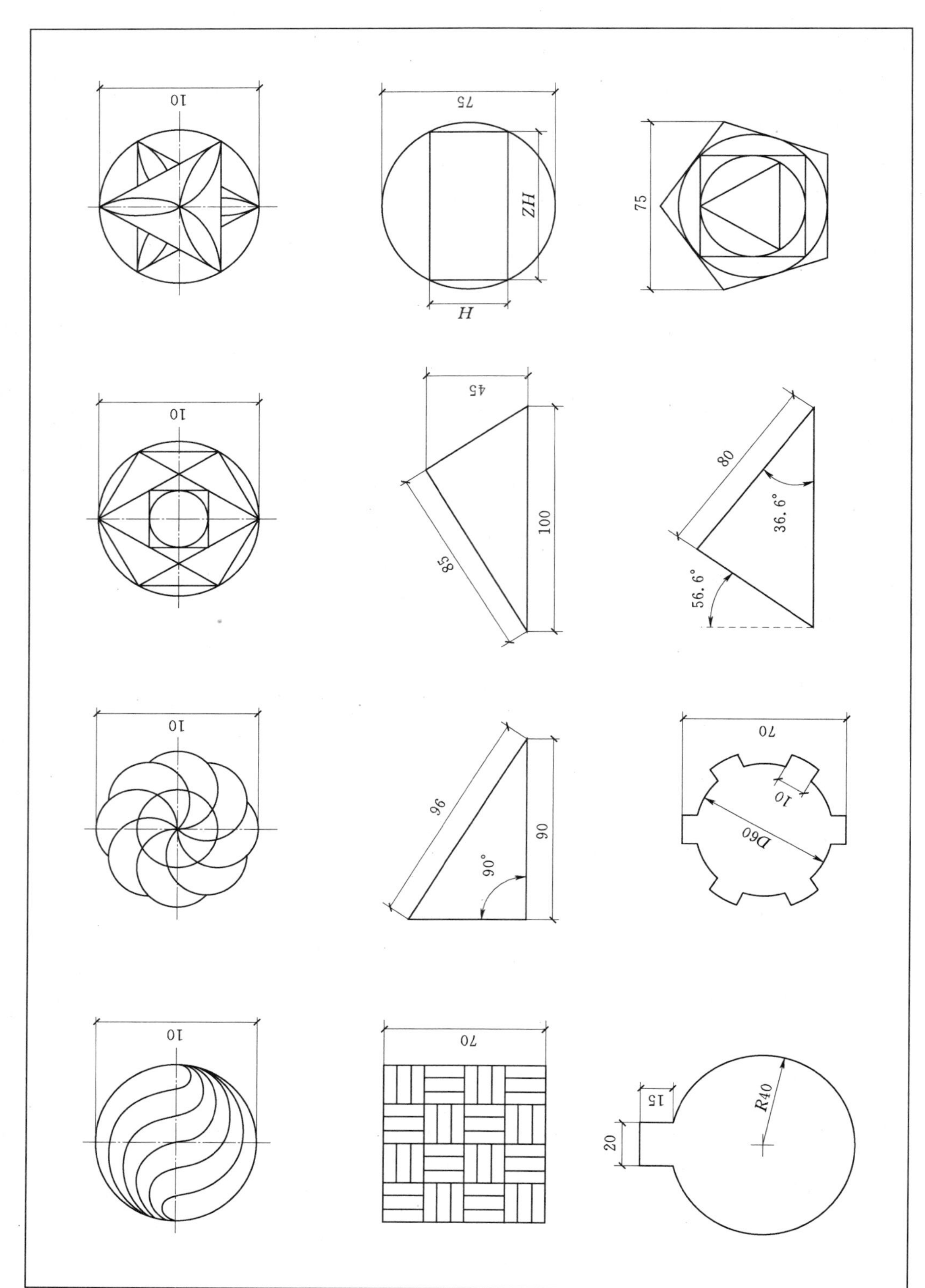
10
75
ZH
H
75
10
45
100
85
80
36.6°
56.6°
10
96
90
90°
70
10
D60
10
70
15
20
R40

图 2.8 练习 1

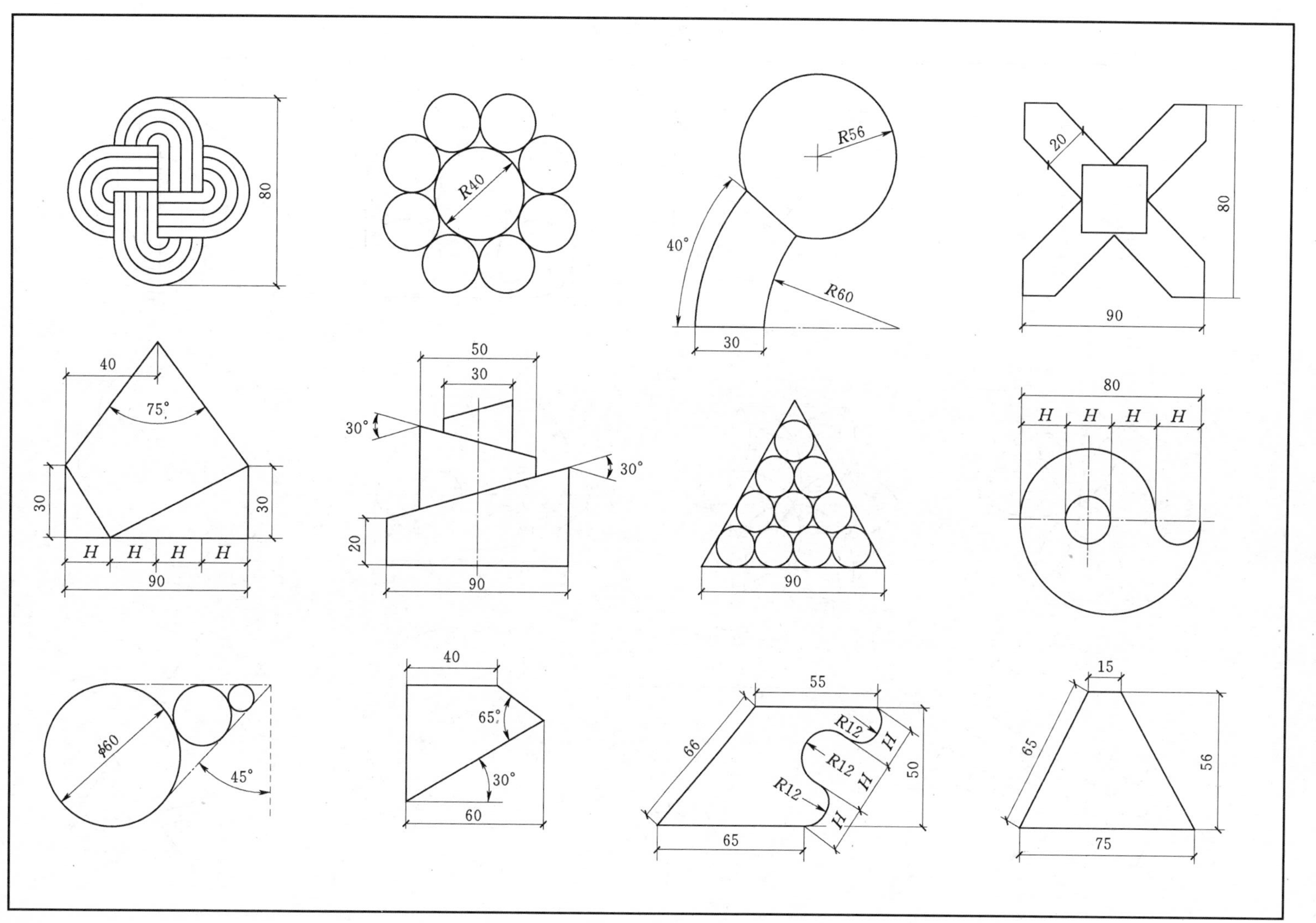
80
R40
R56
40°
R60
30
20
80
90
40
75°
30
H
H
H
H
90
50
30
30°
30°
20
90
90
80
H
H
H
H
ϕ60
45°
40
65°
30°
60
55
66
R12
R12
R12
H
H
H
50
65
15
65
56
75

图 2.9　练习 2

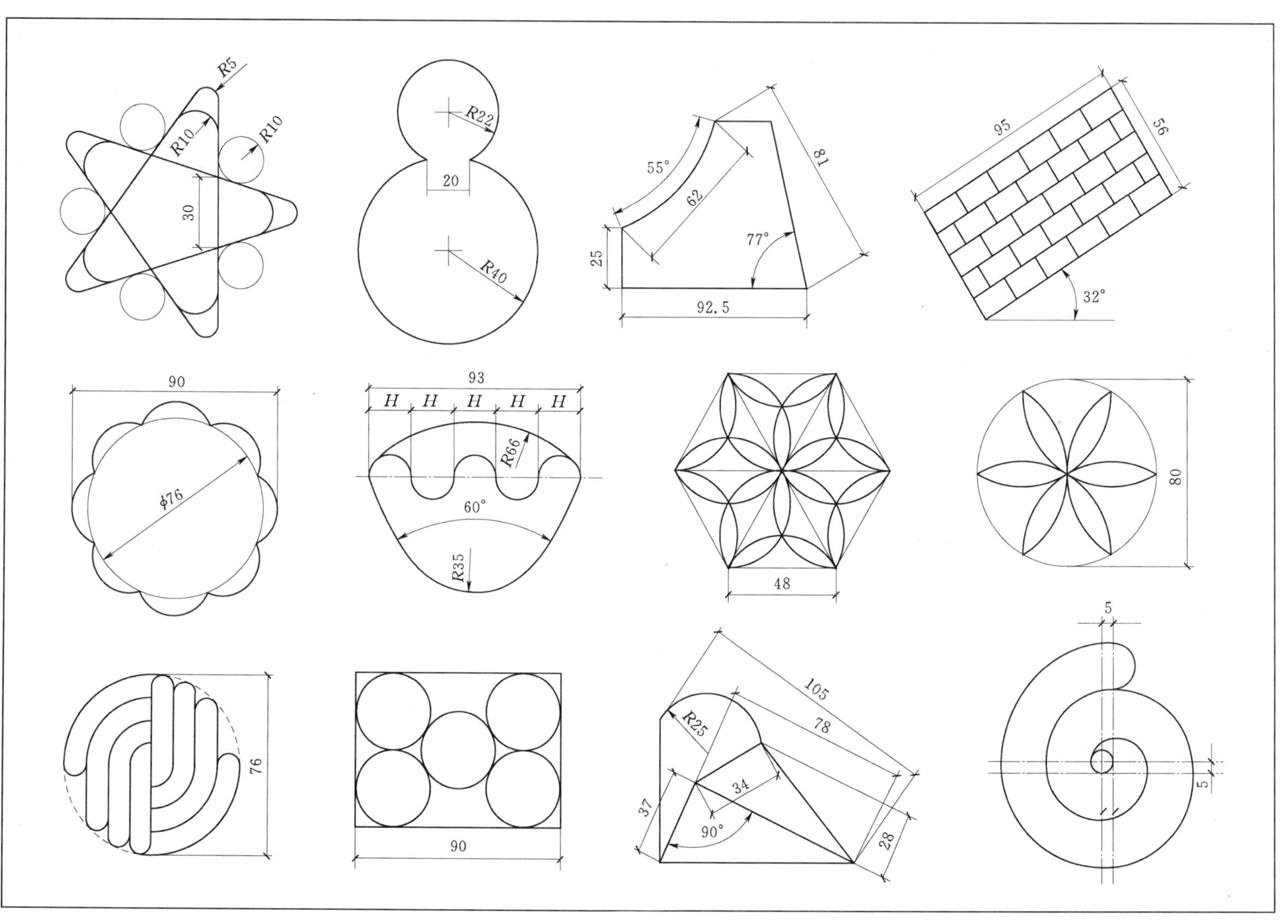
R5
R10
R10
30
R22
20
R40
55°
62
81
77°
25
92.5
95
56
32°
90
φ76
93
H
H
H
H
H
R66
60°
R35
48
80
5
5
76
90
105
78
R25
34
37
90°
28

图 2.10 练习 3

2.3.4　实训成果

提交完整的实训成果一套，并认真装订：封面、目录、实训任务书、抄绘图纸、实训中遇到的问题，实训总结。

学习单元2.4　水利工程CAD专业图实训

2.4.1　实训目的

（1）掌握CAD绘制建筑平面图的基本技能。

（2）掌握CAD绘制水利工程图的基本技能。

2.4.2　实训任务

（1）绘制水利工程图2.11～图2.13。

（2）绘制建筑工程图2.14和图2.15。

2.4.3　实训内容

1. 绘制水利工程图

用A3图幅按要求设置绘图环境，以图示比例抄绘，包括尺寸、说明和图名。

2. 绘制建筑工程图

用A3图幅按要求设置绘图环境，以图示比例抄绘图，包括尺寸、说明和图名。

2.4.4　实训成果

提交完整的实训成果一套，并认真装订：封面、目录、实训任务书、抄绘图纸、实训中遇到的问题，实训总结。

2.4.5　实训指导

1. 绘图前的准备

设置绘图环境，并保存为样板文件。

（1）设置文字样式，具体情况见表2.1。

表2.1　　文字样式

样式名	字体名	宽度比例
汉字	仿宋GB2312	0.7
数字与字母	gbeitc. shx	1

（2）设置图层，具体参数见表2.2。

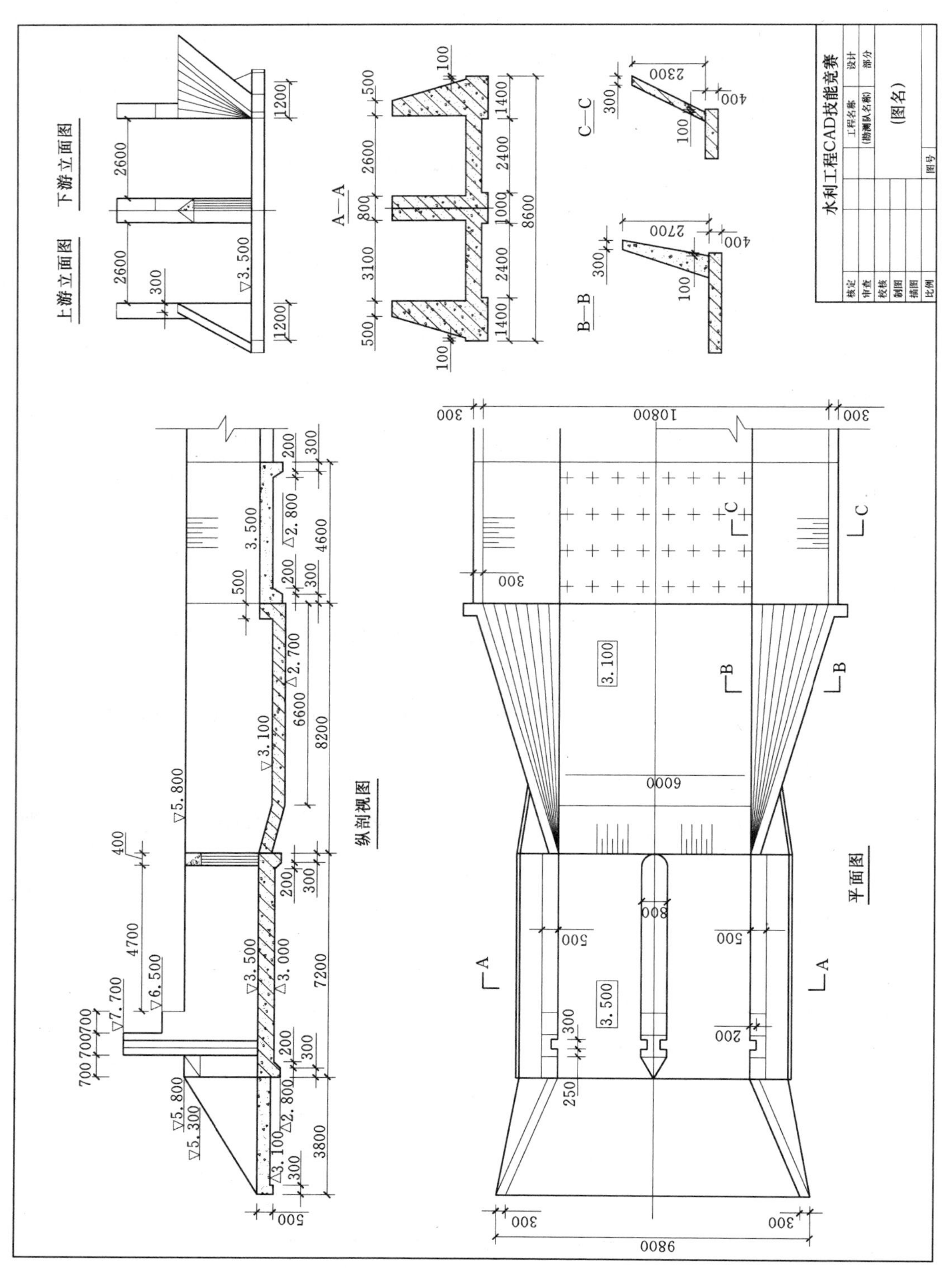

图 2.11　水利工程图(一)

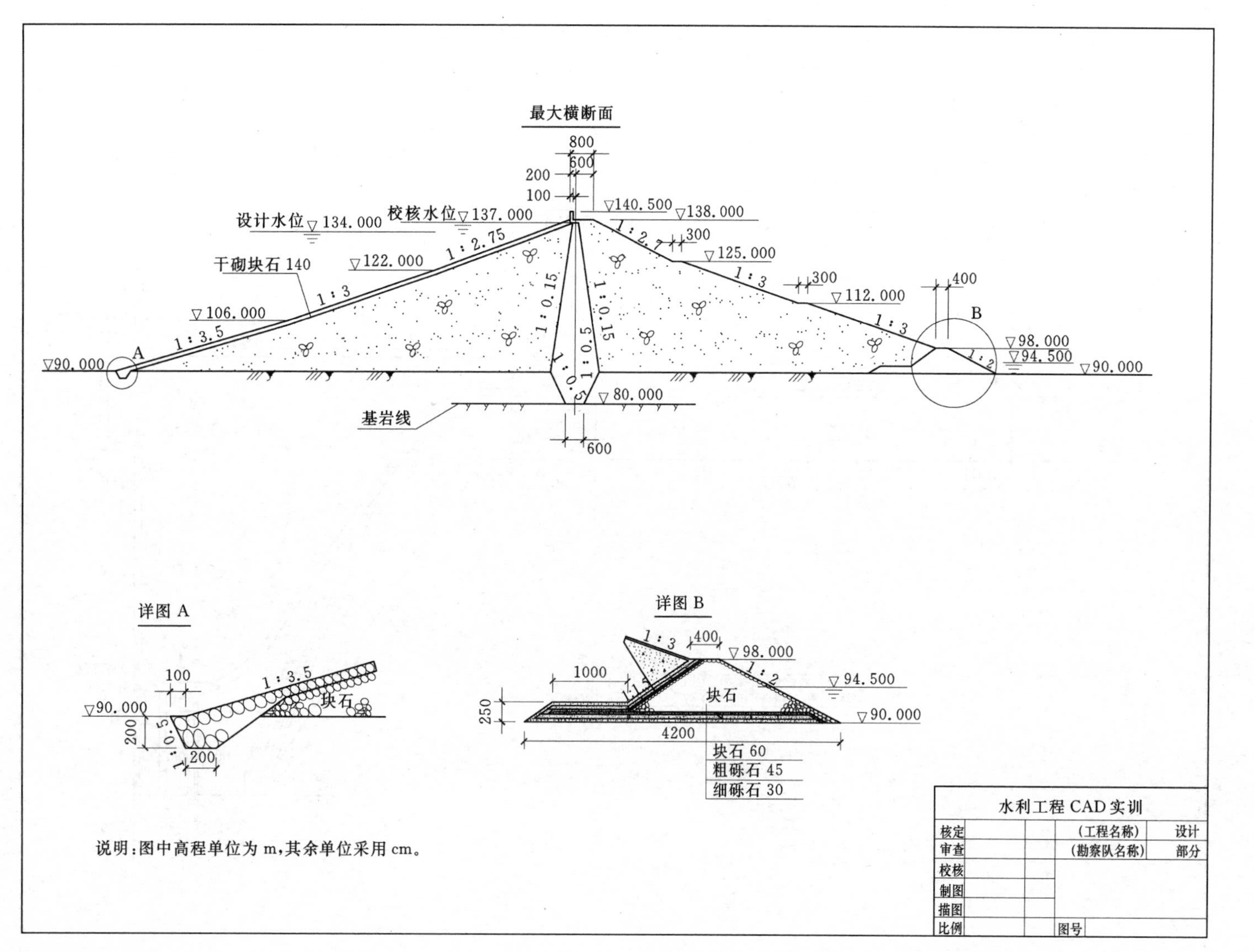
最大横断面
800
600
200
100
设计水位 ▽134.000
校核水位 ▽137.000
▽140.500
▽138.000
干砌块石 140
▽122.000
▽106.000
▽90.000
1：3.5
1：3
1：2.75
1：2.7
300
▽125.000
▽112.000
400
B
A
▽98.000
▽94.500
1：2
1：0.15
1：0.5
▽80.000
基岩线
600
详图 A
100
1：3.5
块石
200
1：0.5
详图 B
1：3
400
1000
块石
250
4200
块石 60
粗砾石 45
细砾石 30
水利工程 CAD 实训
核定
审查
校核
制图
描图
比例
(工程名称)
(勘察队名称)
设计
部分
图号
说明：图中高程单位为 m，其余单位采用 cm。

图 2.12　水利工程图(二)

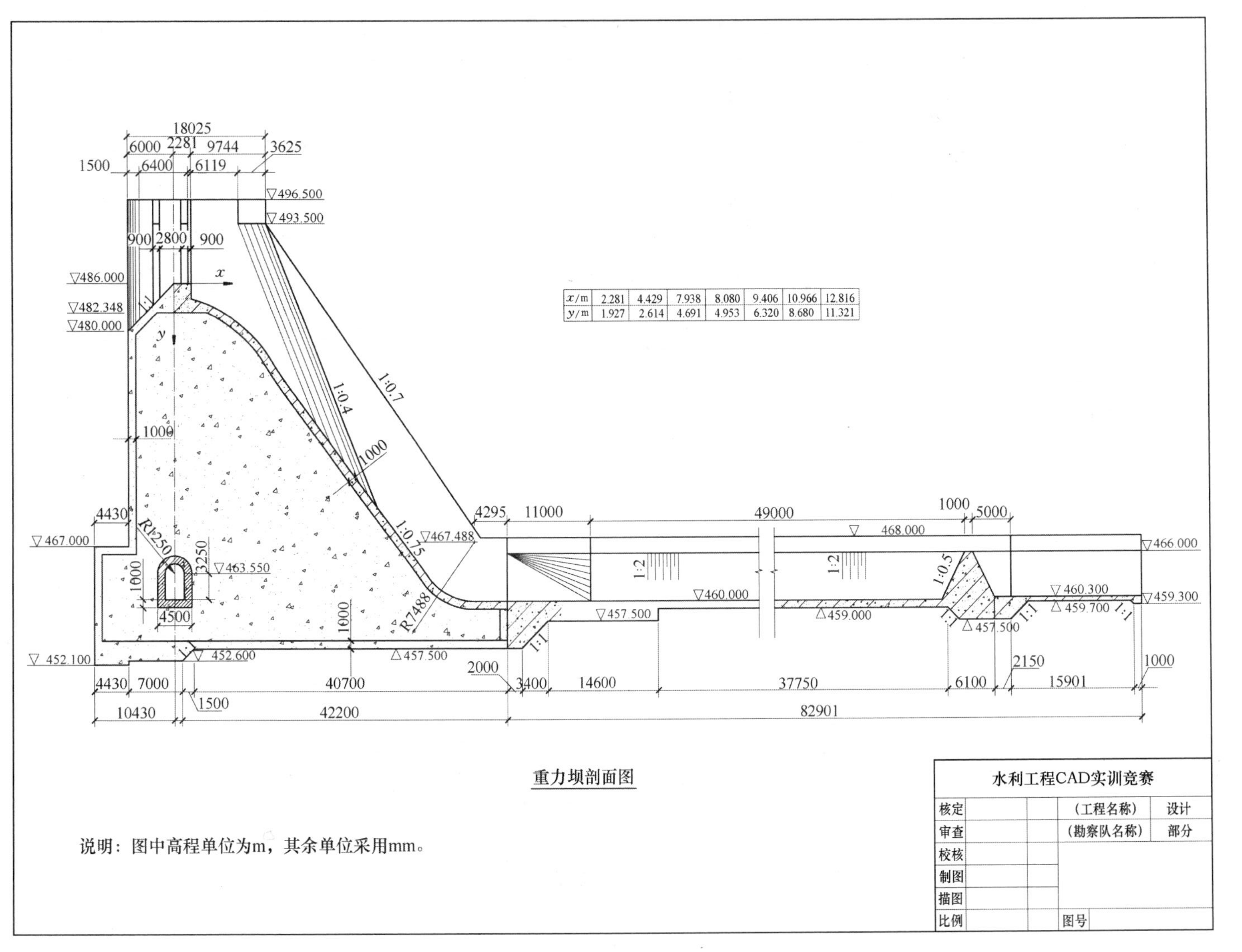

18025
6000 2281 9744
3625
1500 6400 6119
▽496.500
▽493.500
900 2800 900
▽486.000
▽482.348
▽480.000
x
y
x/m 2.281 4.429 7.938 8.080 9.406 10.966 12.816
y/m 1.927 2.614 4.691 4.953 6.320 8.680 11.321
1:0.4
1:0.7
1000
1:0.75
▽467.488
R7488
R1250
3250
▽463.550
4500
4430
▽467.000
▽452.100
▽452.600
△457.500
4295 11000
49000
1000 5000
▽468.000
▽466.000
1:2
1:0.5
▽460.000
▽457.500
△459.000
▽460.300
△459.700
▽459.300
△457.500
1:1
2000
4430 7000 40700 3400 14600 37750 6100 2150 15901 1000
1500
10430 42200 82901
重力坝剖面图
说明：图中高程单位为m，其余单位采用mm。
水利工程CAD实训竞赛
核定
审查
校核
制图
描图
比例
(工程名称)
设计
(勘察队名称)
部分
图号

图 2.13 水利工程图(三)

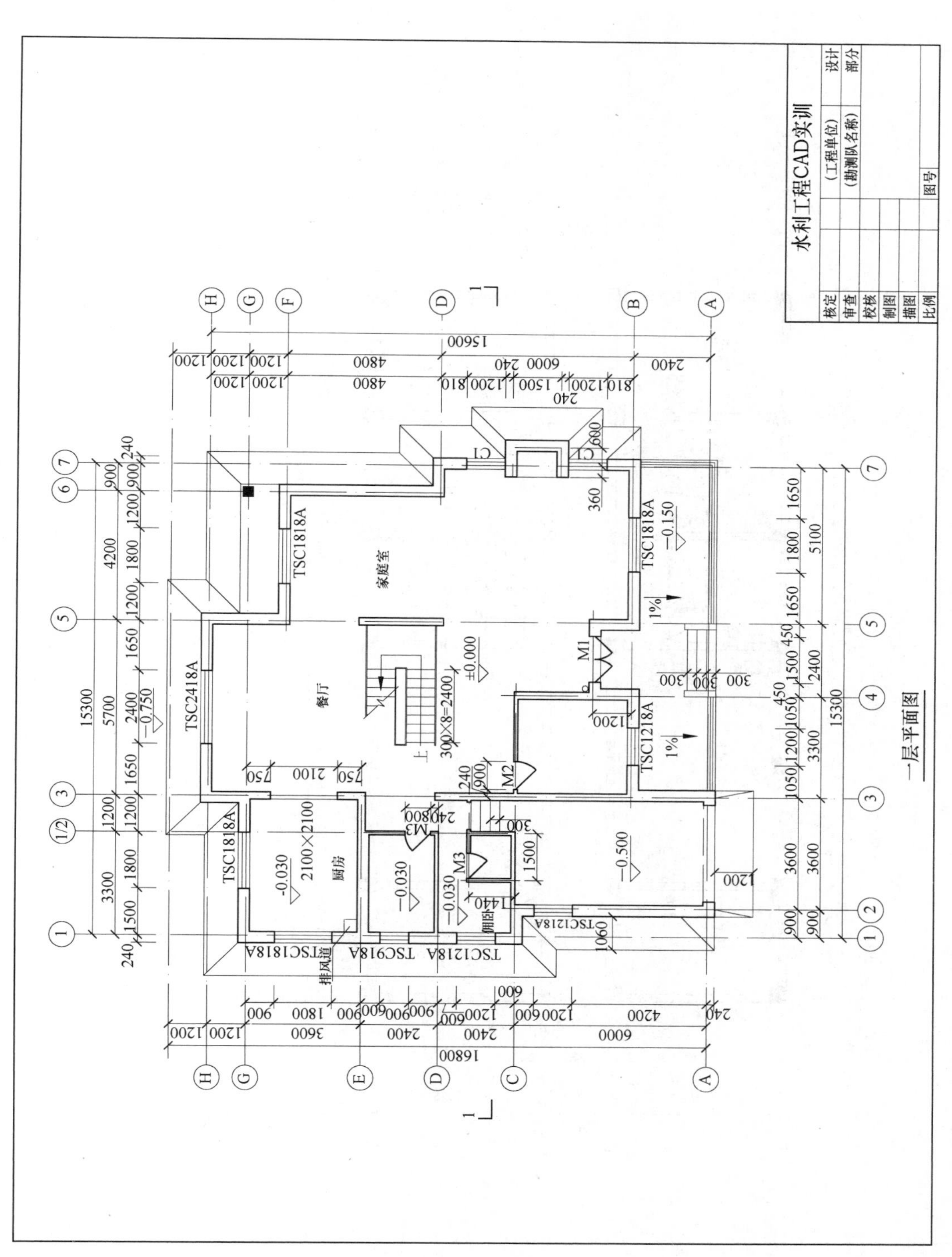
水利工程CAD实训
(工程单位)
(勘测队名称)
设计
部分
核定
审查
校核
制图
描图
比例
图号
家庭室
餐厅
厨房
2100×2100
300×8=2400
±0.000
-0.750
-0.150
-0.500
-0.030
TSC1818A
TSC2418A
TSC1218A
TSC918A
TSC1218A
排风道
M1
M2
M3
C1
1%
一层平面图
15600
16800
15300

图 2.14　建筑工程图(一)

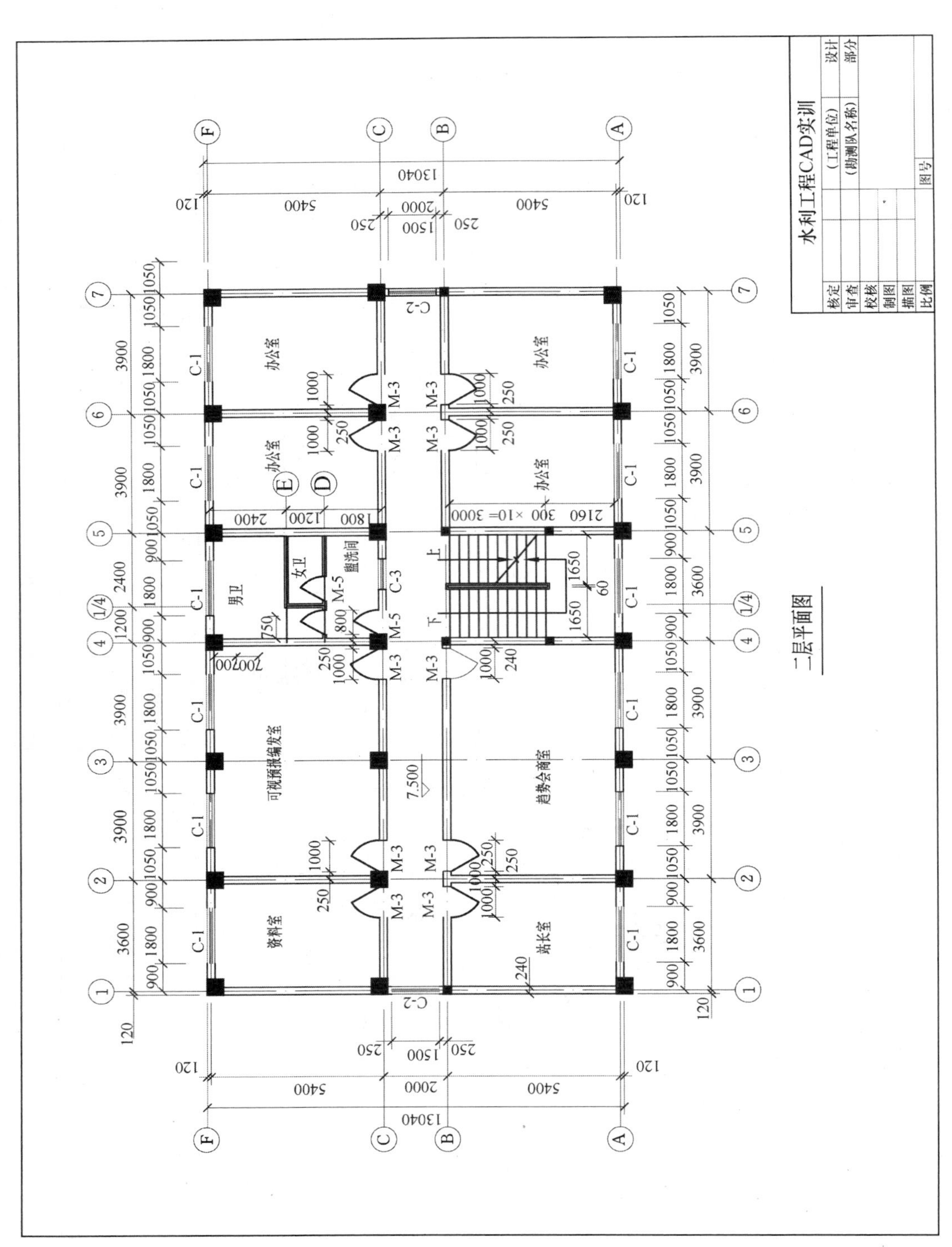

二层平面图
水利工程CAD实训
（工程单位）
（勘测队名称）
核定
审查
校核
制图
描图
比例
设计
部分
图号
办公室
男卫
女卫
盥洗间
可视预报编发室
趋势会商室
资料室
站长室
C-1
C-2
C-3
M-3
M-5
7.500
300 ×10= 3000
13040
5400
2000
1500

图 2.15　建筑工程图（二）

表 2.2　　**图 层 格 式 参 数**

图层	颜色（色号）	线型	线宽/mm
粗实线	黑/白（7）	continuous	0.6
细实线	红色（1）	continuous	0.2
虚线	青色（4）	IS002W100	0.3
点画线	品红（6）	IS002W100	0.2
剖面线	蓝色（5）	continuous	0.2
文字标注	绿色（3）	continuous	0.2
中粗线	紫色（202）	continuous	0.3

（3）绘制图框和标题栏，具体情况如图 2.16 所示。

（4）设置标注样式，文字高度 3.5mm，箭头大小 2.5mm；尺寸界限起点偏移量 3mm，尺寸界限超出尺寸线 2.5mm，基线间距 7mm，根据各题的绘制要求设置相应的全局比例因子和测量单位比例因子。

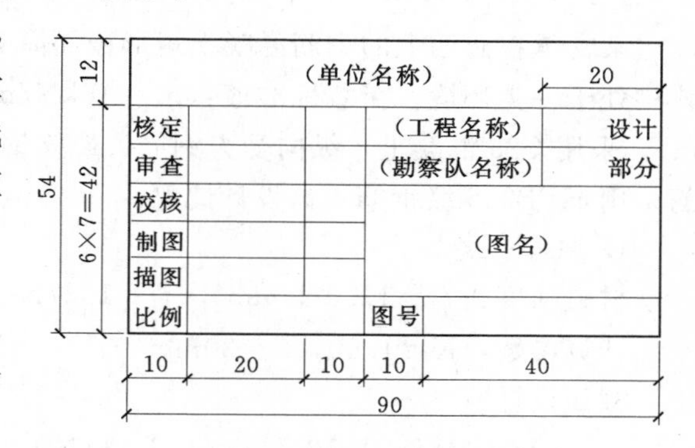

图 2.16　制图框与标题栏示图

2. 绘制水利工程图

绘制水利工程图的基本步骤如下：

（1）绘制平面图中心线，偏移相关轮廓线，绘制平面图。

（2）绘制纵剖视图，注意与平面图的对应。

（3）绘制细部并进行尺寸和文字标注。

学习项目3　水工混凝土结构实训

学习单元3.1　钢筋混凝土梁板设计

设计实例——钢筋混凝土简支梁设计

班级：基础1108　姓名：邱业峰

某支承在砖墙上的钢筋混凝土矩形截面简支梁（2级建筑物），其跨度如图3.1所示。该梁处于一类环境。荷载标准值：g_k＝16kN/m（包括自重），q_k＝10＋学号×0.5（kN/m）。采用C25混凝土，纵向受力钢筋、架立钢筋和腰筋采用HRB335级钢筋，箍筋和拉筋采用HPB235级钢筋，试设计此梁。

1. 基本资料

材料强度：$f_c=11.9\text{N/mm}^2$，$f_t=1.27\text{N/mm}^2$，$f_y=300\text{N/mm}^2$，$f_{yv}=210\text{N/mm}^2$

计算参数：$K=1.20$，$C=30\text{mm}$

截面设计：

$$H=(1/8\sim1/12)L_0=(1/8\sim1/12)\times7000=875\sim583.3\text{mm}, \text{取 } h=600\text{mm}$$

$$b=(1/3\sim1/2)h=(1/3\sim1/2)\times600=300\sim200\text{mm}, \text{取 } b=300\text{mm}$$

2. 内力计算

此梁在荷载作用下的弯矩图与剪力图如图3.2所示。

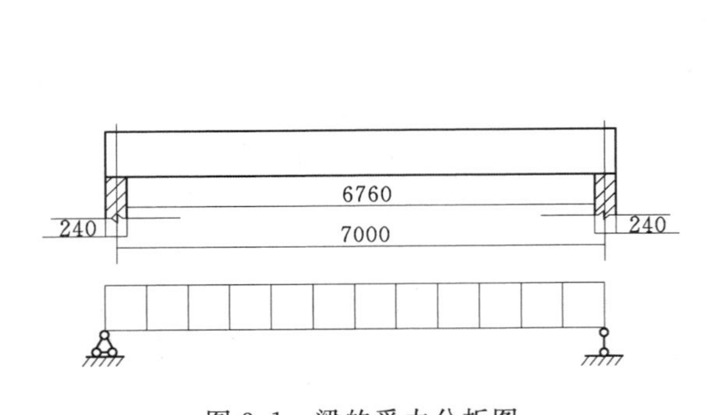

图3.1　梁的受力分析图

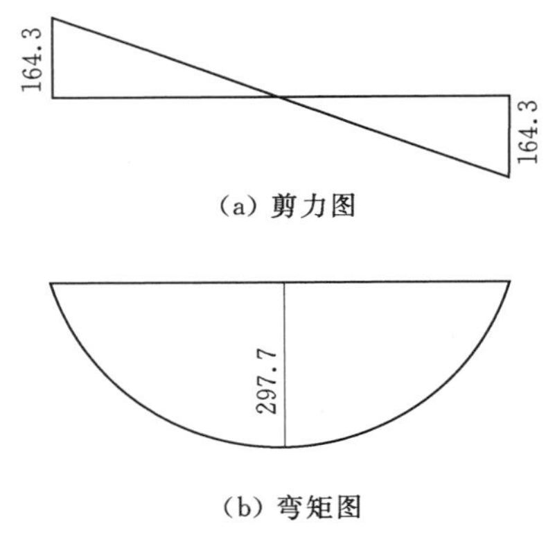

图3.2　梁剪力和弯矩分析图

跨中截面最大弯矩设计值：

$$q_k=10+\text{学号}\times0.5=10+33\times0.5=26.5(\text{kN/m})$$

$$M_{\max}=(1.05\times16+1.20\times26.5)\times72/8=297.7(\text{kN}\cdot\text{m})$$

$$V_{max}=(1.05\times16+1.2\times26.5)\times6.76/2=164.3(\text{kN})$$

3. 验算截面尺寸

取 $a_s=50\text{mm}$，则 $h_0=h-a_s=600-50=550\text{mm}$，$h_w=h_0=550\text{mm}$，$h_w/b=550/300=1.83<4.0$。

$0.25f_cbh_0=0.25\times11.9\times300\times550=490.88\text{kN}>KV_{max}=1.20\times164.3=197.16$ (kN)。截面尺寸满足抗剪要求。

4. 计算纵向钢筋

计算过程及结果见表 3.1，配筋如图 3.3 所示。

表 3.1　　纵向受拉钢筋计算表

计算内容	跨中截面	计算内容	跨中截面
$M/(\text{kN}\cdot\text{m})$	297.7	选配钢筋	2Φ28，3Φ25
$A_s=KM/(f_cbh_0^2)$	0.33	实配钢筋面积 $A_{s实}/\text{mm}^2$	2705
$\xi=1-(1-2a_s)^{1/2}$	0.42	$\rho=A_{s实}/bh\leqslant\rho_{min}=0.2\%$	1.64%
$A_s=f_{cb}\xi h_0/f_y/\text{mm}^2$	2749		

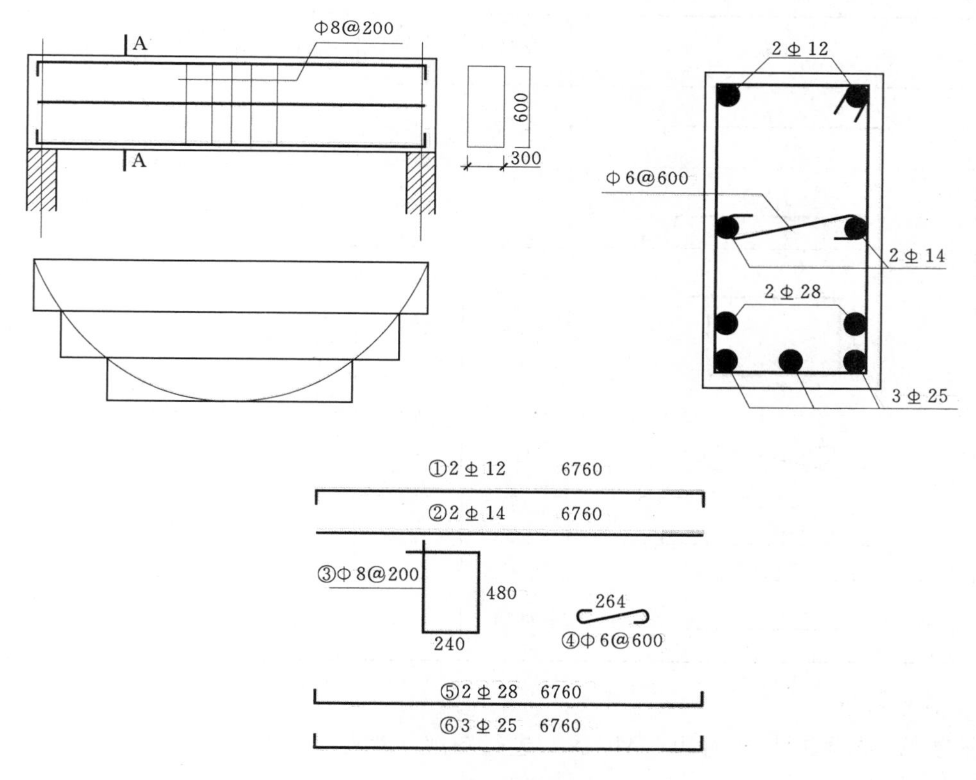

图 3.3　梁的配筋图

说明：

(1) 图中尺寸单位均为 mm。

（2）混凝土采用 C25。

（3）梁的纵向受力钢筋，架立钢筋和腰筋采用 HRB335 级，箍筋和拉筋采用 HPB235 级。

（4）混凝土保护层，钢筋端头保护层取 30mm。

（5）钢筋半弯钩的长度为 6.25d。

（6）钢筋总用量没有考虑的搭接和损耗（损耗一般按 5%计）。

5. 计算抗剪钢筋

（1）验算是否按计算配置腹筋必须由计算确定抗剪腹筋。

$$0.7f_tbh_0=07\times1.27\times300\times550\times10^{-3}$$
$$=146.69\text{kN}<KV_{max}=167.16\text{kN}$$

（2）受剪箍筋计算。按构造规定在全梁配置双肢箍筋：Φ8@200，则 $A_{sv}=101\text{mm}^2$，$s<s_{max}=250$mm 满足最小配箍率的要求。

$$V_{cs}=0.7f_tbh_0+1.25f_{yv}A_{sv}h_0/s=146.69+1.25\times210\times101\times550/200$$
$$A_{sd}=219.6\text{kN}>197.16\text{kN}$$

架立钢筋 2Φ12，腰筋选用 2Φ14，拉筋选用Φ6@600（表 3.2）。

表 3.2　　　　钢　筋　表

序号	形状	型号	长度/mm	根数	总长/m	质量/(kg/m)	质量/kg
1	6760	Φ12	7160	2	14.32	0.888	12.72
2	6760	Φ14	6760	2	13.52	1.21	16.36
3	240 480	Φ8	1440	34	48.96	0.395	19.34
4		Φ6	361	11	3.97	0.222	0.88
5	225 6760 225	Φ28	7210	2	14.42	4.83	69.65
6	225 6760 225	Φ25	7210	3	2163	3.85	83.28

6. 钢筋布置

钢筋的不置利用抵抗弯矩（M_R 图）进行图解。为此，先将弯矩图（M 图），梁的纵剖面图按比例画出，再在 M 图上作 M_R 图。

跨中正弯矩的 M_R 图。跨中 M_{max} 为 297.7kN·m，需配 $A_s=2749\text{mm}^2$ 的纵筋，现实配 2Φ28，3Φ25（$A_s=2705\text{mm}^2$），因两者钢筋截面面积相近，故可直接在 M 图上 M_{max} 处，按各钢筋面积的比例划分出钢筋能抵抗的弯矩值，这就是可确定出各根钢筋各自的充

分利用点和理论截断点。由图3.3中可以看出，跨中钢筋弯起地方点至充分利用点的距离a远大于$0.5h_0=316.5$mm的条件。

7. 正常使用极限状态验算

正常使用极限状态验算包括裂缝宽度验算和变形验算两部分内容。

8. 绘制结构施工图

钢筋布置好后，就为结构图提供了依据。结构图中钢筋的某些区段的长度就可以在布置设计图中量的，但必须核算各根钢筋的梁轴投影总长及总高是否符合模版内侧尺寸。

学习单元3.2　钢筋混凝土外伸梁设计实训

1. 任务

某泵站厂房砖墙上支撑一根承受均布荷载的矩形截面外伸梁（图3.4），该梁处于一类环境条件。其跨长、截面尺寸如图3.4所示。本结构安全级别为Ⅱ级，设计状况为持久状况。荷载设计值：$g_1+q_1=53$kN/m，$g_2+q_2=106$kN/m（均包括自重）。混凝土：C20，箍筋采用Ⅰ级，纵向受拉钢筋采用Ⅱ级钢筋。试设计此梁并进行钢筋布置。

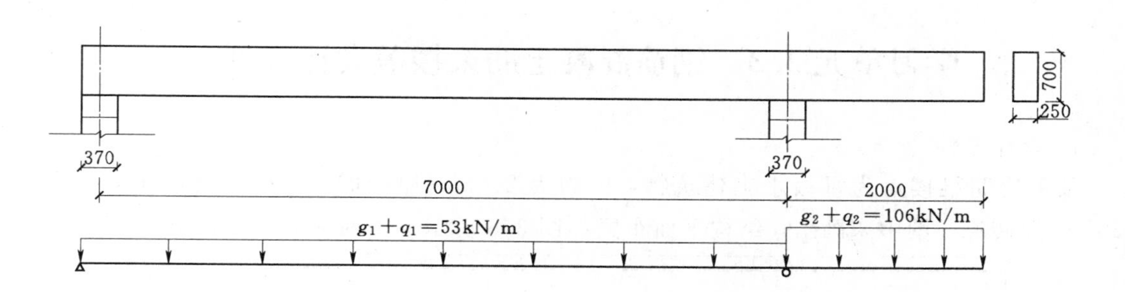

图3.4　矩形截面外伸梁

2. 要求

（1）进行正截面、斜截面承载力计算。

（2）确定钢筋的切断、弯起位置。

（3）绘制梁的配筋详图、列钢筋表。

（4）制作模型，比例1∶5，使用铁丝代替钢筋。

3. 注意事项

（1）进行计算时，要求条理清楚，计算正确，书写整齐，一律采用黑色签字笔。

（2）绘制抵抗弯矩图、配筋详图时，布置要合理，比例选用要恰当，图面整洁。

（3）制作模型时，需提前做好材料、工具计划及人员安排。

4. 实训内容

（1）基本资料

材料强度：$f_c=$ ________ N/mm²，$f_t=$ ________ N/mm²，$f_y=$ ________ N/mm²，$f_{yv}=$ ________ N/mm²。

计算参数：$K=$＿＿＿＿＿，$C=$＿＿＿＿＿mm。

（2）截面设计。

$H=(1/8\sim1/12)L_0=$＿＿＿＿＿＿＿＿＿＿＿＿＿mm，取 $h=$＿＿＿＿＿＿mm。

$b=(1/3\sim1/2)h=$＿＿＿＿＿＿＿＿mm，取 $b=$＿＿＿＿mm。

（3）内力计算。

跨中截面最大弯矩设计值：

$q_k=$＿＿＿＿＿＿＿＿＿＿＿＿＿＿。

$M_{max}=$＿＿＿＿＿＿＿＿＿＿＿＿＿＿kN/mm。

$V_{max}=$＿＿＿＿＿＿＿＿＿＿＿＿＿＿kN/mm。

（4）验算截面尺寸。

取 $a_s=50\text{mm}$，则 $h_0=h-a_s=600-50=550\text{mm}$　$h_w=h_0=550\text{mm}$　$h_w/b=550/300=1.83<4.0$

$0.25f_cbh_0=0.25\times11.9\times300\times550=490.88\text{kN}>KV_{max}=1.20\times164.3=197.16\text{kN}$ 截面尺寸满足抗剪要求。

（5）计算纵向钢筋。

学习单元 3.3　钢筋混凝土肋梁楼盖设计实训

1. 设计资料

某厂房肋梁楼盖为Ⅲ级水工建筑物，四周为 240mm 厚砖墙，根据需要可在梁下设 120mm 厚砖垛，图中未画出，结构平面布置如图 3.5 所示。楼面活载标准值为 5kN/m^2，

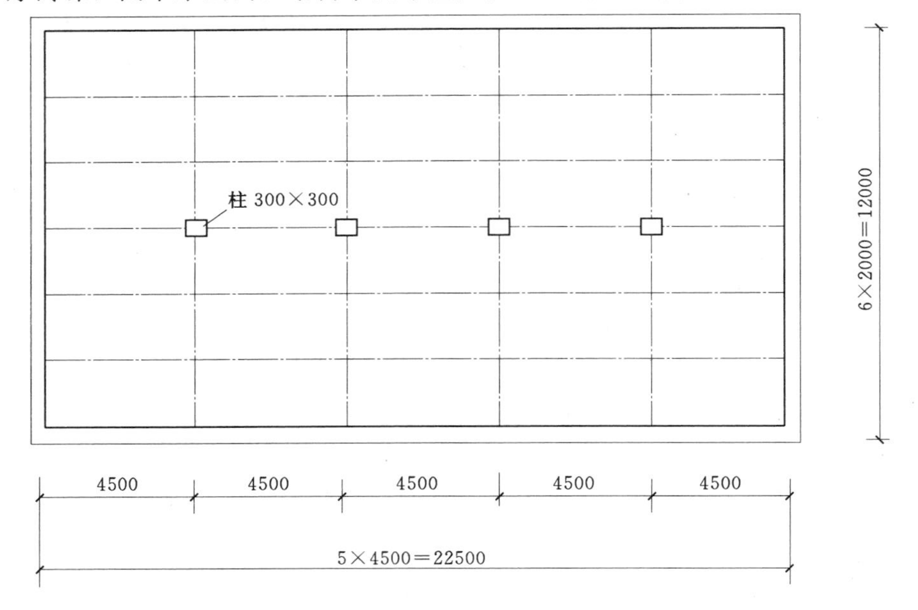

图 3.5　某场房结构平面布置图

板厚选用 100mm，板面 20mm 厚水泥砂浆找平，板底 15mm 厚石灰浆粉刷，混凝土采用 C20，钢筋除主次梁的主筋采用 HRB335 钢筋外，其余均采用 HPB235 钢筋。

2. 设计成果

一本设计计算书，二号绘图纸一张含板配筋图及钢筋表、次梁配筋图及对应的钢筋下料图、图纸说明及标题栏。

3. 设计要求

（1）计算书采用正规的信纸，钢笔或圆珠笔书写，表格及图用铅笔画，数字计算正确，不得抄袭和字迹瞭草。

（2）绘图要求：绘图纸用二号，图形布置合理，线型粗、中、细分明，图面整洁，尺寸详细准确，表达清楚一致，内容正确。

学习单元 3.4　水工混凝土渡槽设计实训（一）

3.4.1　水力计算，拟定渡槽尺寸

初步选取每节槽身长度 14.2m，槽身底坡 $i=\frac{1}{1000}$，取该渡槽槽壁糙率 $n=0.013$，设底宽 $b=2.5$m。

1. 按设计水深 $h=2.75$m

过水面积：$$A=bh=2.5\times2.75=6.875\text{m}^2$$

湿周：$$X=b+2n=2.5+2\times2.75=8\text{m}$$

水力半径：$$R=\frac{A}{X}=0.859\text{m}$$

$$C=\frac{1}{n}R^{\frac{1}{6}}=\frac{1}{0.013}\times0.859^{\frac{1}{6}}=75\text{m}^{\frac{1}{2}}/\text{s}$$

流量：$Q=AC\sqrt{Ri}=6.875\times75\times\sqrt{0.859\times\frac{1}{1000}}=15.1\text{m}^3/\text{s}$ 满足设计要求。

2. 按校核水深 $h=2.9$m

过水面积：$$A=bh=2.5\times2.9-7.25\text{m}^2$$

湿周：$$\chi=b+2h=2.5+2\times2.9=8.3\text{m}$$

水力半径：$$R=\frac{A}{\chi}=0.873\text{m}$$

$$C=\frac{1}{n}R^{\frac{1}{6}}=\frac{1}{0.013}\times0.873^{\frac{1}{6}}=75.2\text{m}^{\frac{1}{2}}/\text{s}$$

流量：$Q=AC\sqrt{Ri}=7.25\times75.2\times\sqrt{0.873\times\frac{1}{1000}}=16.1\text{m}^3/\text{s}$ 满足校核要求。

3.4.2 槽身计算

3.4.2.1 纵向受拉钢筋配筋计算（满槽水十人群荷载）

1. 内力计算

（1）半边槽身（图 3.6）每米长度的自重值

$$g_1=\gamma_g g_k=\gamma_g(SA\gamma_{RC}+g_{栏杆}+g_{横杆})$$
$$=1.05\times(2\times25+0.713+1.5)=52.213\text{kN/m}$$

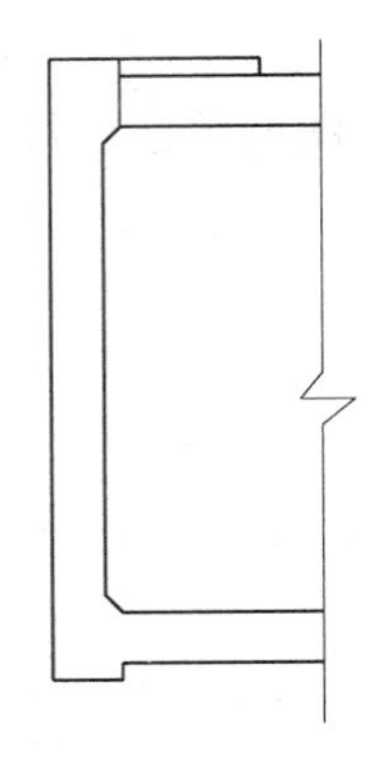
图 3.6 半边槽身

1）每米内：$g_{横杆}=0.3\times\frac{2.5-0.6}{2}\times0.1\times25=0.713\text{kN/m}$

2）半边槽身面积：

$$S=0.8\times0.1+0.3\times1.15\times2+0.4\times0.4\times2+\frac{(0.3+0.4)\times0.1}{2}$$
$$\times2+2.8\times0.3+0.08+0.345\times2+0.16+0.07+0.84+0.16$$
$$+0.345=2\text{m}^2$$

（2）满槽水时半边槽身每米长度承受水重设计值（忽略托乘长度）：

$$q_{水}=\gamma_{Q2}q_{k2}=\gamma_{Q2}V\gamma_w=1.10\times0.5\times2.5\times2.9\times1\times10=39.875\text{kN/m}$$

（3）半边槽身每米长度承受人群荷载设计值：

$$q_k=\gamma_Q q_{k2}=1.20\times2.5\times1\times1=3\text{kN/m}$$

（4）总的均布荷载：$P=80.088\text{kN/m}$

槽身跨度取 7m。

（5）槽身纵向受力时，按简支梁处理。计算跨度：$l_n=5.6\text{m}$，$l=7\text{m}$，$1.05l_n=5.88\text{m}$，$l_n+a=6.3\text{m}$　$l_0=5.88\text{m}$

（6）跨中截面弯矩设计值（四级建筑物 $K=1.15$）：

$$M=KS_m=1.15\times\frac{1}{8}pl_0^2=294\text{kN}\cdot\text{m}$$

2. 配筋计算：$f_c=11.9\text{N/mm}^2$，$f_y=300\text{N/mm}^2$

（1）承载力计算中，由于侧墙受拉区混凝土会开裂，不考虑混凝土承受拉力，故把侧墙看做 T 型梁；$b=300\text{mm}$，$h'_f=\frac{400+500}{2}=450\text{mm}$

H 选为校核水深，按短暂情况的基本组合考虑，估计钢筋需排成两排取 $a=90\text{mm}$，$h_0=h-a=3700-90=3610\text{mm}$，确定 b'_f，$h'_f=500\text{mm}$，$\frac{h_f}{h_0}=\frac{500}{35610}>0.1$。为独立 T 形梁；故 $b'_f=\frac{l_0}{3}=\frac{13940}{3}=4647\text{mm}$，$b'_f=b+12h'_f=300+12\times500=6300\text{mm}$。

上述两值均大于翼缘实有宽度，取 $b'_f=400\text{mm}$。

（2）鉴别 T 形梁所属类型：

$$KM=1.15\times294=338\text{kN}\cdot\text{m}$$

$$h_c b'_f h'_f\left(h_0-\frac{h'_f}{2}\right)=11.9\times400\times500\times\left(360-\frac{500}{2}\right)=7996.8\text{kN}\cdot\text{m}>KM$$

故为第一类T型截面（$x\leqslant h'_f$），按宽度为400mm的单筋矩形截面计算：

$$\alpha_s=\frac{KM}{f_c b'_f h_0^2}=\frac{338\times10^6}{11.9\times400\times3610^2}=0.054$$

$$\xi=1-\sqrt{1-2\alpha_s}=0.056<0.85\xi_b=0.468$$

$$A_s=\frac{f_c\xi b'_f h_0}{f_y}=\frac{11.9\times0.056\times400\times3610}{300}=3207\text{mm}^2$$

$$\rho=\frac{A_s}{bh_0}=\frac{3207}{300\times3610}=0.3\%>\rho_{\min}=0.2\%$$

$$A_{s实}=3411\text{mm}^2$$

满足要求，故可配置6Φ18和6Φ20。

（3）抗裂验算：

$$y_0=\frac{\dfrac{bh^2}{2}+(b'_f-b)\dfrac{h'^2_f}{2}+\alpha_E A_s h_0}{bh+(b'_f-b)h'_f+\alpha_E A_s}=1826\text{mm}$$

$$I_0=\frac{b'_f y_0^3}{3}-\frac{(b'_f-b)(y_0-b'_f)^3}{3}+\alpha_E A_s(h_0-y_0^2)=5.2\times10^{11}\text{mm}^4$$

$$W_0=\frac{I_0}{h-y_0}=277.5\text{mm}^3$$

查表截面抵抗矩的塑性系数γ_m值得截面抵抗矩塑性系数$\gamma_m=1.50$，考虑截面高度的影响对γ_m值进行修正，得

$$\gamma_m=\left(0.7+\frac{300}{3000}\right)\times1.50=1.2$$

在荷载效应标准组合下$\alpha_c t=0.85$

$\gamma_m\alpha_{ct}f_{tk}W_0=330\text{kN}\cdot\text{m}>294\text{kN}\cdot\text{m}$，故槽身抗裂满足要求。

（4）槽身挠度验算：

荷载标准值在槽身纵向跨中产生的弯矩值：

$$M=294\text{kN}\cdot\text{m}$$

槽身纵向抗弯刚度：

$$B_s=0.85E_c I_0=1.24\times10^6\text{N}\cdot\text{mm}^2$$

$$B=0.65B_s=8.06\times10^{15}\text{N}\cdot\text{mm}^2$$

$$f=\frac{5}{48}\times\frac{MI_0^2}{B}=0.13\text{mm}<[f_L]=l_0/500=11.76\text{mm}$$

故槽身纵向挠度验算满足要求。

（5）槽身纵向斜截面受剪承载力计算，参数如图3.7所示。

$KV_{\max}=1.25\times301.51=346.7\text{kN}<0.7f_t bh_0=0.7\times1.27\times300\times3610=962.8\text{kN}$

满足抗剪要求，故不需要由计算配置抗剪腹筋，抗剪腹筋、架立筋、腰筋按构造要求配筋。

3.4.2.2　槽身横向计算

1. 框架内力计算

沿槽身纵向取单位长度脱离体进行计算。侧墙与底板为整体连接，交接处为刚性节

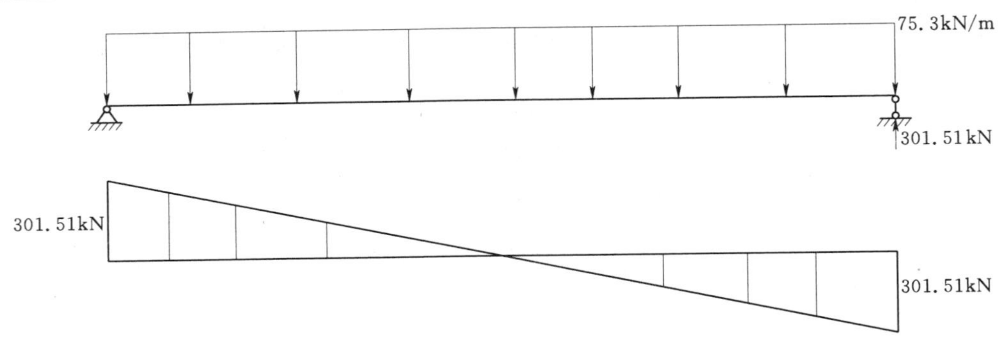

图 3.7 槽身纵向斜截面受剪承载力

点。横杆与侧墙也是整体连接，但因横杆刚度远比侧墙刚度小，故可假设与侧墙铰接。作用在矩形槽身上的荷载有：①槽身结构自重，包括人行道板自重 g_a，底板自重 g_b，侧墙自重可略去不计；②人行道板上的人群荷载 g_k；③槽内侧向水压力及水重 γH，H 为最大水深，水位可近似取至横杆中心线处。具体如图 3.8 所示。侧墙的 F_Q 如图 3.9 所示，侧墙计算简图如图 3.10 所示。

p_1 为人行道板、横杆、人群荷载传给侧墙顶的集中力的设计值。

$$p_1=\gamma_g g_a\times1+\gamma\frac{g_b\times1}{2}+\gamma_{Q1}q_k\times1=1.05\times1\times0.1\times0.8\times25+\frac{1.05\times0.3\times(2.5-0.8)\times0.1}{2}\times25=8.79\text{kN/m}$$

每米槽身承受的 p_1 为 8.79kN/m。

侧墙底部压力值为 $\gamma_w H=10\times3.7\times1=37\text{kN/m}$。

q_2 为单位长度水重+底板自重 g_b

$$q_2=g_{水}+g_b=2.9\times10\times1+0.3\times1\times25=36.5\text{kN/m}$$

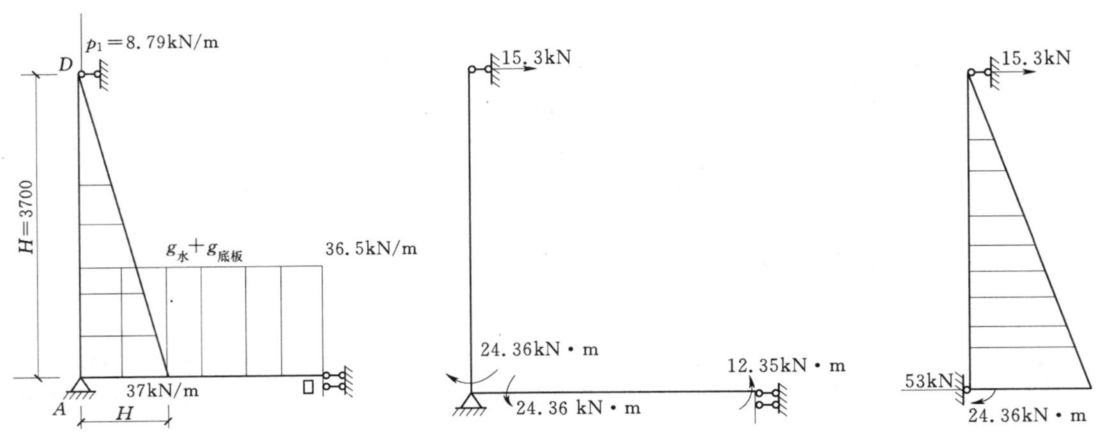

图 3.8 矩形槽身荷载分布图　　图 3.9 侧墙的 F_Q图　　图 3.10 侧墙计算简图

2. 侧墙的配筋计算

(1) 底部最大负弯矩截面配筋，迎水面位于水位变化区，环境类别为第三类，取 $c=$

30mm，$a=40\text{mm}$，则

$$h_0=h-a=300-40=260\text{mm},h_w=h_0=260\text{mm},\frac{h_w}{b}=\frac{260}{1000}=0.26<4.0$$

$$KV_{max}=1.15\times53=60.95\text{kN},0.25f_cbh_0=0.25\times11.9\times1000\times260=773.5\text{kN}>KV_{max}$$

故截面尺寸满足抗剪要求。

计算受弯钢筋：

$$\alpha_s=\frac{KM}{f_cbh_0^2}=\frac{1.15\times24.36\times10^6}{11.9\times1000\times260^2}=0.035,\xi=1-\sqrt{1-2\alpha_s}=0.036$$

$$A_s=\frac{f_cb\xi h_c}{f_y}=\frac{11.9\times1000\times0.036\times260}{300}=371.28\text{mm}^2$$

选取 4 ⏀ 12（$A_{s实}=452\text{mm}$），⏀ 12@200（$A_s=565\text{mm}^2$）。

$$A_{s实}>\rho_{min}bh_0=0.15\%\times1000\times260=390\text{mm}^2$$

（2）跨中最大正弯矩截面配筋。背水面按二类环境，$c=25\text{mm}$，$a=35\text{mm}$，$h_0=h-a=300-35=265\text{mm}$。

$$\alpha_s=\frac{KM}{f_cbh_0^2}=\frac{11.5\times11.8\times10^6}{11.9\times1000\times265^2}=0.016$$

$$\xi=1-\sqrt{1-2\alpha_s}=0.016<0.85\xi_b=0.468。$$

$$A_s=\frac{f_cb\xi h_0}{f_y}=\frac{11.9\times1000\times0.016\times265}{300}=168.2\text{mm}^2<\rho_{min}bh_0=397.5\text{mm}^2$$

取 $A_s-\rho_{min}bh_0=397.5\text{mm}^2$，选取⏀ 12@280（$A_{s实}=400\text{mm}^2$），受力筋总面积为 856mm²/m，分布筋面积应大于

$$15\%\times845\text{mm}^2/\text{m}=128.4\text{mm}^2/\text{m}$$

侧墙底部迎水面限裂验算：

有效配筋率：
$$\rho_{te}=\frac{A_s}{A_{te}}=\frac{A_s}{2ab}=0.7$$

$$\sigma_{sk}=\frac{M_k}{0.87h_0A_s}=126.7\text{N/mm}^2$$

$$\omega_{max}=\alpha\frac{\sigma_{sk}}{E_s}\left(30+c+0.07\frac{d}{\rho_{te}}\right)=0.21\text{mm}<[\omega_{max}]=0.25\text{mm}$$

满足限裂要求。

3. 底板计算

计算简图，如图 3.11 所示。

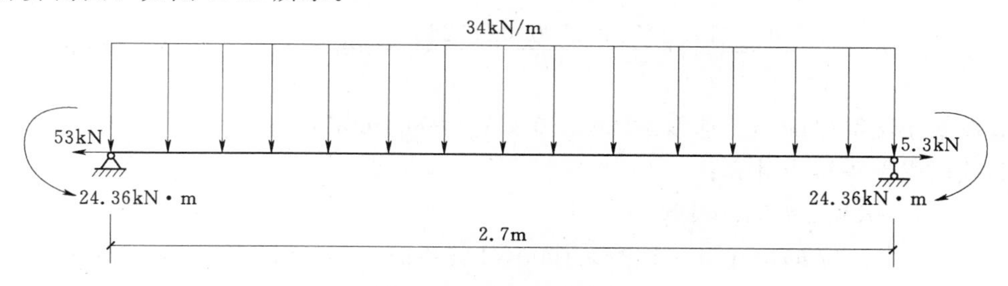

图 3.11　底板计算简图

按端部截面配筋，背水面 $a'=35\text{mm}$，$c=25\text{mm}$，迎水面 $a=40\text{mm}$，$c=30\text{mm}$。

$$h_0=h-a=260\text{mm},h-a'=265\text{mm},M=24.36\text{kN}\cdot\text{m},N=53\text{kN}$$

$$e_0=\frac{M}{N}460\text{mm}>\frac{h}{2}-a=110\text{mm}$$

N 作用于纵向钢筋范围之外，属于大偏拉构件，上侧迎水面受拉，下侧受压，$e=e_0-\frac{h}{2}+a=460-\frac{300}{2}+40=350\text{mm}$。

$$A_s'=\frac{KNe-f_c\alpha_{sb}bh_0^2}{f_y'(h_0-a')}=\frac{1.15\times53\times10^3\times350\times0.358\times1000\times260^2}{300\times(260-35)}<0$$

取 $A_s'-\rho_{\min}bh_0=0.15\%\times1000\times260=390\text{mm}^2$，选配Φ 12@280。

$A_{s实}'=404\text{mm}^2/\text{m}>\rho_{\min}bh_0$，$\alpha_s=\frac{KNe-f_v'A_s'(h_0-a')}{f_cbh_0^2}=\frac{1.15\times53\times10^3\times350-300\times390\times225}{11.9\times1000\times260^2}$ <0,所以应该按最小配筋率配筋，$A_s=\rho_{\min}bh_0=0.15\%\times1000\times260=390\text{mm}^2$，选取Φ 12@280$A_{s实}=404\text{mm}^2$

底板端部限裂验算：

$$\rho_{te}=\frac{A_s}{A_{te}}=\frac{A_s}{2ab}=0.505$$

$$\sigma_{sk}=\frac{N_k}{A_S}\left(1+1.1\frac{e_x}{h_0}\right)=325.4\text{N/mm}^2$$

$$\omega_{\max}=\alpha\frac{\sigma_{sb}}{E_s}\left(30+c+0.07\frac{d}{\rho_{te}}\right)=0.19\text{mm}<[\omega_{l\max}]=0.20\text{mm}$$

满足抗裂要求。

跨中最大弯矩截面：

取 $a=35\text{mm}$，$h_0=h-a=265\text{mm}$，$h_w=h_0=265\text{mm}$，

$$\frac{h_w}{b}=0.265<4.0,KV_{\max}=1.15\times47=54.05\text{kN}$$

$$0.25f_cbh_0=0.25\times11.9\times1000\times265=788.4\text{kN}>KV_{\max}$$

故截面尺寸满足抗剪要求。

$$\alpha_s=\frac{KM}{f_cbh_0^2}=\frac{1.15\times12\times10^6}{11.9\times1000\times265^2}=0.02$$

$$\xi=1-\sqrt{1-2\alpha_s}=0.02<0.85\xi_b=0.468$$

$$A_s=\frac{f_cb\xi h_0}{f_y}=\frac{11.9\times1000\times0.02\times265}{300}=\text{mm}^2<\rho_{\min}bh_0=397.5\text{mm}^2$$

故按最小配筋率配筋，选取Φ 12@280（$A_{s实}=404\text{mm}^2$）。

斜截面受剪承载力计算：

$$KV_{\max}=54.05\text{kN}$$

$$0.7f_tbh_0=0.7\times1.27\times1000\times265=235.585>KV_{\max}=54.05\text{kN}$$

故不需要由计算确定抗剪腹筋。

3.4.3　说明书

1. 槽身纵向钢筋的布置设计

槽身纵向配筋计算时按简支梁处理，侧墙纵向受拉钢筋均位于正弯矩区，不宜切断。又因为弯起纵向受力钢筋时必须满足自充分利用点以外不小于 $0.5h_0$ 的要求，而槽身高度较大，不能通到截面顶部抵抗负弯，故另加 2 ⌀ 18 的斜筋来满足抵抗负弯和斜截面抗剪需要。箍筋的选配：槽身高 $h>800$mm 且 $KV<V_c$，选配箍筋为双肢Φ 8@300。架立筋的选配：槽身 l=7m，架立筋直径选为 2Φ10，槽身下侧由受弯钢筋充当架立筋。因为槽身腹板高度较大，在槽身纵向沿高度设置分布筋，腹板面积 $bh_w\times0.1\%=200\times3420\times0.001=684\text{mm}^2$ 为分布筋截面面积的最小值，故选分布筋为 7Φ12，$A_s=791\text{mm}^2$。拉筋取为Φ 8@600。

2. 槽身横向钢筋的布置设计

（1）侧墙钢筋布置。由配筋计算结果，侧墙迎水面配筋为⌀ 12@280，背水面配筋为⌀ 12@200。通到侧墙顶部和底部的钢筋在纵向架立筋处做弯钩锚固。

（2）底板钢筋布置。由配筋计算结果，选端部和跨中配筋的较大值作为底板配筋，上侧受力筋为⌀ 12@280，下侧为⌀ 12@280，受力钢筋的总面积为 $1570\text{mm}^2/\text{m}$，分布钢筋截面面积不应少于 15%的受力钢筋面积，为 $235.5\text{mm}^2/\text{m}$，选择⌀ 8@200，分布筋截面面积为 $252\text{mm}^2/\text{m}$。

学习单元 3.5　水工混凝土渡槽设计实训（二）

——某干渠上装配式钢筋混凝土矩形无横杆渡槽

3.5.1　设计资料

（1）该输水渠道跨越低洼地带，需修建渡槽。支承结构采用刚架，槽身及刚架均采用整体吊装的预制装配式结构。每跨槽身长见表 3.3。

表 3.3　　渡 槽 尺 寸　　单位：m

跨长 l	6.0	7.0	8.0	10.0
槽内尺寸 $Bn\cdot Hn$	4.0×3.0	3.0×2.0	2.5×1.5	2.0×1.5
设计水深 H_1	2.5	1.8	1.3	0.8
最大水深 H_2	3.0	2.0	1.5	1.0

（2）建筑物等级为 3 级。

（3）建筑材料：①混凝土，槽身及刚架见附表；基础采用 C15；基础垫层采用 C10。②钢筋，槽身及刚架受力钢筋见附表，分布钢筋、箍筋、基础钢筋采用 HPB235。③支座，板式橡胶支座，厚度 50mm，直径 200mm。

（4）荷载。钢筋混凝土重力密度为 25kN/m^3；人行道人群荷载为 3.0kN/m^2；基本风压为 $\omega_0=0.45\text{kN/m}^2$。

（5）使用要求：槽身横向计算迎水面裂缝宽度允许值 $[w_{max}]=0.30mm$，槽身纵向计算底板有抗裂要求；槽身纵向允许挠度 $[f]=l_0/500$。

（6）采用《水工混凝土结构设计规范》（SL/T 191—2008）。

3.5.2 设计要求

学生在两周时间内，独立完成下列成果。

（1）设计任务书一份，包括：设计资料、结构布置及尺寸、槽身、计算说明书要求按顺序设计分章、分节书写。要有必要的计算公式和简图、主要计算步骤及结果。内容完整，数据准确，书写工整装订成册。

（2）槽身施工配筋图一张（图3.12），包括必要的文字说明。图纸布置要合理，字迹工整，尺寸、符号标准齐全符合制图标准要求。

（3）设计进度：阅读设计任务书、参考资料，8学时；布置课程设计，4学时；槽身设计计算，18学时；整理设计书、计算书，4学时。

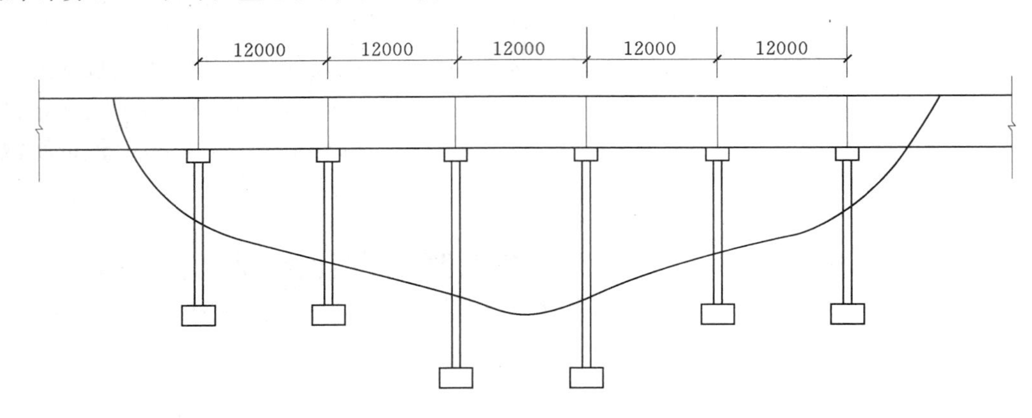

图3.12　槽身施工配筋图

注：支架高度是指基础顶面至柱顶之间的高度。

学习项目4　工 程 水 文 实 训

学习单元4.1　水文资料收集整理实训

4.1.1　实训目标

(1) 通过实习，巩固所学的基本知识，掌握水文测验、资料整编的基本方法和技能。

(2) 能掌握流速仪测点流速、河道断面测量的方法，以及断面流量的计算方法。

(3) 能进行水位观测和资料整理。

(4) 了解雨量的观测方法及资料整理。

4.1.2　实训任务

分组完成雨量、水位观测，实施断面流量测验。

4.1.3　实训内容

4.1.3.1　请水文站业务人员介绍测站概况

1. 站史

建站日期、地理位置、所属水系。

2. 控制面积以上流域特征

集水面积，河长，主河道平均纵比降；自然地理特征、地形、地貌、地质条件、植被情况等。

3. 水文特征值

最大年雨量，最小年雨量，多年平均雨量；历年最高水位，历年最低水位，多年平均水位；历年最大洪峰流量，历年最小枯水流量，多年平均流量；历史调查洪水情况，该站防洪规划开展情况。

4. 断面情况

断面形状，过水断面等；断面设施：基本水尺位置、基面高程、枯水断面位置。

5. 测验设施

流速仪、比降断面与基本断面情况，水位计、气象观测设备情况。

4.1.3.2　水位、流量观测

1. 水位观测

(1) 人工观测。随带专用记载簿，在观测时间提前5min到达基本水尺边，待正点进

行观测。观测时尽量把视线与水面齐平、水面与水尺刻度相切作为水尺读数，由水尺零点高程与水尺读数相加，得到即时水位。

（2）自记水位计观测。注意换纸，换纸前注意观测校核水尺的水位，记在前一天自记纸的末端，并注明观测时间，把自记纸取下，换上新自记纸，须注明日期，此时再观测一次水位，记在自记纸起始端，作为起始水位，对准时间，放下自记笔。

（3）基本水尺零点高程校测要求，一般汛前、汛后各一次，大洪水时随时校测。

2. 流量测验

实习小组按照以下步骤进行人工施测流量。

（1）测量过水断面的垂线水深，用测深杆施测测断面时开始和终了各观测水位一次，计入有关表格栏里，然后用梯形面积法计算断面面积。

（2）将流速仪装在悬吊设备或悬杆上，放在测速垂线的相对水深处，待传来稳定信号第一讯号时按下秒表计时，续后第一个讯号作为起始讯号 1，依次累加讯号数，达到一定测速历时止，记下总历时和总讯号数，再求转速。

（3）按照流速仪说明书提供的鉴定公式，计算点流速。

（4）由垂线上测得的点流速换算垂线平均流速，再由垂线平均流速换算线间部分流速。

（5）由部分流速乘以部分面积得到部分流量。

（6）各部分流量相加，得到断面流量。

4.1.3.3 了解雨量观测方法

1. 雨量观测

注意量杯刻度线与液面弯月面下沿相切为读数标志。注意日雨量时段的划分及日分界的划分。

2. 记载

应将观测值及时记在专门的记载表上。

4.1.4 组织实施

将班级按照每 6 人划分为一小组，在实习老师指导下分别进行水位观测、雨量观测、断面流量测验，循环轮换，直到每人均得到测验实践。

4.1.5 实训成果

（1）编写实习报告。按实习内容逐项阐述清楚，要求报告字数在 2000 字以上。实习报告中要有心得体会，要有独特见解。

（2）降雨量观测记载成果表。

（3）水位观测记载成果表。

（4）流速测量记载成果表。

（5）流量实测、计算成果表。

学习单元4.2 水文统计实训

4.2.1 实训目标

（1）能陈述频率计算适线法的基本原理及应用方法。

（2）能根据实测样本资料系列计算统计参数。

（3）学会在频率格纸点绘经验频率关系点据。

4.2.2 实训任务和要求

（1）用矩法列表计算统计参数初值。

（2）用三点法计算统计参数，并与矩法成果对比。

（3）选配理论频率曲线，确定三个统计参数。

4.2.3 实训资料

某水文站控制流域面积为623km^2，经相关分析延长后1950—1982年共33年平均流量资料见表4.1。

表4.1 某站年平均流量成果表

年份	年平均流量/(m^3/s)	年份	年平均流量/(m^3/s)	年份	年平均流量/(m^3/s)
1950	7.25	1961	7.40	1972	5.28
1951	6.45	1962	10.60	1973	7.48
1952	12.5	1963	9.50	1974	8.42
1953	7.74	1964	16.50	1975	13.5
1954	11.10	1965	7.49	1976	5.15
1955	10.50	1966	4.73	1977	4.35
1956	9.67	1967	7.92	1978	6.47
1957	9.07	1968	11.9	1979	7.45
1958	12.7	1969	5.32	1980	6.51
1959	5.64	1970	9.15	1981	8.52
1960	6.20	1971	5.74	1982	5.22

4.2.4 组织实施

（1）按照表4.2完成年平均流量频率计算表，计算时注意按照$\sum K_i=n$验算。

（2）三点法计算，据资料项数n大小、宜选用$P=5\%$、$P=50\%$、$P=95\%$三点，查取值。

（3）适线时，C_s可在（2.0～3.5）C_v范围内选择，通过适线确定。

（4）频率曲线图上应保留两条曲线，其中第一条是初始参数对应的P-Ⅲ型曲线，第二条是经过反复调整参数拟合经验点据，得到与经验点据配合良好的P-Ⅲ型曲线。

（5）图上应标注图名、图例。

4.2.5 实训成果

（1）提供年平均流量频率计算表。

（2）提供统计参数初始计算表（表4.3）。

（3）提供理论频率曲线选配计算表（表4.4）。

（4）提供年平均流量频率曲线成果图。

表4.2 某站年平均流量频率计算表

年份	年平均流量/(m^3/s)	序号 m	由大到小排列	模比系数 K_i	K_i-1	$(K_i-1)^2$	$(K_i-1)^3$	$P=\frac{m}{n+1}\times100\%$
1950		1						
1951		2						
1952		3						
1953		4						
1954		5						
1955		6						
1956		7						
1957		8						
1958		9						
1959		10						
1960		11						
1961		12						
1962		13						
1963		14						
1964		15						
1965		16						
1966		17						
1967		18						
1968		19						
1969		20						
1970		21						
1971		22						
1972		23						
1973		24						
1974		25						

续表

年份	年平均流量/(m^3/s)	序号 m	由大到小排列	模比系数 K_i	K_i-1	$(K_i-1)^2$	$(K_i-1)^3$	$P=\frac{m}{n+1}\times 100\%$
1975		26						
1976		27						
1977		28						
1978		29						
1979		30						
1980		31						
1981		32						
1982		33						
合计								

表 4.3　　**统计参数初始计算表**

矩法					三点法									
n	$\sum Q_i$	$\overline{Q}$	$\sum(K_i-1)^2$	C_v	P	Q	S	C_s	$\Phi_{50\%}$	$\Phi_{5\%}-\Phi_{95\%}$	σ	$\overline{Q}$	C_v	C_s/C_v
					5%									
					50%									
					95%									

表 4.4　　**理论频率曲线选配计算表**

P/%		0.1	0.2	0.5	1	2	5	10	20	50	75	90	95
$Q=$　m^3/s $C_v=$ $C_s=$	K_p												
	Q_p												
$Q=$　m^3/s $C_v=$ $C_s=$	K_p												
	Q_p												
$Q=$　m^3/s $C_v=$ $C_s=$	K_p												
	Q_p												
$Q=$　m^3/s $C_v=$ $C_s=$													
选用参数①		$\overline{Q}=$　m^3/s				$C_v=$				$C_s=$			

①　理论频率曲线与经验点据配合最佳的一条频率曲线的3个统计参数。

学习单元4.3　推求设计年径流实训

4.3.1　实训目标

（1）能陈述设计年径流计算的目的与计算内容。

（2）能根据长期实测径流样本资料系列推求设计年径流。

（3）能正确选择年径流不同频率的典型年。

（4）能用同倍比法进行年径流年内分配的计算。

4.3.2　实训任务和要求

某一综合利用的水库水文计算。要求推求丰水年（$P=10\%$）、平水年（$P=50\%$）、枯水年（$P=90\%$）三种典型年的年径流量及其年内分配。

4.3.3　实训资料

某水库坝址处经相关分析延长后1958—1983年共25年逐月平均流量资料见表4.5。

表4.5　　坝址历年各年平均流量表　　单位：m^3/s

月份 / 年份	5	6	7	8	9	10	11	12	1	2	3	4
1958—1959	10.96	17.01	63.00	32.05	36.97	12.24	5.80	3.66	2.92	2.19	11.26	8.33
1959—1960	15.96	41.41	23.54	26.73	39.50	7.77	4.50	3.88	3.07	1.90	4.43	4.60
1960—1961	24.87	47.08	11.00	32.19	9.98	5.67	4.09	3.14	2.89	3.76	9.10	12.13
1961—1962	33.25	18.22	28.6	47.88	63.70	15.70	8.54	6.01	4.91	2.99	4.51	8.05
1962—1963	46.50	58.20	25.00	16.60	18.36	12.15	5.68	4.27	2.91	2.61	2.78	2.98
1963—1964	2.70	36.81	56.80	15.96	18.90	6.85	6.84	3.56	11.20	8.17	6.18	5.54
1964—1965	10.10	37.20	9.23	35.20	14.76	10.13	4.47	3.07	2.54	2.83	3.00	10.70
1965—1966	9.06	37.50	36.80	18.09	7.94	9.90	6.30	4.14	3.18	3.74	4.81	10.56
1966—1967	2.42	40.00	20.70	25.70	10.74	6.26	3.76	4.01	3.03	4.33	7.33	19.29
1967—1968	9.54	15.70	20.50	8.30	6.94	4.21	3.22	2.95	2.63	6.50	5.72	6.54
1968—1969	26.36	46.60	14.20	12.71	5.52	6.95	3.39	4.37	9.64	11.59	18.60	11.72
1969—1970	16.88	21.80	11.65	33.20	17.94	7.77	4.90	4.28	5.92	3.80	14.35	11.28
1970—1971	19.66	31.30	24.30	29.00	43.60	10.50	5.66	6.15	3.00	3.22	3.14	2.48
1971—1972	16.48	22.30	8.02	11.45	18.34	6.76	3.70	5.16	3.50	4.11	1.93	8.20
1972—1973	14.21	40.70	16.74	43.10	14.89	7.80	5.93	5.26	5.40	4.56	4.63	30.70
1973—1974	42.60	30.70	40.80	22.30	25.50	14.21	7.91	4.53	3.39	3.71	3.58	7.82
1974—1975	24.50	22.30	19.00	15.80	6.09	14.74	13.54	5.96	7.56	9.32	17.54	16.73
1975—1976	46.30	37.60	16.01	27.60	23.60	29.00	8.04	8.06	4.16	5.34	8.78	16.60

续表

年份＼月份	5	6	7	8	9	10	11	12	1	2	3	4
1976—1977	9.59	28.69	27.76	31.10	18.20	12.25	7.53	5.15	4.86	4.00	3.27	4.34
1977—1978	17.40	39.59	11.93	16.61	9.54	11.20	4.12	3.78	3.53	3.72	10.96	18.20
1978—1979	25.37	36.00	15.41	20.59	9.23	6.08	5.35	3.56	3.60	4.10	18.73	14.88
1979—1980	22.00	27.94	11.73	11.58	20.98	5.54	4.16	2.86	3.12	6.43	14.06	19.69
1980—1981	32.71	11.28	13.62	19.18	15.40	8.11	6.25	4.21	3.22	4.54	10.84	14.90
1981—1982	15.10	28.80	14.20	17.40	23.70	9.13	5.80	3.90	3.02	3.76	6.32	9.62
1982—1983	14.32	17.14	16.98	18.02	9.46	6.70	6.16	4.18	6.27	18.10	34.40	33.50

4.3.4 组织实施

具体实训时间安排见表4.6，下面是具体的组织实施步骤。

（1）对实测样本系列进行可靠性、一致性和代表性的分析。

（2）根据审查后的实测资料进行频率计算（适线、求统计参数、绘制频率曲线），推求丰水年（$P=10\%$）、平水年（$P=50\%$）、枯水年（$P=90\%$）三个设计代表年的年径流量设计值。

（3）根据选择典型年的原则选取丰水年（$P=10\%$）、平水年（$P=50\%$）、枯水年典型年。

（4）用同倍比放大法（或同频率放大法）推求设计代表年径流量的年内分配。

表4.6　　实训时间安排

序号	实训内容	时间/d
1	布置实训任务，熟悉基本资料	0.5
2	设计年径流计算	1.5
3	实训成果整理	1
合计		3

4.3.5 实训成果

（1）提供年径流量频率计算表。

（2）提供设计年径流计算成果表（表4.7）。

表4.7　　设计年径流计算成果表

统计参数	$P/\%$	K_P	$Q_P/(m^3/s)$
$\overline{Q}=$　　　m^3/s $C_v=$ $C_s/C_v=$	10		
	50		
	90		

（3）提供年径流量频率曲线。

（4）提供设计年径流年内分配计算成果表（表4.8）。

表4.8　设计年径流年内分配计算成果表

典型年	缩放系数 K	项目	月平均流量/(m^3/s)												年平均流量/(m^3/s)
			5	6	7	8	9	10	11	12	1	2	3	4	
P=10%（19××年）		典型年													
		设计													
P=10%（19××年）		典型年													
		设计													
P=10%（19××年）		典型年													
		设计													

学习单元4.4　由流量资料推求设计洪水实训

4.4.1　实训目标

（1）能陈述计算设计洪水的目的及方法途径。

（2）会进行加入特大洪水后的不连序系列的频率计算。

（3）能陈述选择典型洪水过程的原则及含义。

（4）能用同频率放大法进行设计洪水过程线的计算和修匀。

4.4.2　实训任务和要求

根据某河水文站的实测流量资料推求设计洪峰流量，并绘制设计洪水流量过程线。

（1）计算加入历史洪水后的统计参数。

（2）用适线法推求 $P_{设}=1\%$、$P_{校}=0.1\%$的设计洪峰流量。

（3）用同频率放大法推求100年一遇的设计洪水流量过程。

（4）修匀并点绘设计洪水流量过程线。

4.4.3　实训资料

（1）某河水文站1950—1979年共30年实测洪峰流量资料 见表4.9。

（2）经历史洪水调查，1933年洪峰流量为6650m^3/s；经考证其重现期 $N=100$。

（3）$P_{设}=1\%$、$P_{校}=0.1\%$的洪水和典型洪水的最大1d、3d、7d洪量见表4.10。

（4）典型洪水过程线见表4.11。

表 4.9　　**某站洪峰流量频率计算表**

年份	Q_m /(m^3/s)	序号 m	Q_m 由大到小排列	模比系数 K_i	K_i-1	$(K_i-1)^2$	$(K_i-1)^3$	$P=\frac{m}{n+1}\times 100\%$
1933	6650	—						
⋮	⋮							
1950	630	1						
1951	1310	2						
1952	840	3						
1953	822	4						
1954	5030	5						
1955	1110	6						
1956	1260	7						
1957	1320	8						
1958	892	9						
1959	3040	10						
1960	1800	11						
1961	810	12						
1962	1000	13						
1963	1670	14						
1964	2420	15						
1965	2830	16						
1966	4200	17						
1967	1290	18						
1968	2280	19						
1969	900	20						
1970	3300	21						
1971	1930	22						
1972	561	23						
1973	3670	24						
1974	584	25						
1975	866	26						
1976	1480	27						
1977	2760	28						
1978	1680	29						
1979	535	30						
合计	6650/ 52820							

表 4.10 洪峰流量及各时段洪量计算成果表

项目	洪峰流量 Q_m /(m^3/s)	不同时段洪量 W_t/亿 m^3		
		最大 1d	最大 3d	最大 7d
均值		0.866	1.751	2.752
C_v		0.62	0.55	0.55
C_s/C_v		2.5	2.25	2.0
$P=1\%$洪水		2.667	4.798	7.430
$P=0.1\%$洪水		3.712	6.433	9.852
典型洪水	5030	2.415	3.524	5.251
修匀后洪量				
误差/%				

4.4.4 组织实施

(1) 洪水资料的分析和处理。

(2) 洪峰流量频率计算。考虑历史特大洪水为 1933 年，分别用下列公式计算特大洪水［式 (4.1)］和一般洪水［式 (4.2)］的经验频率 (表 4.11)。

特大洪水 $$P=\frac{M}{N+1}\times100\%,M=1,2,\cdots,N \tag{4.1}$$

一般洪水 $$P=\frac{m}{n+1}\times100\%,m=1,2,\cdots,n \tag{4.2}$$

1) 采用矩法计算 $\overline{Q}_m$、C_v。

2) 用适线法推求 $P_{设}=1\%$、$P_{校}=0.1\%$的设计洪峰流量，点绘经验频率点据和适线时的频率曲线。

3) 选取典型洪水过程线 (表 4.11)，用同频率放大法推求 100 年一遇的设计洪水流量过程。

4) 修匀并点绘设计洪水流量过程线。修匀并点绘设计洪水流量过程线。图幅为 25cm×40cm 方格纸，纵坐标 1cm：200m³/s，横坐标 1cm：10h。

具体时间安排见表 4.12。

4.4.5 实训成果

(1) 提供洪峰流量频率计算表。

(2) 提供适线法的洪峰流量理论频率曲线。

(3) 提供洪峰流量及各时段洪量计算成果表。

(4) 提供 100 年一遇设计洪水过程线计算表。

(5) 提供修匀后的设计洪水流量过程线图。

表 4.11　　100 年一遇设计洪水过程线计算表

时间 d	时间 h	典型流量 /(m^3/s)	放大倍比 K	放大流量 /(m^3/s)	修匀后流量 /(m^3/s)	备注
12	10	290				
13	04	1370				
	10	935				
14	04	470				
15	10	180				
16	10	130				
17	00	740				最大3d（17日00时至19日10时）
	08	1280				
	12	1800				最大1d（17日12时至18日11时）
	16	3600				
	19	5030				
	22	3780				
18	03	2300				
	08	1200				
	11	830				
19	00	540				
	10	400				
⋮						

表 4.12　　实 训 时 间 安 排

序号	实训内容	时间/d
1	布置实训任务，熟悉基本资料	0.5
2	设计洪水计算	2
3	实训成果整理	0.5
合计		3

学习单元 4.5　由暴雨资料推求设计洪水实训

4.5.1　实训目标

（1）能陈述由暴雨资料推求设计洪水的目的及方法途径。

（2）能用同频率放大法推求设计暴雨的时程分配。

（3）能根据地区资料绘制降雨径流相关图。

（4）能用降雨径流相关图法进行设计净雨计算。

（5）能依据一场实测雨洪资料分析出流域单位线。

（6）能依据单位线进行推流计算。

4.5.2　实训任务和要求

根据流域的暴雨洪水资料推求某河丁站 1000 年一遇 3d 暴雨所产生的设计洪水过程线。

（1）按同频率典型放大法计算设计暴雨过程。

（2）建立丁站以上流域以前期影响雨量为参数的暴雨径流相关图，并由此推算设计净雨过程。

（3）分析 1991 年 7 月 29 日至 8 月 4 日一次雨洪的单位线。

（4）由设计净雨，用单位线法求的 $P=0.1\%$设计洪水过程。

4.5.3　实训资料

（1）某河丁站以上流域面积为 $5600km^2$，多年平均降雨量约 790mm，流域上有甲、乙、丙、丁 4 个雨量站。

（2）1991 年 7 月 29 日至 8 月 4 日实测暴雨洪水资料见表 4.13 和表 4.14，已求出该流域平均雨量 90.9mm，地面径流深为 55.1mm。

表 4.13　　　1991 年 7 月 29—30 日降雨量表

雨量站	控制面积 /km^2	面积权重	29 日 6—18 时		29 日 18 时至 30 日 6 时		备注
			雨量 mm	权雨量 /mm	雨量 /mm	权雨量 /mm	
甲	1920	0.343	29.7	10.2	71.9	24.7	用泰森多边形法，计算得此成果
乙	1040	0.186	26.7	5.0	34.3	6.4	
丙	1690	0.302	50.6	15.3	33.3	10.1	
丁	950	0.169	38.1	6.4	75.7	12.8	
全流域	5600	1.000	145.1	36.9	215.2	54.0	90.9mm

表 4.14　　　1991 年 7 月 29 日至 8 月 4 日降雨洪水过程线　　　单位：m^3/s

时间/（月-日　时：分）	流量	基流	地面径流	时间/（月-日　时：分）	流量	基流	地面径流
7－28　6：00	200	200	0	8－1　6：00	802	241	561
7－28　18：00	168	168	0	8－1　18：00	540	257	283
7－29　6：00	145	145	0	8－2　6：00	414	273	141
7－91　8：00	325	161	164	8－2　18：00	355	289	66
7－30　6：00	952	177	775	8－3　6：00	305	305	0
7－30　18：00	2660	193	2467	8－3　18：00	271	271	0
7－31　6：00	1870	209	1661	8－4　6：00	239	239	0
7－31　18：00	1250	225	1025				

(3) 1991 年 7 月 29 日前的流域降雨资料见表 4.15。

表 4.15　　前期影响雨量 P_a 计算表　　单位：mm

日期 /(月-日)	前次日期 /(月-日)	甲		乙		丙		丁		备注
		P	P_a	P	P_a	P	P_a	P	P_a	
7-14	7-15	11		20.5		10.3		9.1		$K=0.85$，$I=50.0$mm，采用计算式 $P_{at}=K(P_{t-1}+P_{at-1})\leqslant I_{max}$
7-15	7-14	0		0		0		0		
7-16	7-13	0		0		7.0		0		
7-17	7-12	0		0		0		0		
7-18	7-11	20.9		1.7		2.4		5.9		
7-19	7-10	3.6		19.3		45.5		27.5		
7-20	7-9	0		0		3.8		0		
7-21	7-8	11.5		14.8		9.8		25.8		
7-22	7-7	0		8.6		0		0		
7-23	7-6	19.9		34.1		22.5		15.7		
7-24	7-5	23.5		25.7		13.6		4.8		
7-25	7-4	0		0		0		0		
7-26	7-3	1.4		0		7.2		2.6		
7-27	7-2	0		0		0		0		
7-28	7-1	0		0		0		0		
7-29	本日	—		—		—		—		
权重		0.343		0.186		0.302		0.169		
权 P_a										
流域平均										

(4) 汛期流域平均的前期影响雨量折减系数 $K=0.85$，最大初损值 $I_{max}=50$mm。各次雨洪分析所得降雨径流成果见表 4.16。

表 4.16　　降雨径流分析成果表　　单位：mm

峰号	起始日期 /(年-月-日)	降雨量	地面径流深	前期影响雨量	备注
1	1991-6-10	46.8	3.4	2.3	暴雨集中
2	1990-8-15	75.6	32.5	18.7	
3	1989-6-17	22.0	12.3	41.0	
4	1989-6-28	47.2	22.6	30.6	
5	1989-8-10	95.1	36.2	8.6	
6	1990-5-29	57.3	17.8	13.6	
7	1990-9-11	70.2	23.1	11.1	
8	1995-7-15	43.1	35.8	48.3	

续表

峰号	起始日期/(年-月-日)	降雨量	地面径流深	前期影响雨量	备注
9	1995-7-29	20.9	4.9	33.0	暴雨集中
10	1995-8-4	80.7	62.2	41.1	
11	1995-10-2	130.6	72.4	12.3	
12	1991-6-18	115.5	47.1	2.9	
13	1991-9-10	42.0	8.4	18.3	
14	1991-9-16	34.8	16.3	35.1	
15	1991-10-17	57.6	25.6	25.2	
16	1991-7-29	90.9	55.1	23.2	
17	1991-8-15	56.2	14.5	14.8	
18	1992-7-22	188.8	107.2	3.4	
19	1992-8-21	45.6	33.1	42.1	
20	1994-8-3	89.7	22.5	8.7	
21	1994-10-13	85.7	23.8	1.0	
22	1994-10-15	14.0	7.6	43.3	
23	1987-6-15	102.5	83.2	43.9	
24	1987-8-7	61.2	35.7	31.4	

(5) $P=0.1\%$的最大连续 12h、1d、3d 设计面雨量分别为 130mm、176mm、240mm。

(6) 统计历年最大连续 3d 流域平均雨量与其降雨开始时所对应的前期影响雨量之和，计算得 $(P_{3d}+P_{1d})0.1\%=279\text{mm}$。

(7) 连续 3d 典型暴雨分配见表 4.17。

表 4.17　典型暴雨时程分配表

时段时序($\Delta t=12\text{h}$)	1	2	3	4	5	6	合计
雨量/mm	0	5.8	16.2	20.7	84.0	2.2	128.9

(8) $P=0.1\%$的设计条件下，取基流为 $200\text{m}^3/\text{s}$。

4.5.4 组织实施

实训时间安排见表 4.18，具体组织实施步骤如下。

(1) 依据已提供的 $P=0.1\%$的最大连续 12h、1d、3d 设计面雨量资料和表 4.16 提供的连续 3d 典型暴雨时程分配表，按同频率典型放大法计算设计暴雨过程。

(2) 依据表 4.15 已提供的 1991 年 7 月 29 日前的流域降雨资料，用备注栏的计算公式，计算流域本次降雨的前期影响雨量 P_a，并填入表格相应各栏。

(3) 依据表 4.16 已提供的各次雨洪分析所得降雨径流成果数据，建立丁站以上流域

以前期影响雨量为参数的暴雨径流相关图。结合推求出的设计暴雨过程，推算设计净雨过程。

(4) 依据表4.13和表4.14已提供的1991年7月29日至8月4日实测暴雨洪水资料，分析1991年7月29日至8月4日一次雨洪的单位线。

(5) 由推求出的单位线成果和设计净雨过程，用单位线法求 $P=0.1\%$ 的设计洪水过程。

表4.18 实训时间安排

序号	实训内容	时间/d
1	布置实训任务，熟悉基本资料	0.5
2	暴雨洪水计算	2
3	实训成果整理	0.5
合计		3

4.5.5 实训成果

(1) 提供设计暴雨时程分配。

(2) 提供丁站以上流域以前期影响雨量为参数的暴雨径流相关图。

(3) 计算完成流域本次降雨的前期影响雨量 P_a 计算表，见表4.15。

(4) 提供设计净雨过程表。

(5) 分析单位线计算成果表。

(6) 由单位线推求 $P=0.1\%$ 的设计洪水过程计算表。

学习项目5　水利工程招投标与合同管理实训

实训目的

使学生融会贯通已学课程知识并加于运用，增强实际操作能力和解决问题的能力。要求学生进一步熟悉工程招投标与合同管理业务、程序，初步学会工程招投标的相关程序和标书的编制方法以及建设工程施工合同的签订。在教师指导下，独立完成相应任务。

学习单元5.1　水利工程招投标实训

5.1.1　实训任务

1. 内容

编写招标文件研读报告；编制投标文件大纲；编写施工合同文本。

2. 组织形式

由5～6人组成一个小组，每个小组设组长1名，负责本小组的投标组织工作和本小组成员的成绩评定，同时作为投标单位的法人代表履行投标责任。

每个小组主要工作内容：确定6个小组投标单位身份（代表一家水利施工企业），并收集该单位的有关信息资料，为投标做准备；领取招标文件；编制招标文件研读报告和编制投标文件大纲，并按招标文件要求密封、递交，投标资料密封袋上须有所有投标小组成员签字；参加班内组织的开标；编制施工合同文本。

5.1.2　某工程招标文件

招标文件具体可见附录1。

5.1.3　时间安排

1. 课时安排

总课时安排10学时，四周。

2. 课时内容及进度安排

（1）第一周，2学时。做好招投标的组织准备工作；确定招投标工作的程序；发放招标文件。

（2）第二周，2学时。检查每个投标小组的建筑施工企业的资料信息收集工作；指导学生按组编制招标文件研读报告；招标答疑；指导学生按组编制投标文件大纲。

（3）第三周，4学时。指导学生按组编制投标文件大纲；检查投标小组投标文件编制情况；指导学生投标文件递交的有关注意事项。

（4）第四周，2学时。投标文件递交；组织开标。

5.1.4　成绩评定

1. 评分原则

（1）投标文件准确程度。

（2）投标文件符合规范和程度。

（3）字迹端正，没有文字错误。

（4）投标文件装帧美观大方。

（5）参与招投标程序的表现。

（6）出勤和课堂表现。

2. 评分方式

（1）指导老师根据每个小组的综合表现及完成标书的质量，确定每个组的总分，该总分供各组长分配给本组组员。

（2）各组长根据本组组员在课程训练过程中的表现，对其评定成绩（百分制）。

（3）根据以上评分结果，综合评定得出每一位同学的课程基本训练的成绩。

（4）各组组长的成绩由指导老师直接评定。

5.1.5　课程训练成果格式

小组招投标成果。每个投标小组根据投标过程中形成的招标文件研读报告、投标文件大纲、施工合同文本，归档形成课程训练成果，放入投标密封袋，投标小组组长签字确认资料齐全。

学习单元5.2　水利工程合同管理实训

5.2.1　实训任务

施工索赔，所有同学根据提供的索赔背景材料和合同条款等参考资料，按要求编写索赔报告。

5.2.2　某工程招标文件

具体可见附录1。

5.2.3　时间安排

1. 课时安排

总课时安排6学时，两周。

2. 课时内容及进度安排

（1）第五周，4学时。对每小组投标文件进行初步评价；编写施工合同文本。

（2）第六周，2学时。编写施工索赔报告。

5.2.4 成绩评定

1. 评分原则

（1）施工合同、索赔报告的准确程度。

（2）施工合同、索赔报告符合规范和程度。

（3）字迹端正，没有文字错误。

（4）投标文件装帧美观大方。

（5）参与招投标程序的表现。

（6）出勤和课堂表现。

2. 评分方式

（1）指导老师根据每个小组的综合表现及完成标书的质量，确定每个组的总分，该总分供各组长分配给本组组员。

（2）各组长根据本组组员在课程训练过程中的表现，对其评定成绩（百分制）。

（3）根据以上评分结果，综合评定得出每一位同学的课程基本训练的成绩。

（4）各组组长的成绩由指导老师直接评定。

5.2.5 课程训练成果格式

施工索赔报告。按指导书要求格式编写索赔报告。索赔报告与小组投标成果一起组成课程基本训练成果。

学习项目6　水利工程造价实训

1. 实训目的

（1）提高学生学习水利工程概预算编制的积极性，训练学生熟练掌握实践性教学环节中的知识，立足将理论教学与实践技能有机结合起来，满足水利行业对概预算编制能力的培养要求。

（2）结合当前水利行业高职高专学生素质要求，着力探索“校企合作、工学结合”的人才培养模式。

（3）检验学生现场分析问题和解决问题的能力，进一步促进工程造价专业、水利水电建筑工程专业及其相关专业群的实践应用性教学改革。

2. 实训任务

根据工程项目背景等资料，完成基础单价、建筑安装单价、设计概算及施工图预算等任务。主要包括人工预算单价、主要材料的预算单价及混凝土、砂浆预算单价、施工机械台时费、设备费、建筑工程及安装工程单价、工程概预算费用表、完成工程概预算总表、主要材料用量分析。

3. 实训内容

基本建设程序；基本建设程序不同阶段对应的计价深度的基本概念；基本建设项目划分；水利建设工程项目划分和费用构成；基础单价、建筑及安装工程单价的计算方法和程序及使用定额的注意事项。

根据基础资料，编制建设项目基础单价（查人工预算单价、材料预算单价、施工机械台时费、混凝土及砂浆材料单价）。

依据《水利工程设计概（估）算编制规定》（水总〔2014〕429号）；熟练使用水总〔2002〕116号全套定额。部颁〔2002〕《水利建筑工程概算定额》、部颁〔2002〕《水利建筑工程预算定额》、部颁〔2002〕《水利水电设备安装工程概算定额》（水建管〔1999〕523号）、部颁〔2002〕《水利水电设备安装工程预算定额》（水建管〔1999〕523号）、部颁〔2002〕《水利工程施工机械台时费定额》、水利部〔2005〕《水利工程概预算补充定额》和有关行业主管部门颁发的定额。

按定额，进行建筑、安装工程单价分析，最终计算出工程造价。

能够进行工料分析。

学习单元 6.1　水电站工程基础单价及施工图预算编制实训

6.1.1　计算该工程项目的人工预算单价

（1）某大型水电站工程位于陕西省长武县，请根据《水利工程设计概（估）算编制规定》（水总〔2014〕429 号）查该工程工长、高级工、中级工、初级工的预算价格。

（2）某大型水电站工程位于河北省张家口市康保县，请根据《水利工程设计概（估）算编制规定》（水总〔2014〕429 号）查该工程工长、高级工、中级工、初经工的预算价格。

6.1.2　主要材料及混凝土预算价格

6.1.2.1　水泥预算价格

某水利工程用 42.5 普通硅酸盐水泥，资料见表 6.1，采购及保管费按现行部颁定额规定，请计算该种水泥的预算价格。

表 6.1　　基本资料表

项目	甲厂	乙厂
供应比例/%	30	70
出厂价/(元/t)	400	350
厂家至工地距离/km	80	110
吨公里运价/元	0.58	0.58
装卸费小计/(元/t)	15.0	15.0
材料运输保险费率/%	0.5	0.5

6.1.2.2　混凝土预算价格

某水闸底板，设计选用的混凝土强度等级与级配为 C25 二级配，混凝土用 32.5 号普通水泥。已知混凝土各组成材料的预算价格为：32.5 号普通水泥 400 元/t、中砂 100 元/m^3、碎石 80 元/m^3、水 0.80 元/m^3。试计算水闸底板工程中混凝土材料的预算单价。混凝土材料单价计算表见表 6.2。

表 6.2　　混凝土材料单价计算表　　单位：元

编号	名称及规格	单位	预算量	调整系数	材料预算单价			混凝土材料价格		
					预算价	基价	价差	预算价	基价	价差
	C25（二级配）	m^3								
1	水泥（32.5 级）	kg								
2	中砂	m^3								
3	碎石	m^3								
4	水	m^3								

6.1.3 施工机械台时费

计算55kW推土机机械台时费，查《水利工程施工机械台时费定额》可知一类费用小计20.08元/台时，定额机上人工数量2.4工时/台时，定额柴油数量7.9工时/台时；已知工长、高级工、中级工和初级工的人工预算单价分别为7.11元/工时、6.61元/工时、5.62元/工时、3.04元/工时；柴油预算单价为7.50元/kg。写出计算过程并将编号、台时费、一类费用、二类费用填入表6.3中。

表6.3　施工机械台时费计算表　单位：元

编号	名称及规格	台时费预算价格	台时费价差	一类费用	其中		二类费用	其中	
					定额一类费用	调整系数		人工费	动力燃料费（基价进入）

6.1.4 计算设备费

某水利枢纽工程中采用的国产水轮机设备原价50万元/台，运输由铁路火车运2500km，转公路汽车运80km到工地。运输保险费0.6%，采购及保管费按现行部颁定额规定。试计算水轮机的设备费。

6.1.5 根据背景资料，完成以下指定项目

6.1.5.1 项目背景

安徽省某灌区一小型水闸工程位于县城之外，距县城10km，该闸交通便利，有一级公路在闸附近通过，水路可直达施工现场的码头。土类级别为Ⅲ类，土方开挖采用$1m^3$挖掘机挖装土5t自卸汽车运输2.3km，$2.75m^3$铲运机回填Ⅲ－500m；基础岩石级别为Ⅹ级，基础石方开挖采用风钻钻孔爆破，开挖深度1.5m，石渣运输采用$1.5m^3$装载机装10t自卸汽车运输6km弃渣；干砌块石护坡、护底；M10浆砌块石挡土墙；$0.4m^3$混凝土搅拌机拌制混凝土，胶轮车运混凝土500m，混凝土闸底板厚100cm，C25二级配混凝土；水泥强度等级为32.5，模板采用标准钢模板。金属结构设备为19t平板焊接闸门，闸门埋件及避雷针。其他直接费费率之各取2.5%。已知工长、高级工、中级工和初级工的人工预算单价分别为4.91元/工时、4.56元/工时、3.87元/工时、2.11元/工时。

6.1.5.2 编制依据

依据水利部水总〔2002〕116号发布的《水利工程设计概（估）算编制规定》、〔2002〕《水利建筑工程预算定额》、〔1999〕《水利水电设备安装工程预算定额》、〔2002〕《水利工程施工机械台时费定额》等的有关规定。

6.1.5.3 主要资料

具体可见表6.4、表6.5。

表 6.4　　材料预算价格表　　单位：元

序号	名称及规格	单位	价格	序号	名称及规格	单位	价格
1	汽油	kg	7.9	18	木材	m^3	2000
2	柴油	kg	8.0	19	粗砂	m^3	70
3	电	kW·h	0.53	20	块石	m^3	80
4	水	m^3	0.7	21	碎石	m^3	70
5	风	m^3	0.21	22	铁丝	kg	4.2
6	M10 砂浆	m^3	180	23	钢筋	t	5500
7	C25－2 混凝土	m^3	300	24	组合钢模板	kg	6
8	钢板	kg	4.8	25	卡扣件	kg	10
9	氧气	m^3	8	26	铁件	kg	5
10	乙炔气	m^3	7.5	27	预埋铁件	kg	5.5
11	电焊条	kg	8	28	混凝土柱	m^3	280
12	油漆	kg	10	29	合金钻头	个	80
13	黄油	kg	12	30	炸药	kg	10
14	棉纱头	kg	12	31	雷管	个	4
15	型钢	kg	4.2	32	导火线	m	2
16	紫铜片	kg	25	33	导电线	m	4
17	M18×100－150 螺栓	套	3.5				

表 6.5　　施工机械台时汇总表（台时费＝台时费基价＋台时费价差）　　单位：元

序号	定额编号	名称及规格	台时费	台时费价差	台时费基价（学生填写）
1	1002	$1m^3$ 挖掘机	184.87	32.53	
2	1029	$1.5m^3$ 装载机	78.25	15.87	
3	1041	55kW 推土机	92.57	24.82	
4	1042	59kW 推土机	100.80	27.83	
5	1044	88kW 推土机	46.10	14.56	
6	1060	55kW 拖拉机	77.07	15.89	
7	1067	$2.75m^3$ 铲运机	10.53		
8	1096	手持式风钻	40.46		
9	2002	$0.4m^3$ 混凝土搅拌机	18.22		
10	2047	1.1kW 插入式振捣器	1.96		
11	2048	1.5kW 插入式振捣器	2.89		
12	2052	8.5kVA 变频机组	14.83		

续表

序号	定额编号	名称及规格	台时费	台时费价差	台时费基价（学生填写）
13	2080	6 m^3/min 风（砂）水枪	46.06		
14	3004	5t 载重汽车	80.54	14.89	
15	3012	5t 自卸汽车	93.93	19.66	
16	3015	10t 自卸汽车	140.22	35.15	
17	3074	胶轮车	0.90		
18	4030	10t 塔式起重机	91.26		
19	4035	龙门式起重机 10t	45.66		
20	4143	5t 卷扬机	13.40		
21	9126	25kVA 电焊机	8.41		
22	9136	150kVA 交流点焊机	56.44		
23	9143	ϕ6～40 钢筋弯曲机	10.43		
24	9146	20kW 钢筋切断机	17.32		
25	9147	14kW 钢筋调直机	13.58		
26	9148	型钢剪断机 20kW	17.32		

6.1.5.4 完成以下任务

1. 建筑工程单价计算

①土方开挖工程单价。②石方开挖工程单价。③砌石工程单价。④混凝土工程单价。完成以下表格，计算建筑工程预算表投资（表 6.6）。

表 6.6　　建筑工程预算表

序号	工程或费用名称	单位	数量	单价/元	合计/元
	第一部分　建筑工程				
	水闸工程				
1	土方工程				
1.1	$1m^3$ 挖掘机挖装土 5t 自卸汽车运输Ⅲ－2.3km	m^3	18500		
1.2	$2.75m^3$ 铲运机回填Ⅲ－500m	m^3	13200	12.15	
2	石方工程				
2.1	石方开挖	m^3	75		
3	土石填筑工程				
3.1	干砌块石护底	m^3	3325	107.60	
3.2	干砌块石护坡	m^3	2132	110.55	
3.3	M10 浆砌块石挡土墙	m^3	3027		
3.4	反滤层	m^3	1013	118.42	

续表

序号	工程或费用名称	单位	数量	单价/元	合计/元
4	混凝土工程				
4.1	C25－2 混凝土闸底板	m^3	5233		
4.2	C20－2 钢筋混凝土闸墩	m^3	3393	460	
4.3	C20－2 钢筋混凝土工作桥墩	m^3	147	480	
4.4	钢模板制作与安装	m^2	500	100	
4.5	钢筋制作与安装	t	5.00	7869.76	

2. 工料分析

在单价分析表的基础上，分析出砌筑 3027m^3 M10 浆砌块石挡土墙需要的砂子数量是多少？浇筑 C25 二级配纯混凝土闸底板需要的水泥量是多少？

6.1.5.5 参考预算定额

1. 1m^3 挖掘机挖装土自卸汽车运输

适用范围：Ⅲ类土、露天作业。工作内容：挖装、运输、卸除、空回。具体工作量可见表 6.7。

表 6.7　1m^3 挖掘机挖装土自卸汽车运输工作量表　单位：100m^3

项目	单位	运离/m					增运 1km
		1	2	3	4	5	
工长	工时						
高级工	工时						
中级工	工时						
初级工	工时	6.7	6.7	6.7	6.7	6.7	
合计	工时	6.7	6.7	6.7	6.7	6.7	
零星材料费	%	4	4	4	4	4	
挖掘机　1m^3	台时	1.00	1.00	1.00	3.36	1.00	
推土机　59kW	台时	0.50	0.50	0.50	1.00	0.50	
自卸汽车　5t	台时	9.83	12.87	15.67	0.50	20.84	2.33
自卸汽车　8t	台时	6.50	8.40	10.15	18.31	13.38	1.46
自卸汽车　10t	台时	6.05	7.66	9.14	11.80	11.88	1.23
编号		10365	10366	10367	10368	10369	10370

2. 石方开挖

石方开挖见表 6.8。

表 6.8

石方开挖工作量表

项目	单位	岩石级别			
		Ⅴ－Ⅷ	Ⅸ－Ⅹ	Ⅺ－Ⅻ	ⅩⅢ－ⅩⅣ
工长	工时	4.6	6.2	8.1	10.9
高级工	工时				
中级工	工时	57.6	86.8	121.4	174.2
初级工	工时	165.5	218.0	276.7	360.5
合计	工时	227.7	311.0	406.2	545.6
合金钻头	个	2.88	4.88	7.05	9.88
炸药	kg	69.09	91.58	107.03	121.45
雷管	个	78.74	104.39	121.47	137.12
导火线	m	185.35	245.68	287.08	325.67
导电线	m	264.38	350.35	410.78	467.78
其他材料	%	7	7	7	7
风钻 手持式	台时	13.33	23.40	37.02	60.17
其他机械费	%	10	10	10	10
编号		20129	20130	20131	20132

3. 1.5m³ 装载机装石渣汽车运输

工作内容：挖装、运输、卸除、空回。具体可见表 6.9。

表 6.9

1.5m³ 装载机装石渣汽车运输工作量表

项目	单位	运距/km					增运 1km
		1	2	3	4	5	
工长	工时						
高级工	工时						
中级工	工时						
初级工	工时	19.2	19.2	19.2	19.2	19.2	
合计	工时	19.2	19.2	19.2	19.2	19.2	
零星材料费	%	2	2	2	2	2	
装载机 1.5m³	台时	3.61	3.61	3.61	3.61	3.61	
推土机 88kW	台时	1.81	1.81	1.81	1.81	1.81	
自卸汽车 8t	台时	16.94	21.54	25.78	29.77	33.59	3.53
自卸汽车 10t	台时						
自卸汽车 12t	台时	11.73	14.60	17.24	19.72	22.10	2.20
编号		20462	20463	20464	20465	20466	20467

4．浆砌块石

工作内容：选石、修石、冲洗、拌浆、砌石、勾缝（表6.10）。

表6.10　浆砌块石工作量表　单位：$100m^3$

项目	单位	护坡		护底	基础	挡土墙	挡土墙
		平面	曲面				
工长	工时	16.8	19.2	14.9	13.3	16.2	17.7
高级工	工时						
中级工	工时	346.1	423.5	284.1	236.2	329.5	376.5
初级工	工时	475.8	515.7	443.9	415	464.6	490
合计	工时	838.7	958.4	742.9	664.5	810.3	884.2
块石	m^3	108.00	108.00	108.00	108.00	108.00	108.00
砂浆	m^3	35.30	35.30	35.30	34.00	34.40	34.80
其他材料	%	0.5	0.5	0.5	0.5	0.5	0.5
砂浆搅拌机 $0.4m^3$	台时	6.35	6.35	6.35	6.12	6.19	6.26
胶轮车	台时	158.68	158.68	158.68	155.52	156.49	157.46
编号		30017	30018	30019	30020	30021	30022

5．搅拌机拌制混凝土

工作内容：场内配运水泥、骨料、投料、加水、加外加剂、搅拌、出料、清洗（表6.11）。

表6.11　搅拌机拌制混凝土工作量表　单位：$100m^3$

项目	单位	搅拌机出料/m^3	
		0.4	0.8
工长	工时		
高级工	工时		
中级工	工时	122.5	91.1
初级工	工时	162.4	120.7
合计	工时	284.9	211.8
零星材料费	%	2	2
搅拌机	台时	18.00	8.64
胶轮车	台时	83.00	83.00
编号		40134	40135

6．胶轮车运混凝土

工作内容：装、运、卸、清洗（表6.12）。

表 6.12　　胶轮车运混凝土工作量表　　单位：100m³

项目	单位	运距/m					增运
		50	100	200	300	400	50m
工长	工时						
高级工	工时						
中级工	工时						
初级工	工时	74.4	99.6	156.0	212.5	268.9	28.2
合计	工时	74.4	99.6	156.0	212.5	268.9	28.2
零星材料费	%	6	6	6	6	6	
胶轮车	台时	56.00	75.00	117.50	160.00	202.50	21.25
编号		40143	40144	40145	40146	40147	40148

注　洞内运输、人工、胶轮车定额乘以1.5系数。

7. 底板

适用范围：溢流堰、护坦、铺盖、阻滑板、闸底板、趾板等（表6.13）。

表 6.13　　底板工作量表　　单位：100m³

项目	单位	厚度/cm		
		100	200	400
工长	工时	15.6	11.0	7.7
高级工	工时	20.9	14.6	10.2
中级工	工时	276.7	193.5	135.6
初级工	工时	208.8	146.1	102.3
合计	工时	522.0	365.2	255.8
混凝土	m³	103	103	103
水	m³	120	100	70
其他材料	%	0.5	0.5	0.5
振动器　1.1kW	台时	40.05	40.05	40.05
风水枪	台时	14.92	10.44	7.31
其他机械费	%	3	3	3
混凝土拌制	m³	103	103	103
混凝土运输	m³	103	103	103
编号		40058	40059	40060

学习单元6.2　枢纽工程基础单价及施工图预算编制实训

6.2.1　计算工程项目的人工预算单价

（1）某枢纽工程位于安徽省合肥市，请根据《水利工程设计概（估）算编制规定》

（水总〔2014〕429号）查该工程工长、高级工、中级工、初级工的预算价格。

（2）某枢纽工程位于甘肃省酒泉市肃北蒙古族自治县，请根据《水利工程设计概（估）算编制规定》（水总〔2014〕429号）查该工程工长、高级工、中级工、初级工的预算价格。

6.2.2 主要材料及混凝土预算价格

6.2.2.1 水泥预算价格

某水利枢纽工程水泥由工地附近甲乙两个水泥厂供应。两厂水泥供应的基本资料如下：

（1）甲厂42.5号散装水泥出厂价290元/t；乙厂42.5号水泥出厂价袋装330元/t，散装300元/t。两厂水泥均为车上交货。

（2）袋装水泥汽车运价0.55元/(t·km)，散装水泥在袋装水泥运价基础上上浮20%；袋装水泥装车费为6.00元/t，卸车费5.00元/t，散装水泥装车费为5.00元/t，卸车费4.00元/t。其运输路径如图6.1所示，均为公路运输。

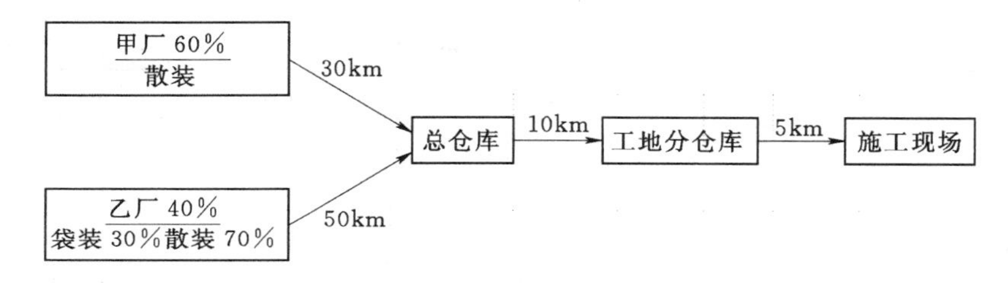

图6.1 水泥运输路径图

（3）运输保险费率：1‰。

（4）计算该水泥的综合预算价格（表6.14）。

表6.14 主要材料预算价格计算表

编号	名称及规格	单位	原价依据	单位毛重/t	每吨运费/元	价格/元					
						原价	运杂费	采购及保管费	运到工地分仓库价格	保险费	预算价格

6.2.2.2 混凝土预算价格

某水利工程中某部位采用掺粉煤灰混凝土材料（掺粉煤灰量25%，取代系数1.3），采用的混凝土为C20三级配，混凝土用P.O 32.5普通硅酸盐水泥。已知混凝土各组成材料的预算价格为：P.O 32.5普通硅酸盐水泥410元/t，中砂80元/m^3、碎石60元/m^3、水0.8元/m^3、粉煤灰250元/t、外加剂5.0元/kg。试计算该混凝土材料的预算单价（表6.15）。

表 6.15

混凝土材料单价计算表

单位：元

编号	名称及规格	单位	预算量	调整系数	材料预算单价			混凝土材料价格		
					预算价	基价	价差	预算价	基价	价差
	C20（三级配）	m^3								
1	水泥（32.5级）	kg								
2	粉煤灰	kg								
3	中砂	m^3								
4	碎石	m^3								
5	外加剂	kg								
6	水	m^3								

6.2.3 施工机械台时费

查《水利工程施工机械台时费定额》计算88kW推土机、8.0t塔式起重机、单斗挖掘机（电2.0m^3）机械台时费，已知工长、高级工、中级工和初级工的人工预算单价分别为7.11元/工时、6.61元/工时、5.62元/工时、3.04元/工时；柴油预算单价为8.50元/kg，电预算单价为0.9元/（kW·h）。写出计算过程并将编号、台时费、一类费用、二类费用填入表6.16中。一类费用调整系数为1.05。

表 6.16

施工机械台时费计算表

单位：元

编号	名称及规格	台时费预算价格	台时费价差	一类费用	其中		二类费用	其中	
					定额一类费用	调整系数		人工费	动力燃料费（基价进入）

6.2.4 计算设备费

6.2.4.1 水轮机设备费计算

某水利枢纽工程中采用的国产水轮机设备原价70万元/台，运输由铁路火车运2000km，转公路汽车运120km到工地。运输保险费0.8%。试计算水轮机的设备费，并填入表6.17中。

表 6.17

主要设备费计算表

编号	名称及规格	单位	价格/元				
			原价	运杂费	采购及保管费	运输保险费	预算价格
1							

6.2.4.2 水轮机设备费计算

某水电站采用的主阀设备为DF47D—1.00型蝴蝶阀，原价95000元/台，运输采用公路汽车运85km到工地。运输保险费0.5%。试计算该蝴蝶阀的设备费。

6.2.5 案例分析

6.2.5.1 项目背景

GTP水利枢纽工程位于某县某江上（工程在县城镇以外），海拔为1200m。对外交通以铁路为主，铁路终端设物质中转站，中转站距坝址有130km的简易公路。枢纽正常蓄水位638m。总库容59.3亿m^3。淹没耕地27199亩，移民25304人，电站总装机4×50万kW，保证出力70.18万～75.54万kW，年平均发电量88.85亿～91.92亿kW·h；拦河大坝为重力坝，大坝左岸有0.5km长的均质土附坝；右岸地下厂房，左岸三级垂直升船工程。总工期10年，另施工准备工期1年，自开工之日至开始发挥效益时间为8.5年，施工总工日4000万工日，高峰施工人数2万人。施工主要材料水泥和钢筋由厂家直供，炸药在当地爆破管理公司购买，柴油在A市石化公司购买。

主要项目的施工方法如下。

（1）大坝基础覆盖层为Ⅳ类土，开挖采用2m^3挖机挖装20t自卸汽车运2km至弃渣场弃渣。

（2）挡水工程一般明挖石方采用风钻钻孔爆破，岩石级别为Ⅺ～Ⅻ级，2m^3挖掘机装10t自卸汽车运3km部分到弃渣场弃渣；部分运输到砂石料加工厂或者作为大坝填筑料。

（3）本工程地质缺陷处采用M10浆砌块石平面护坡，所有的砂石料均按外购考虑。

（4）副坝的均质土坝填筑设计工程量2万m^3，施工组织设计为：①土料场覆盖层清除（Ⅱ类土）0.1万m^3，采用88kW推土机推运30m，其开挖工程单价为3元/m^3；②土料开采用2m^3挖掘机装Ⅲ类土，20t自卸汽车运6.0km上坝填筑，其挖运综合单价为15元/m^3；③土料压实：74kW推土机推平，8～12t羊足碾压实，天然干密度14.8kN/m^3，设计干密度17kN/m^3（覆盖层开挖和土料挖运工程单价按已知计算，压实单价列单价分析表计算）。

（5）挡水工程坝体混凝土（C20三级配）2×1.5m^3混凝土搅拌楼拌制5t自卸汽车运输1km到浇筑现场，浇筑采用机械化施工，浇筑层厚2～3m。

（6）钢筋制安，坝体混凝土钢筋在施工现场加工厂加工，平板车运输到施工现场人工绑扎。

（7）大坝坝顶防浪墙混凝土施工用标准钢模板立模。

（8）闸门安装，该工程的引水工程采用一般平板焊接闸门，每扇闸门自重为9t。

6.2.5.2 编制依据

水利部水总〔2014〕429号发布的《水利工程设计概（估）算编制规定》、〔2002〕《水利建筑工程预算定额》、〔1999〕《水利水电设备安装工程预算定额》、〔2002〕《水利工程施工机械台时费定额》等的有关规定。其中建筑安装工程其他直接费费率之取上限。

6.2.5.3 主要资料

主要资料具体见表6.18～表6.20。

表6.18 人工预算价格表

序号	名称及规格	单位	预算单价/元
1	工长	工时	11.80
2	高级工	工时	10.92
3	中级工	工时	9.15
4	初级工	工时	6.38

表6.19 施工机械台时费汇总表（台时费＝台时费基价＋台时费价差） 单位：元

序号	定额编号	名称及规格	台时费	台时费价差	台时费基价（学生填写）
1	1011	液压挖掘机 $2m^3$	313.37	56.78	
2	1042	推土机 59kW	100.55	28.51	
3	3019	自卸汽车 20t	211.69	37.89	
4	1042	推土机 88kW	164.46	23.87	
5	3019	自卸汽车 10t	136.77	27.98	
6	1088	羊足碾 8～12t	2.92		
7	1062	拖拉机 74kW	109.01	22.8	
8	1043	推土机 74kW	135.34	15.67	
9	1095	蛙夯机 2.8kW	14.10		
10	1094	刨毛机	88.39		
11	1014	挖掘机 $4m^3$	669.29	78.9	
12	1044	推土机 88kW	164.46	32.15	
13	3022	自卸汽车 32t	431.23	56.78	
14	1096	风钻手持式	17.48		
15	1101	潜孔钻 150 型	766.22		
16	1031	装载机 $3m^3$	273.87		
17	1045	推土机 103kW	193.89	33.45	
18	3019	自卸汽车 20t	211.69	26.78	
19	1114	凿岩台车三臂	699.85		
20	1117	平台车	178.49		
21	9066	轴流通风机 55kW	51.62		
22	6021	砂浆搅拌机 $0.4m^3$	22.77		
23	3074	胶轮机	0.90		

续表

序号	定额编号	名称及规格	台时费	台时费价差	台时费基价（学生填写）
24	2014	搅拌楼	228.21		
25	3012	自卸汽车 5t	91.38	18.77	
26	2048	振动器 1.5kW	3.05		
27	2052	变频机组 8.5kvA	15.73		
28	2054	平仓振捣机	181.05		
29	2080	风水（砂）枪	18.86		
30	2027	混凝土搅拌车 3m³	166.60		
31	2032	混凝土泵 30m³/h	84.60		
32	2047	振动器 1.1kW	2.08		
33	9147	钢筋调直机 14kW	16.86		
34	9146	钢筋切断机 20kVA	22.00		
35	9126	电焊机 25kVA	10.44		
36	3004	载重汽车 5t	83.46		
37	4085	汽车起重机 5t	86.86		
38	1096	风钻	17.48		
39	6024	灌浆泵中压泥浆	32.23		
40	6021	灰浆搅拌机	14.84		
41	6002	地质钻机 150 型	38.20		
42	9143	钢筋弯曲机 ϕ6～40	13.55		
43	9136	电弧对焊机 150 型	67.74		
44	4030	塔式起重机 10t	101.12		
45	4024	门式起重机 10t	177.12		

表 6.20　　材料预算价格表

序号	名称及规格	单位	预算单价/元	序号	名称及规格	单位	预算单价/元
1	柴油	kg	7.47	9	块石	m³	80.00
2	电	kW·h	0.67	10	砂浆	m³	161.57
3	风	m³	0.01	11	混凝土（C20－3）	m³	140.00
4	汽油 90 号	kg	7.99	12	水	m³	0.34
5	合金钻头	个	50.00	13	钢筋	t	6000.00
6	炸药	kg	8.70	14	铁丝	kg	5.60
7	电雷管	个	1.00	15	火雷管	个	1.2
8	导电线	m	0.50	16	组合钢模板	kg	10.00

续表

序号	名称及规格	单位	预算单价/元	序号	名称及规格	单位	预算单价/元
17	型钢	kg	6.60	24	氧气	kg	5.00
18	卡扣件	kg	6.50	25	乙炔气	kg	12.80
19	铁件	kg	4.80	26	汽油70号	kg	6.00
20	电焊条	kg	6.60	27	油漆	kg	15.60
21	铁件	kg	4.80	28	棉纱头	kg	48.00
22	预制混凝土柱	m^3	500.00	29	黄油	kg	10.00
23	钢板	kg	7.50	30	导火线	m	0.80

6.2.5.4 完成以下任务

1. 建筑工程单价计算

(1) 土方开挖工程单价。

(2) 土方填筑工程单价。

(3) 石方开挖工程单价。

(4) 砌石工程单价。

(5) 混凝土工程单价。

(6) 钢筋工程单价。

(7) 模板工程单价。

(8) 平板焊接闸门安装单价（表6.21和表6.22）。

表6.21 　　建筑工程单价表

定额编号________　　　项目________　　　定额单位：

施工方法：					
编号	名 称	单位	数量	单价/元	合价/元

表6.22 　　安装工程单价表

定额编号________　　　项目________　　　定额单位：

型号规格：					
编号	名 称	单位	数量	单价/元	合价/元

表 6.23 建筑工程预算表

序号	工程或费用名称	单位	数量	单价/元	合计/元
	第一部分　建筑工程				
一	挡水工程				
1	土方工程				
1.1	覆盖层土方开挖	m^3	1000		
1.2	均质土坝填筑	m^3	20000		
2	石方工程				
2.1	石方开挖	m^3	3500		
3	砌石工程				
3.1	浆砌块石护底	m^3	100	240.00	24000
3.2	干砌块石护坡	m^3	500	110.55	55275
3.3	M10 浆砌块石平面护坡	m^3	500		
3.4	反滤层	m^3	200	118.42	23684
4	混凝土工程				
4.1	C20 三级配坝体混凝土	m^3	20000		
4.2	隧洞衬砌混凝土	m^3	3000	600	1800000
4.3	闸墩混凝土	m^3	8000	480	3200000
4.4	钢筋制作与安装	t	50		
5	模板工程				
5.1	钢模板制作与安装	m^2	1200		
⋮	……				

表 6.24 机电设备及安装工程预算表

编号	规格及名称	单位	数量	单价/元		合计/元	
				设备费	安装费	设备费	安装费
	第二部分　机电设备及安装工程						
1	水轮机	台	4	300000.00	50000.00		
2	调速器	台	4	80000.00	8000.00		
3	油压装置	套	4	75000.00	12000.00		
⋮	……						

表 6.25 金属结构设备及安装工程预算表

编号	规格及名称	单位	数量	单价/元		合计/元	
				设备费	安装费	设备费	安装费
	第三部分　金属结构设备及安装工程						
1	9t 平板焊接闸门安装	t	36	12000.00			
2	闸门埋件安装	t	10	10000.00	3000.00		
3	门式启闭机	台	1	120000.00	20000.00		
⋮	……						

表 6.26 施工临时工程预算表

编号	规格及名称	单位	数量	单价/元	合计/元
	第四部分 施工临时工程				
1	土石围堰填筑与拆除	m^3	20000	20.00	
2	临时交通工程	km	10	20000.00	
3	临时供电工程	项	1	500000.00	500000
4	临时房屋建筑工程	m^2	500	800.00	
5	其他施工临时工程	项	1	300000	300000
⋮	……				

2. 完成工程预算汇总表

工程预算汇总表见表 6.27。

表 6.27 工程预算汇总表 单位：元

编号	工程或费用名称	建安工程费	设备购置费	其他费用	合计
1	第一部分 建筑工程				
2	第二部分 机电设备及安装工程				
3	第三部分 金属结构设备及安装工程				
4	第四部分 临时工程				
	合计				
	预算总额 人民币（大写）：				

3. 工料分析

在单价分析表的基础上，分析浇筑 20000m^3 C20 三级坝体混凝土（粗骨料为碎石、细骨料为中砂）需要碎石数量是多少？分析砌筑 500m^3 M10 浆砌块石平面护坡需要的水泥数量是多少？

6.2.6 完成某工程总概算表

已知某水利枢纽工程初步设计概算的基本预备费率取 5%，物价上涨指数为 3%，贷款额度为当年投资额的 65%，贷款利率为 6.58%，完善工程总概算表（表 6.30）。请写出计算过程。表 6.28 和表 6.29 为该工程分年度投资表和分年度资金流量表。

表 6.28 分年度投资表 单位：元

项　　目	合计	建设工期/年		
		1	2	3
1. 建筑工程				
（1）建筑工程		4300	14800	8200
（2）施工临时工程		3450	0	0
2. 安装工程				

续表

项　　目	合计	建设工期/年		
		1	2	3
（1）机电设备安装工程		400	150	130
（2）金属结构设备安装工程		340	360	100
3. 设备工程				
（1）机电设备		3700	1300	1100
（2）金属结构设备		2200	3500	980
4. 独立费用		1150	3200	1480
一至四部分合计				

表 6.29　　　　资 金 流 量 表　　　　单位：元

项　　目	合计	建设工期/年		
		1	2	3
1. 建筑工程				
（1）建筑工程		4200	14500	8600
（2）施工临时工程		3200	250	0
2. 安装工程				
（1）机电设备安装工程		500	100	80
（2）金属结构设备安装工程		430	280	90
3. 设备工程				
（1）机电设备		4300	1100	700
（2）金属结构设备		2600	3300	780
4. 独立费用		1550	3200	1080
一至四部分合计				

表 6.30　　　　工 程 总 概 算 表　　　　单位：元

序号	项目名称	建安工程费	设备费	独立费用	合计	占一至五部分之和的百分数/%
1	建筑工程					
2	机电设备及安装工程					
3	金结设备及安装工程					
4	临时工程					
5	独立费用					
	一至五部分之和					
	基本预备费					
	静态总投资					
	价差预备费					
	建设期融资利息					
	总投资					

学习单元6.3 涵闸维修工程量清单编制软件实训

6.3.1 工程量清单

工程量清单具体见表6.31。

表6.31 工程量清单

编号	项目名称	单位	数量	单价/元	合价/元
1	土建工程				
1.1	上游挡土墙及护底				
1.1.1	土方工程		2100		
	机械挖沟渠（运距1km）	m^3	480		
	土方开挖三类土	m^3	900		
	土方回填	m^3	720		
1.1.2	砌体工程		637.5		
	M7.5浆砌挡土墙	m^3	437.5		
	M7.5浆砌护底	m^3	150		
	碎石垫层	m^3	50		
1.1.3	混凝土工程		79		
	C25混凝土基础	m^3	70		
	C20混凝土压顶	m^3	9		
1.2	堤防护坡				
1.2.1	土方工程				
	土方开挖三类土	m^3	130		
	人工夯实一般土料	m^3	130		
1.2.2	砌体工程				
	M10浆砌石埂	m^3	18.2		
	碎石垫层	m^3	49		
1.2.3	混凝土工程				
	C30混凝土护坡	m^3	49		
1.3	下游排涝沟护底护坡				
1.3.1	土方工程		1000		
	机械挖土方（运距1km）	m^3	400		
	土方开挖三类土	m^3	300		
	机械夯实土料	m^3	300		
1.3.2	砌体工程		982		
	碎石垫层	m^3	100		
	M7.5浆砌挡土墙	m^3	30		

续表

编号	项目名称	单位	数量	单价/元	合价/元
	M7.5 浆砌护底	m^3	300		
	M7.5 浆砌护坡	m^3	352		
	干砌块石基础	m^3	200		
1.4	下游平台地坪				
1.4.1	土方工程		200		
	土方开挖三类土	m^3	80		
	人工夯实一般土料	m^3	120		
1.4.2	砌体工程		64.8		
	碎石垫层	m^3	64.8		
1.4.3	混凝土工程		64.8		
	C30 混凝土面层	m^3	64.8		
1.5	栈桥工程				
1.5.1	土方工程	m^3	35		
	土方开挖三类土	m^3	20		
	人工夯实一般土料	m^3	15		
1.5.2	砌体工程				
	M10 浆砌桥台	m^3	1		
1.5.3	混凝土工程		6		
	C30 混凝土基础	m^3	1		
	C35 混凝土排架	m^3	1.4		
	C30 桥板梁	m^3	3.6		
	C20 混凝土栏杆及扶手预算及安装	m^2	18		
	钢筋制作与安装	t	1.1		
	普通钢模板制作与安装、拆除	m^2	36		
2	金属结构工程				
	钢闸门制安（自重 3t）	t	12.6		
	拦污栅制安（自重 2t）	t	5.2		
	启闭机购安（螺杆式，自重 1t）	台	2		
3	临时工程				
	围堰填筑 编织袋砂砾石	m^3	1220		
	围堰拆除	m^3	1220		
	施工排水	台时	100		
	施工用电	项	1		
	施工道路	项	1		
	生产、生活用房	项	1		
	其他临时工程	项	1		

6.3.2 参数设置

参数设置如图 6.2 所示。

参数设置 | 费用设置 | 人工 | 材料 | 计算材料 | 电 | 风 | 水 | 机械台班 | 配合比 | 骨料系统

参数名称	参数值
单价小数位数	2
合价小数位数	2
价差处理方式	进单价
海拔高度	2000以下
预算价模式	预算价\限价
清单工作内容来源	清单
工程类别	河道工程
工资区类别	六类工资区及以下
税率标准	市区、县城镇以外
编制类型	招投标

参数说明

设有相关的说明文档，可以自行编写并保存！

图 6.2 参数设置示例

6.3.3 费用设置

费用设置如图 6.3 所示。

参数设置 | 费用设置 | 人工 | 材料 | 计算材料 | 电 | 风 | 水 | 机械台班 | 配合比 | 骨料系统

费用名称	其它直接费费率	现场经费费率	间接费率	利润率	税率	其他费用摊销系数	扩大系数	备注
土方	2.5%	4%	4%	7%	3.22%			
安装工程	3.2%	45%	45%	7%	3.22%			
砂石备料	2.5%	1.5%	5%	7%	3.22%			
模板	2.5%	5%	5.5%	7%	3.22%			
混凝土	2.5%	5%	4%	7%	3.22%			
钻孔灌浆	2.5%	6%	6%	7%	3.22%			
其它	2.5%	4%	4%	7%	3.22%			
疏浚	2.5%	4%	4%	7%	3.22%			
石方	2.5%	5%	5%	7%	3.22%			

自编代号	代号	名称	计算公式	费用值	系数值	系数代号	变量名	打印选项
	F1	一、直接工程费	F11 + F12 + F13				直接工程费	
	F11	(一)、直接费	项目直接费				直接费	
	F111	1、人工费	项目人工费				人工费	
	F112	2、材料费	项目材料费				材料费	
	F113	3、机械费	项目机械费				机械费	
	F12	(二)其它直接费	F11 * 其它直接费费率		2.5%	其它直接费费率	其它直接费	
	F13	(三)、现场经费	F11 * 现场经费费率		4%	现场经费费率	现场经费	
	F2	二、间接费	F1 * 间接费率		4%	间接费率	间接费	
	F3	三、企业利润	(F1 + F2) * 利润率		7%	利润率	企业利润	
	F4	四、价差	价差				价差	为0不打
	F5	五、税金	(F1 + F2 + F3 + F4) * 税率		3.22%	税率	税金	
	F6	六、其他费用摊销	(F1 + F2 + F3 + F4 + F5) * 其...			其他费用摊销...	其他费用摊销	为0不打
	FA	小计	F1 + F2 + F3 + F4 + F5 + F6				小计	

图 6.3 费用设置示例

6.3.4 人工单价编制

人工单价编制如图 6.4 所示。

参数设置 | 费用设置 | 人工 | 材料 | 计算材料 | 电 | 风 | 水 | 机械台班 | 配合比 | 骨料系统

编码	名称	单位	单价	直接输入	备注
981	工长	工时	5.10	□	
982	高级工	工时	4.76	□	
983	中级工	工时	4.08	□	
984	初级工	工时	2.20	□	
989	人工费	工时	1.00	□	
1150	人工费（%）	%		□	
983	机械人工	工时		□	

代号	名称	计算公式	费用值	系数值	系数代号	变量名	打印选项
F1	1.基本工资	F11 * 地区工资系数 * 12 / 251 *…	19.66	1.00	地区工资系数		
F11	基本工资标准（元/月）	基本工资标准	385.00	385	基本工资标准		不打印
F2	2.辅助工资	F21 + F22 + F23	8.21				
F21	(1)施工津贴	施工津贴标准 * 365 * 0.95 / 251…	6.64	4.5	施工津贴标准		
F22	(2)夜餐津贴	(3.5 + 4) / 2 * 夜餐津贴系数	0.75	20%	夜餐津贴系数		
F23	(3)节日加班津贴	F1 * 3 * 10 / 251 * 加班津贴系数	0.82	35%	加班津贴系数		
F3	3.工资附加费	F31 + F32 + F33 + F34 + F35 + …	12.96				
F31	(1)福利基金	(F1 + F2) * 福利基金费率	3.90	14%	福利基金费率		
F32	(2)工会经费	(F1 + F2) * 工会经费率	0.56	2%	工会经费率		
F33	(3)养老保险费	(F1 + F2) * 养老保险费率	5.02	18%	养老保险费率		
F34	(4)医疗保险费	(F1 + F2) * 医疗保险费率	1.11	4%	医疗保险费率		
F35	(5)工伤保险费	(F1 + F2) * 工伤保险费率	0.42	1.5%	工伤保险费率		
F36	(6)失业保险费	(F1 + F2) * 失业保险费率	0.56	2%	失业保险费率		
F37	(7)住房公积金	(F1 + F2) * 住房公积金费率	1.39	5%	住房公积金费率		
F4	4.人工工日预算单价（元/工日）	F1 + F2 + F3	40.83			工日单价	

图 6.4　人工单价编制示例

6.3.5 工程量清单编制

工程量清单编制如图 6.5 所示。

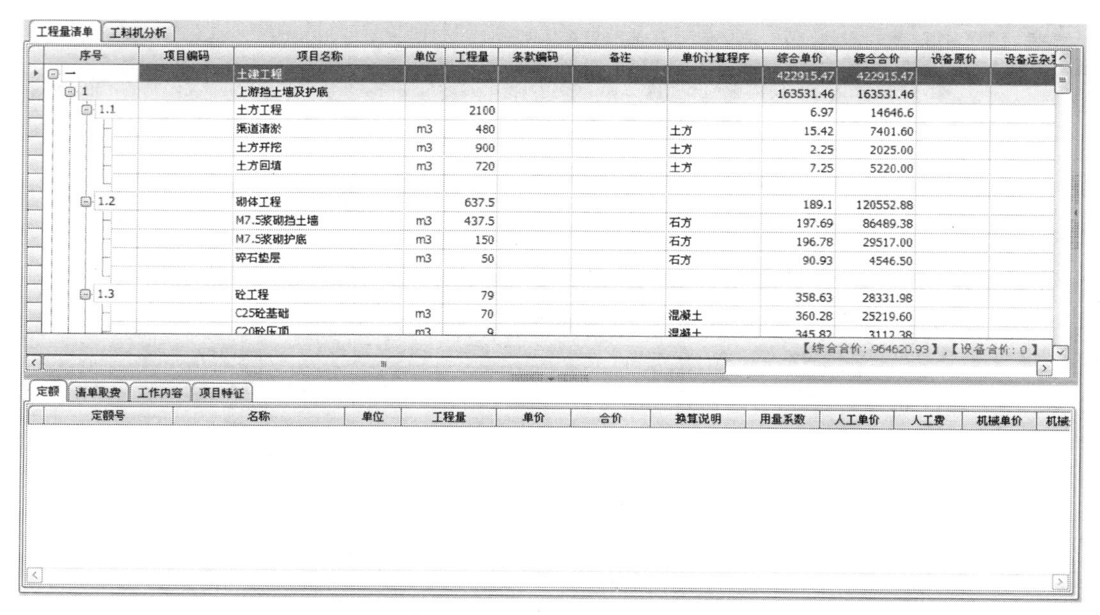
工程量清单 | 工料机分析

序号	项目编码	项目名称	单位	工程量	条款编码	备注	单价计算程序	综合单价	综合合价	设备原价	设备运杂
一		土建工程						422915.47	422915.47		
1		上游挡土墙及护底						163531.46	163531.46		
1.1		土方工程		2100				6.97	14646.6		
		渠道清淤	m3	480			土方	15.42	7401.60		
		土方开挖	m3	900			土方	2.25	2025.00		
		土方回填	m3	720			土方	7.25	5220.00		
1.2		砌体工程		637.5				189.1	120552.88		
		M7.5浆砌挡土墙	m3	437.5			石方	197.69	86489.38		
		M7.5浆砌护底	m3	150			石方	196.78	29517.00		
		碎石垫层	m3	50			石方	90.93	4546.50		
1.3		砼工程		79				358.63	28331.98		
		C25砼基础	m3	70			混凝土	360.28	25219.60		
		C20砼压顶	m3	9			混凝土	345.82	3112.38		

【综合合价：964620.93】,【设备合价：0】

定额 | 清单取费 | 工作内容 | 项目特征

定额号	名称	单位	工程量	单价	合价	换算说明	用量系数	人工单价	人工费	机械单价	机械

图 6.5　工程量清单编制示例

6.3.6 工、料、机分析

工、料、机分析示例如图 6.6 所示。

编码	名称	规格型号	单位	用量	预算价	限价	单价	合价	属性	备注
1	汽油		kg	96.65	9	3.6	3.6	347.96	材料	
2	柴油		kg	1113.88	8.5	3.5	3.5	3898.57	材料	
3	电		kW.h	4403.07	0.72		0.72	3170.21	材料	
4	风		m3	5950.50	0.55		0.55	3272.78	材料	
5	水		m3	521.79	0.45		0.45	234.80	材料	
12	块石		m3	1623.80	65	70	65	105546.74	材料	
15	碎石		m3	269.08	60	70	60	16144.56	材料	
24	砂砾料		m3	1293.20	30		30	38796.00	材料	
35	黄油		kg	2.52	10		10	25.20	材料	
44	钢筋		t	1.12	4100	3000	3000	3366.00	材料	
48	型钢		kg	223.47	4.5		4.5	1005.61	材料	
49	钢板		kg	100.40	4.2		4.2	421.68	材料	
65	组合钢模板		kg	28.65	5.5		5.5	157.55	材料	
74	水泥32.5		t	126.58	360	300	300	37975.32	材料	
76	水泥42.5		t	78.77	400	300	300	23629.77	材料	
106	卡扣件		kg	9.12	5		5	45.59	材料	
112	铁钉		kg	87.48	5		5	437.40	材料	
116	铁件		kg	0.54	5		5	2.70	材料	
117	铁件及预埋铁件		kg	43.80	5.5		5.5	240.93	材料	
118	铁丝		kg	4.40	5		5	22.00	材料	
158	碎石 40mm		m3	187.89	60	70	60	11273.28	材料	
164	电焊条		kg	119.73	7.2		7.2	862.09	材料	
合计								719260.92		

图 6.6 工、料、机分析示例

学习单元 6.4 青山.NET 大禹水利计价软件实训指导

6.4.1 新建工程

具体方法：选择“工程”菜单中的“新建”（图 6.7），或直接单击工具栏的新建按钮。

单击工具栏的新建按钮如图 6.8 所示。

选择保存工程文件的路径，如图 6.9 所示，在首次点开的时候是默认路径一安装根目录。

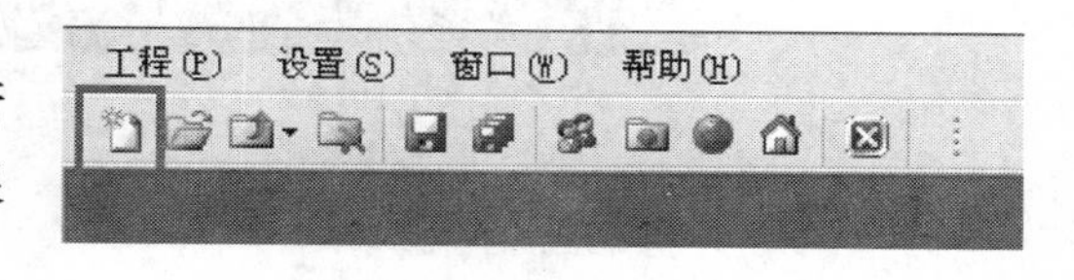

图 6.7 “工程”菜单中的“新建”图例

选择工程所用的定额——这个根据系统里面模块来定义，如图 6.10 所示。

“工程类型”选择，如图 6.11 所示。概算和招投标的区别在于软件里面的节点和取费不同。

新建工程时，我们还可以从已经存在的模板工程新建，具体步骤如下：

单击菜单栏上的工程菜单下的从模板新建，此时会让用户选择工程文件位置，用户选择保存位置后，将会打开选择模板对话框，如图 6.12 所示。

用户选择一个模板后点击确定，即可建立一个和模板工程一样的工程了。

图 6.8　新建项目

图 6.9　“浏览”菜单位置图　　　图 6.10　“定额体系”菜单位置图

图 6.11　“工程类型”选择

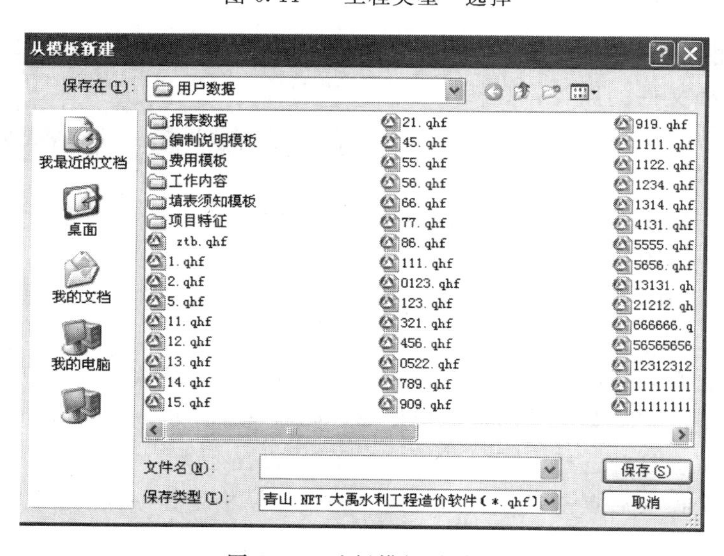

图 6.12　选择模板对话框

6.4.2 窗口（图 6.13）

1. 排列窗口

单击菜单上窗口下的排列图标按钮，即可将当前系统中所有打开的工程窗口按照图标排列。

2. 纵向排列

单击菜单上窗口下的纵向排列按钮，即可将当前系统中所有打开的工程窗口纵向平铺排列。

3. 横向排列

单击菜单上窗口下的横向排列按钮，即可将当前系统中所有打开的工程窗口横向平铺排列。

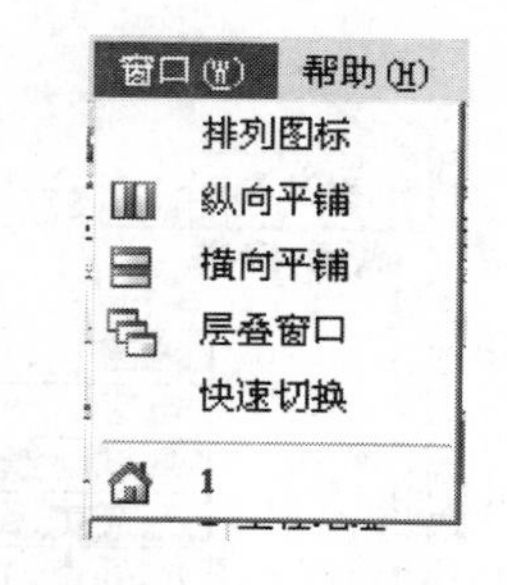

图 6.13 “窗口”对话框

4. 重叠

单击菜单上窗口下的重叠按钮，即可将当前系统中所有打开的工程窗口重叠排列。

6.4.3 工程信息

1. 封面

这个里面需要注意的是工程。在招投标工程里面，如招标方要求严格的话，是不允许有这个具体时间的（如：星期一），这个是根据系统的自带时间而定的，如果要对星期进行修改的话，单击后面的数据类型一文本一删除星期。

2. 编制说明和填表须知

工程信息里面的这两部分内容相同。

新建工程的时候，这两部分所看到的内容是软件的一个默认格式。如有 Word 文档可以直接导入到软件里面，不需要再手动输入，还可以直接打印。

6.4.4 基础资料

在这一部分里面，对于整个软件来说很重要，因为里面设计到很多相关取费和调整。

税率标准	市区、县城镇以外
冬季气温	不取
雨量区	II区
施工工作制	一班制

图 6.14 参数设置

1. 参数设置

在这参数设置里面招投标模式和概预算模式所设计的设置项有所不同。可以根据工程实际情况来进行设置。（图 6.14）所设置的项不同。后面对应的费率就不同（图 6.15）。另外，在这个界面里面还可以对用户自己查找到的一些文件进行保存。

2. 费用设置

（1）费用设置这项是根据前面所选择的参数来定义的。如图 6.16 所示这几项和费用设置里面的冬季增加费费率、雨季增加费费率、夜间增加费费率这几项有关联。在国标清单模板里面不会出现这几项选择，国标模板里面的费用设置只有施工管理费和企业利润。

税金这几项。施工管理费和企业利润这个只能根据相关文件自行输入和前面定义的参数设置无关。

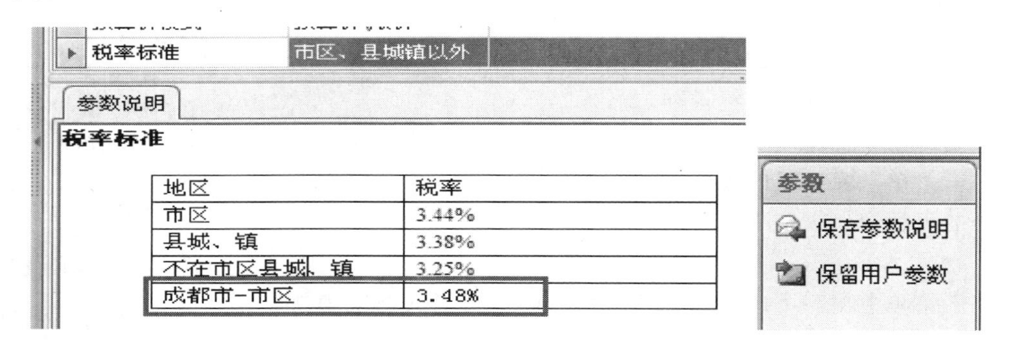

地区	税率
市区	3.44%
县城、镇	3.38%
不在市区县城、镇	3.25%
成都市-市区	3.48%

图 6.15　参数税率

(2) 如何进行费率设置。可以一项一项地单个进行费率修改，也可以块操作（Ctrl＋A）然后用费用设置里的设置费率，再在对应的位置输入所需的费率。也可以在下面的取费程序（图 6.17）中的灰色方框内进行设置。

税率标准	市区、县城镇以外
冬季气温	不取
雨量区	II区
施工工作制	一班制

图 6.16　费用设置

自编代号	代号	名称	计算公式	费用值	系数值
	F1	一、直接工程费	F11 + F12 + F13		
	F11	(一)、直接费	项目直接费		
	F111	1、人工费	项目人工费		
	F112	2、材料费	项目材料费		
	F113	3、机械费	项目机械费		
	F12	(二)、其它直接费	F121+F122+F123+F124+F125		
	F121	冬季增加费	F11*冬季增加费费率		0%
	F122	雨季增加费	F11*雨季增加费费率		0.6%
	F123	夜间增加费	F11*夜间增加费费率		0%
	F124	安全措施费	F11*安全措施费费率		1%
	F125	其它费	F11*其它费费率		0.5%
	F13	(三)、现场经费	F11 * 现场经费费率		3%
	F2	二、间接费	F1 * 间接费率		4%
	F3	三、企业利润	(F1 + F2) * 利润率		5%

图 6.17　取费程序

(3) 费用设置中每项费用都会有个取费程序（图 6.18），取费程序里面会涉及修改自编代号，通过手动输入来改成需要用的样式。

(4) 取费程序后面还有关于打印选项的设置（图 6.19）。

(5) 如果修改取费程序错误，右边功能菜单可以重调费用系数和重调取费程序。

3. 人工

在水利的人工费里面一般是不允许修改人工费的，如果确实要修改的话需要对应到当地的相关文件。如果要对人工费进行修改，有两种修改方法。

(1) 第一种是在直接输入界面打上钩，然后直接输入人工单价（图 6.20）。

自编代号	代号	名称	计算公式
一	F1	一、直接工程费	F11 + F12 + F13
(一)	F11	(一)、直接费	项目直接费
1	F111	1、人工费	项目人工费
2	F112	2、材料费	项目材料费
3	F113	3、机械费	项目机械费
(二)	F12	(二)、其它直接费	F121+F122+F123+F124+F125
1	F121	冬季增加费	F11*冬季增加费费率
2	F122	雨季增加费	F11*雨季增加费费率
3	F123	夜间增加费	F11*夜间增加费费率
4	F124	安全措施费	F11*安全措施费费率
5	F125	其它费	F11*其它费费率
(三)	F13	(三)、现场经费	F11 * 现场经费费率
二	F2	二、间接费	F1 * 间接费率
三	F3	三、企业利润	(F1 + F2) * 利润率
四	F4	四、价差	价差
五	F5	五、其他费用摊销	(F1 + F2 + F3 + F4) * 摊销系数

图 6.18　取费程序

名称	计算公式	费用值	系数值	系数代号	变量名	打印选项
一、直接工程费	F11 + F12 + F13				直接工程费	为0不打 固定不打
(一)、直接费	项目直接费				直接费	
1、人工费	项目人工费				人工费	
2、材料费	项目材料费				材料费	
3、机械费	项目机械费				机械费	

图 6.19　打印选项设置

编码	名称	单位	单价	直接输入	备注
981	工长	工时	5.50	☐	
982	高级工	工时	5.11	☐	
983	中级工	工时	4.32	☐	
984	初级工	工时	2.32	☐	
989	建设单位人员经常…	人.年	303…	☐	
992	人工费	工时		☐	

图 6.20　输入人工单价修改人工费

(2) 第二种是在每一种工种下面的取费程序里的灰色方框内输入相关数据(图6.21)。

4. 材料

(1) .NET 水利软件里面对材料增加了搜索功能(图 6.22)。

通过输入材料拼音字母就可以搜索出来所有包含这些字母的材料，另外也可以输入材

编码	名称	单位	单价	直接输入	备注
981	工长	工时	5.50	☐	

代号	名称	计算公式	费用值	系数值	系数代号
F1	1.基本工资	F11 * 地区工资系数 * 12 / 251 *...	23.487	1.00	地区工资系数
F11	基本工资标准(元/月)	基本工资标准	460.000	460	基本工资标准
F2	2.辅助工资	F21 + F22 + F23 + F24	6.147		
F21	(1)地区津贴	地区津贴标准 * 12 / 251 * 1.068			地区津贴标准
F22	(2)施工津贴	施工津贴标准 * 365 * 0.95 / 251...	5.164	3.5	施工津贴标准
F23	(3)夜餐津贴	(3.5 + 4.5) / 2 * 夜餐津贴系数			夜餐津贴系数
F24	(4)节日加班津贴	F1 * 3 * 10 / 251 * 加班津贴系数	0.983	35%	加班津贴系数
F3	3.工资附加费	F31 + F32 + F33 + F34 + F35 + ...	14.374		
F31	(1)福利基金	(F1 + F2) * 福利基金费率	4.149	14%	福利基金费率
F32	(2)工会经费	(F1 + F2) * 工会经费率	0.593	2%	工会经费率
F33	(3)养老保险费	(F1 + F2) * 养老保险费率	5.927	20%	养老保险费率
F34	(4)医疗保险费	(F1 + F2) * 医疗保险费率	1.185	4%	医疗保险费率
F35	(5)工伤保险费	(F1 + F2) * 工伤保险费率	0.445	1.5%	工伤保险费率
F36	(6)失业保险费	(F1 + F2) * 失业保险费率	0.593	2%	失业保险费率
F37	(7)住房公积金	(F1 + F2) * 住房公积金费率	1.482	5%	住房公积金费率
F4	4.人工工日预算单价(元/工日)	F1 + F2 + F3	44.008		
F5	5.人工工时预算单价(元/工时)	F4 / 8	5.501		

图 6.21　取费程序里修改人工费

材料编码	材料名称	规格型号	材料单位	预算价	限价	计算类别	主材
1	汽油		kg	3.6	3.6		☑
2	柴油		kg	3.5	3.5		☑
3	电		kW.h			自填	☐
4	风		m3			自填	☐
5	水		m3			自填	☐

材料编码	材料名称	规格型号	材料单位	预算价	限价	计算类别	主材
	sn						
72	水泥		t	300	300		☑
73	水泥		kg	0.3	0.3		☑
74	水泥32.5		t	300	300		☑
75	水泥32.5		kg	0.3	0.3		☑
76	水泥42.5		t	300	300		☑
77	水泥42.5		kg	0.3	0.3		☑
78	水泥52.5		t	300	300		☑
79	水泥62.5		kg	0.3	0.3		☑
459	石棉水泥板		m2				☐
460	石棉水泥瓦		张				☐
467	速凝剂		t				☐
583	膨胀水泥		kg	0.3	0.3		☐
588	速凝剂		kg				☐
C009	水泥砂浆 M7.5		m3				☐
C012	水泥砂浆		m3				☐

图 6.22　.NET 水利软件中搜索功能

料编码来搜索出材料。

(2) 可以通过勾选来确定工程里面哪些为主材(图 6.23)。

材料编码	材料名称	材料...	预算价	限价	计算类别	主材	材料
1	汽油	kg	3.6	3.6		☑	杉
2	柴油	kg	3.5	3.5		☑	杉
3	电	kW.h			自填	☐	杉
4	风	m3			自填	☐	杉
5	水	m3			自填	☐	杉

图 6.23　确定工程主材

（3）通过选择显示当前工程使用的材料来查看目前工程所有用到的材料。这样也方便于调整材料价格，另外调整材料价输入位置需要在预算价位置输入（图 6.24）。

材料编码	材料名称	材料...	预算价	限价	计
1	汽油	kg	3.6	3.6	
2	柴油	kg	3.5	3.5	
3	电	kW.h			自
4	风	m3			自
5	水	m3			自

图 6.24　调整材料价输入

（4）水利目前会用到的材料和编制规定上给出的材料软件已经全部完善，但是在实际工程上也会遇到很多水利用不到的或者本身没有的材料。（如塑料管道），如在实际工程中遇到软件里面没有的材料，可以用功能菜单的自定义材料（图 6.25）。

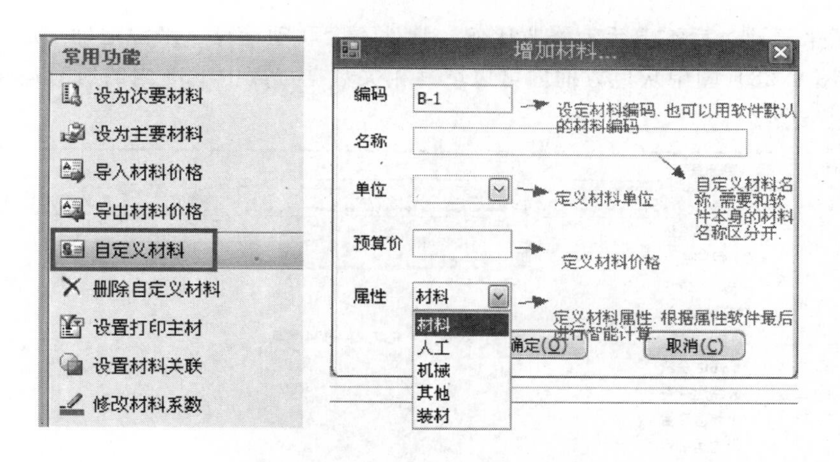

图 6.25　自定义材料

（5）定义水利材料价的时候可以直接在预算价位置输入材料所有费用（包含材料原价＋运输费＋保险费等）也可以通过计算来确定材料的预算价格（图 6.26）。

材料编码	材料名称	材料…	预算价	限价	计算类别
1	汽油	kg	3.6	3.6	
2	柴油	kg	3.5	3.5	运输计算
3	电	kW.h			自采计算
4	风	m3			自填

图 6.26 计算材料预算价格

选择计算类别过后，就切换到 参数设置 | 费用设置 | 人工 | 材料 | 计算材料 | 电 | 风 | 水 | 机械台班 | 配合比 | 骨料系统 界面。

在计算材料界面会选择材料单来源地，所谓来源地是指材料的采购点（图 6.27）。

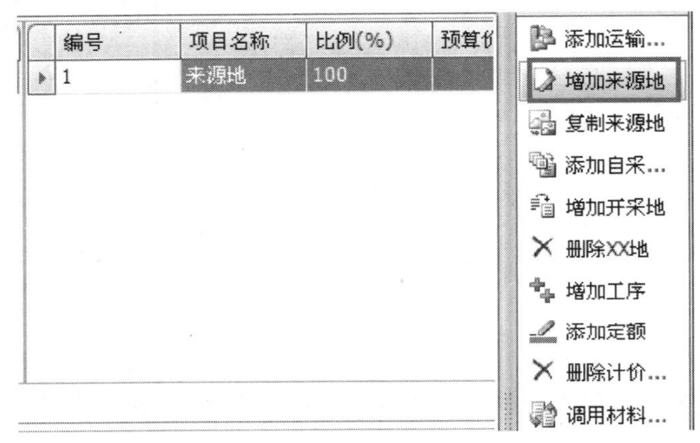

图 6.27 选择材料单来源地

添加了来源地过后需要手动修改比例，软件不会联动计算，来源地确定后就设定下面的数据。（图 6.28）图中灰色方框内可以填写相关数据，其中 F32 内的所有运输项目可以直接填写运杂费。

材料预算价格计算表 | 运杂费计算表

代号	名称	计算公式	费用值	系数值	系数代号
F1	（1）材料原价				
F2	（2）包装费				
F3	（3）运杂费	F31 * F32			
F31	单位毛重	1	1		
F32	每吨运杂费	F321 + F322 + F323 + F324 + F…			
F321	铁路运杂费				
F322	公路运杂费				
F323	水路运杂费				
F324	场内运杂费				
F325	综合运杂费				
F4	（4）采购及保管费	(F1 + F2 + F3) * 采管费率		3%	采管费率
F5	（5）到工地价	F1 + F2 + F3 + F4			
F6	（6）运输保险费	F1 * 运输保险费率			运输保险费率
FZ	═材料预算价格═	F1 + F2 + F3 + F4 + F6			

图 6.28 材料预算价格计算表

（6）运杂费的计算。计算完成后切换回（材料预算价格计算表），输入了材料的原价过后，软件就自动计算出材料的预算价格。再返回到材料界面，所看到的这项材料的费用就是通过计算后得到的。软件后面的计算就会用这个价格来进行计算。具体如图6.29所示。

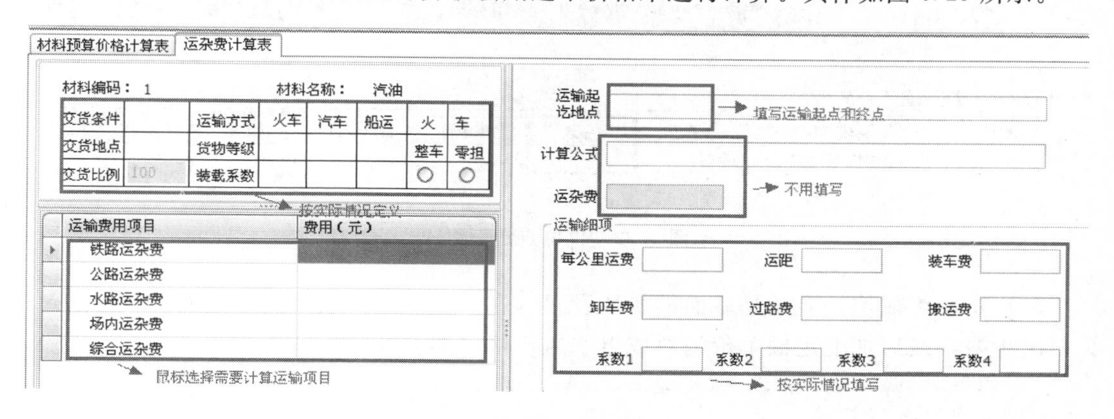

图6.29 运杂费计算表

5. 电、风、水的计算

（1）当切换到电、风、水界面时，软件默认是直接输入状态；如果不需要计算，就直接在预算价位置输入电风水的价格就可以了；如果电、风、水需要计算得出结果就把直接输入的钩去掉，如图6.30所示。

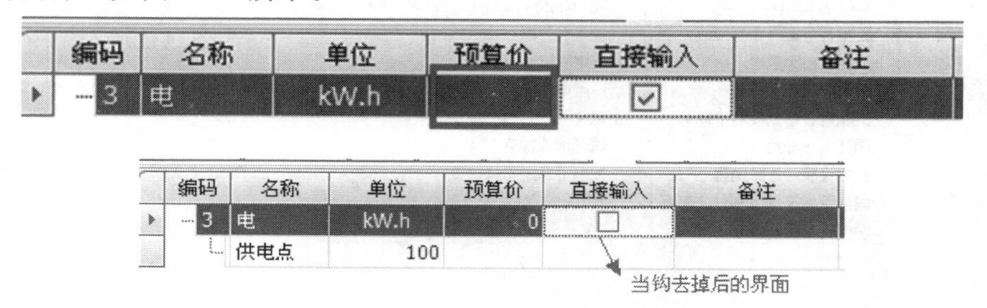

图6.30 电、风、水界面

（2）切换到供电点上，下面就会出现如图6.31所示界面。

序号	供应点	百分比(%)	单价	百分比单价	备注
3	电	kW.h	0	☐	
	供电点	100			

定额组成　属性设置　计算公式

台班号	台班名称	单位	台数	台班单价	台班合价	额定量	水泵定额功率之和

图6.31 供电点界面

（3）然后就是双击套用定额（图 6.32）。

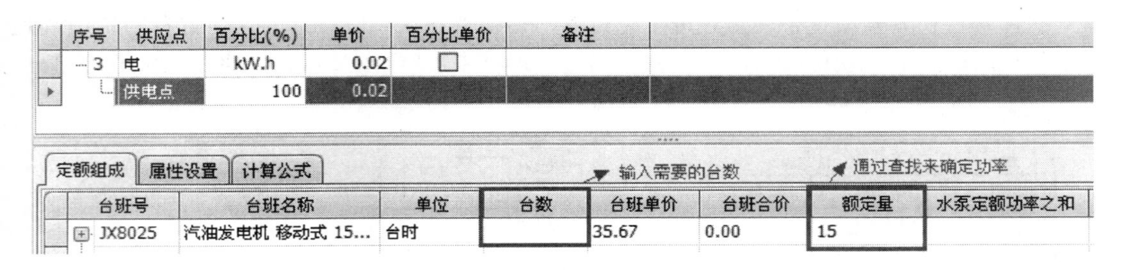

图 6.32　供电点定额组成

（4）定额组成填好后就是后面的属性设置。在灰色方框内填写实际数据，软件通过计算得出价格，最后加上定额单价汇总成电水风价格（图 6.33）。

定额组成　属性设置　计算公式

代号	名称	计算公式	费用值	系数值	系数代号	扌
F1	===电网电价===	F12/(1-F13)/(1-F15)+F14	0.02			
F11	电网百分率	电网百分率	90%	90%	电网百分率	
F12	基本电价					
F13	高压输电线路损耗率	高压输电线路损耗率	4.5%	4.5%	高压输电线路...	
F14	供电设施维修摊销费	供电设施维修摊销费	0.02	0.02	供电设施维修...	
F15	变配电设备及线路损耗率	变配电线路损耗率	6%	6%	变配电线路损...	
F2	===发电电价===	F27/(F28×F22)/(1-F23)/(1-F24)...	3.37			
F21	发电百分率	发电百分率	10%	10%	发电百分率	
F22	发电机出力系数	发电机出力系数	0.8	0.8	发电机出力系数	
F23	发电厂用电率	厂用电率	4.5%	4.5%	厂用电率	
F24	变配电设备及线路损耗率	F15	6%			
F25	循环水冷却费	循环水冷却费	0.04	0.04	循环水冷却费	
F26	发电设施维修摊销费	发电设施维修摊销费	0.02	0.02	发电设施维修...	
F27	柴油发电及水泵台时总费用	178.33	178.33			
F28	发电机定额容量之和	75	75			
F3	===电　价===	F1*F11+F2*F21	0.36			

图 6.33　供电点属性设置

6. 机械台班

软件中的机械台班一般用于增加三类费用，首先先添加一个机械台班（图 6.34、图 6.35）。

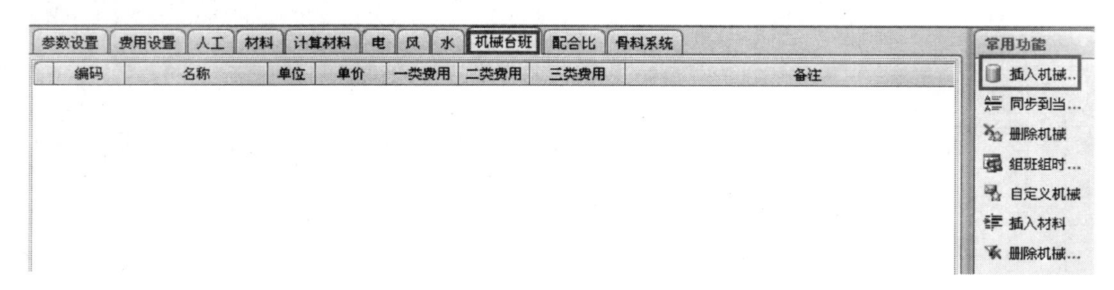

图 6.34　添加机械台班

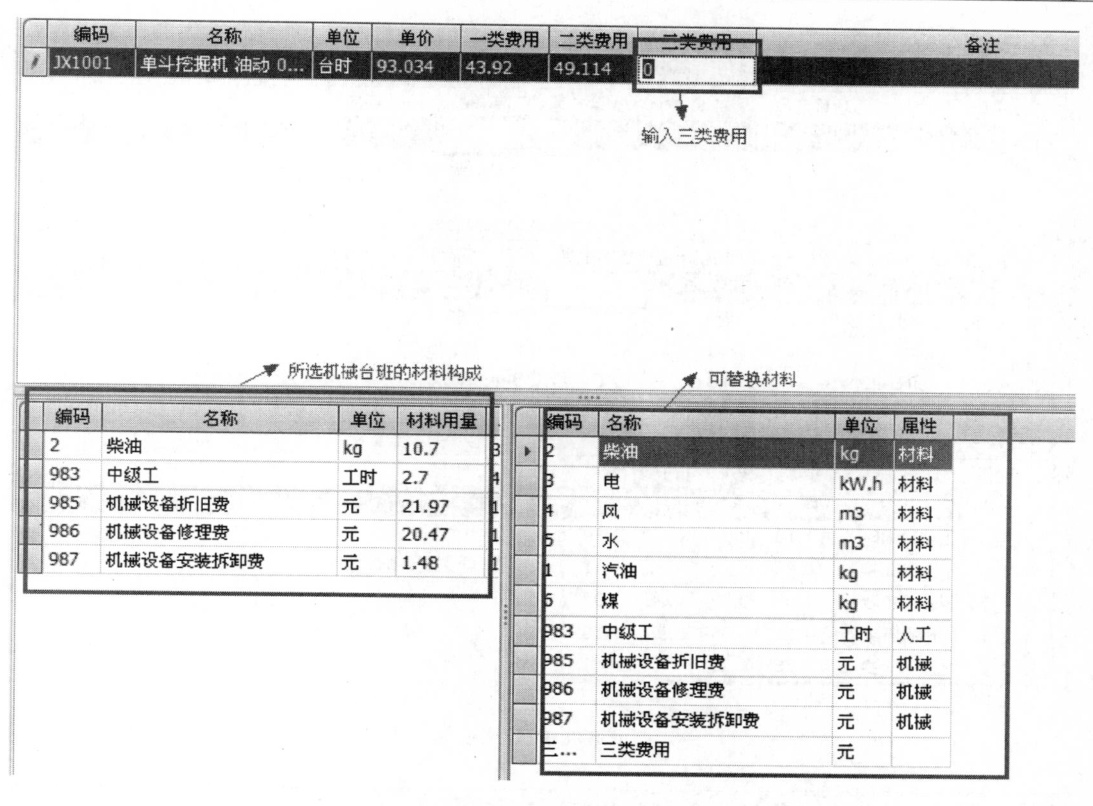

图 6.35 输入三类费用

7. 配合比

软件中配合比可以增加埋块石率。

右边功能菜单也可以对配合比进行换算、添加（图 6.36、图 6.37）。

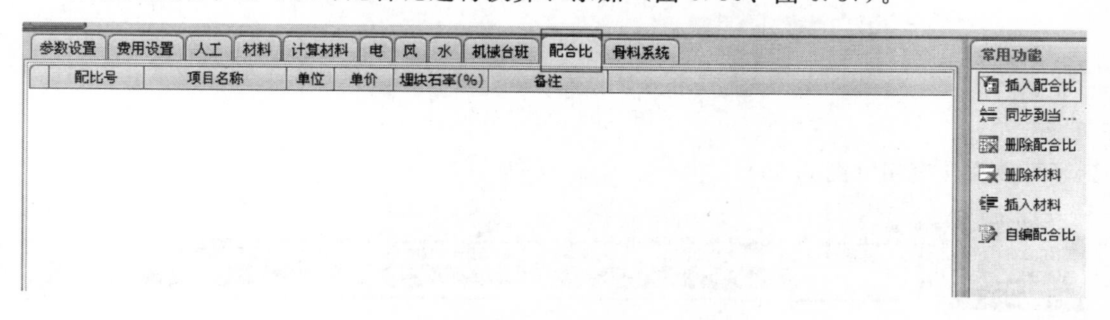

图 6.36 插入配合比

8. 骨料系统

骨料系统直接添加工序，然后每个工序添加定额就行了（图 6.38）。

6.4.5 单价编制

软件这个地方的单价编制并非是软件进行组价的地方，没有工程量，没有合价，只是一个算单价的部分。这个地方的单价编制可以用于建好一个大致的模板，后面工程如果用

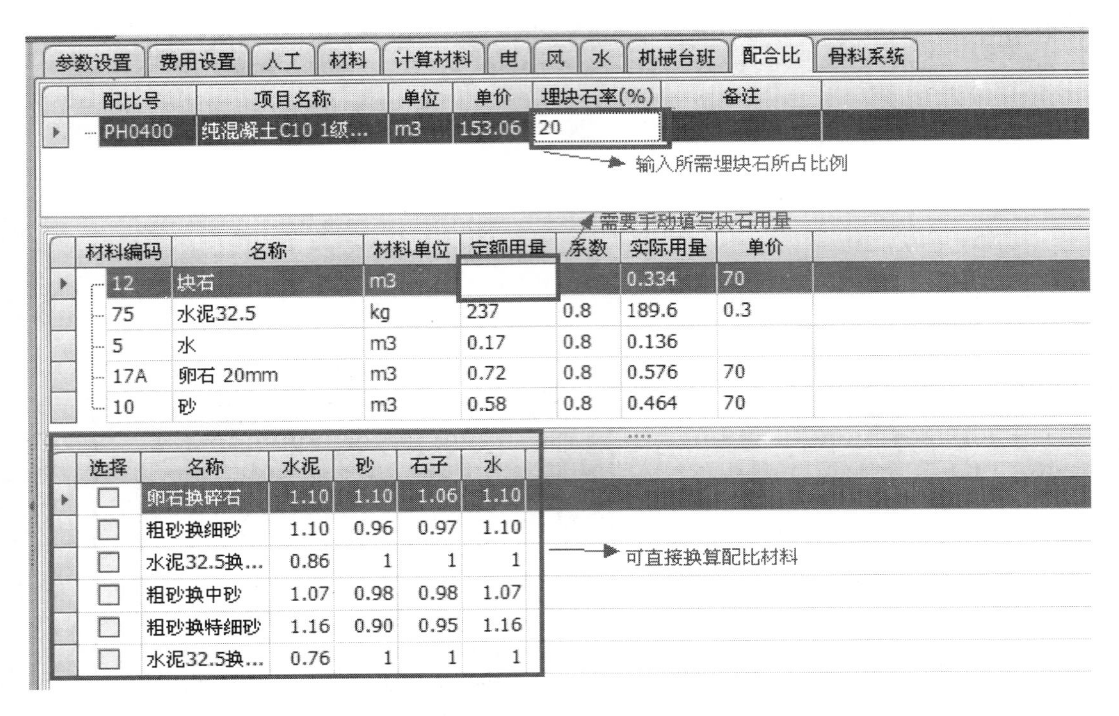

图 6.37　配合比换算

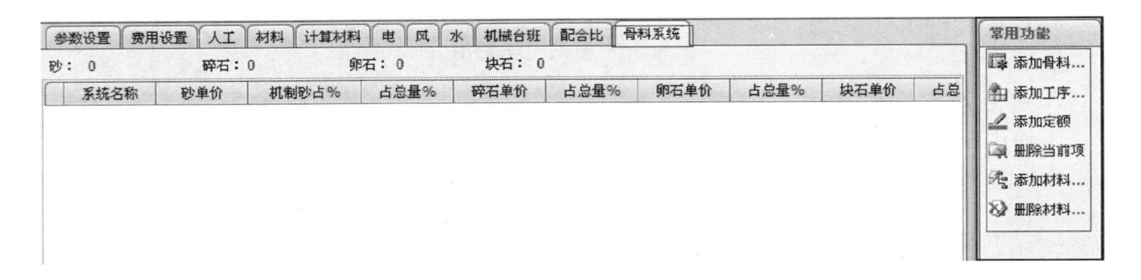

图 6.38　骨料系统

到了可以直接套用（图 6.39）。

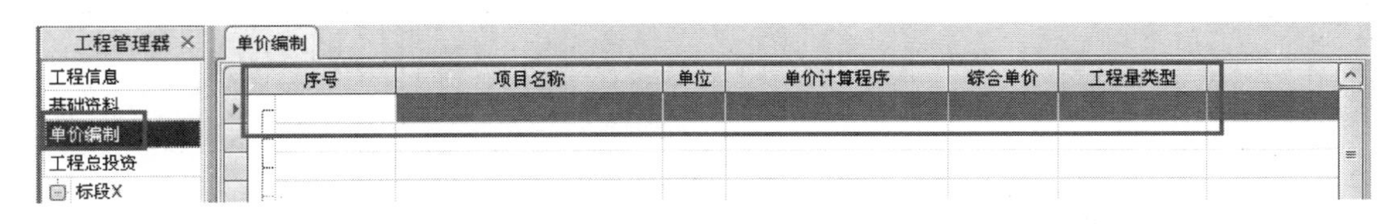

图 6.39　单位编制

6.4.6　工程总投资

工程总投资部分是提供查看工程总体费用和工料用量的，概预算模板和招投标模板又有所不同，招投标模板里面有（图 6.40）。

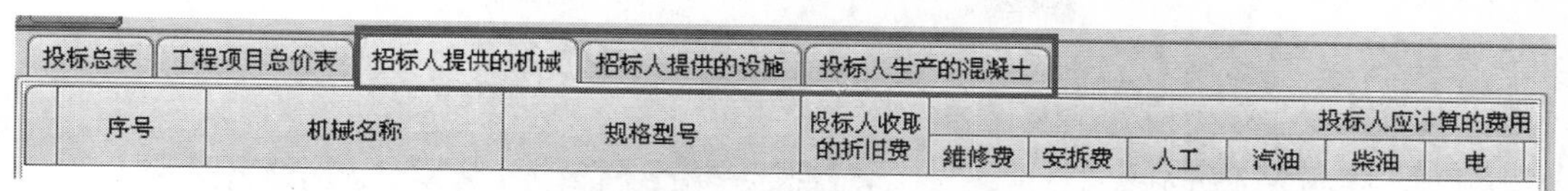

图 6.40　工程总投资

6.4.7　多标段

在 NET 版本软件里面现在已经实现多标段工程同时操作，如果在两个标段里面大致相同的话，就可以直接复制，然后修改部分数据。

6.4.8　工程部分

在概预算和招投标里面，工程部分节点不同，概预算里面包含了独立费用；而招投标没有做实际工程时，根据实际情况可以把几个部分放在一个部分里面操作（例如把金属结构和设备部分放到建筑部分里面）。

1. 建筑工程部分

（1）套清单。套清单的方法有几种，可以双击空白处，也可以点右边功能菜单的项目划分。

（2）单击项目划分后，选择需要用的清单即可（图 6.41）。

图 6.41　项目划分

（3）如果清单名称和实际情况不相符，可以手动进行修改。

（4）输入实际工程量。

（5）选择定额（套定额）（图 6.42）。

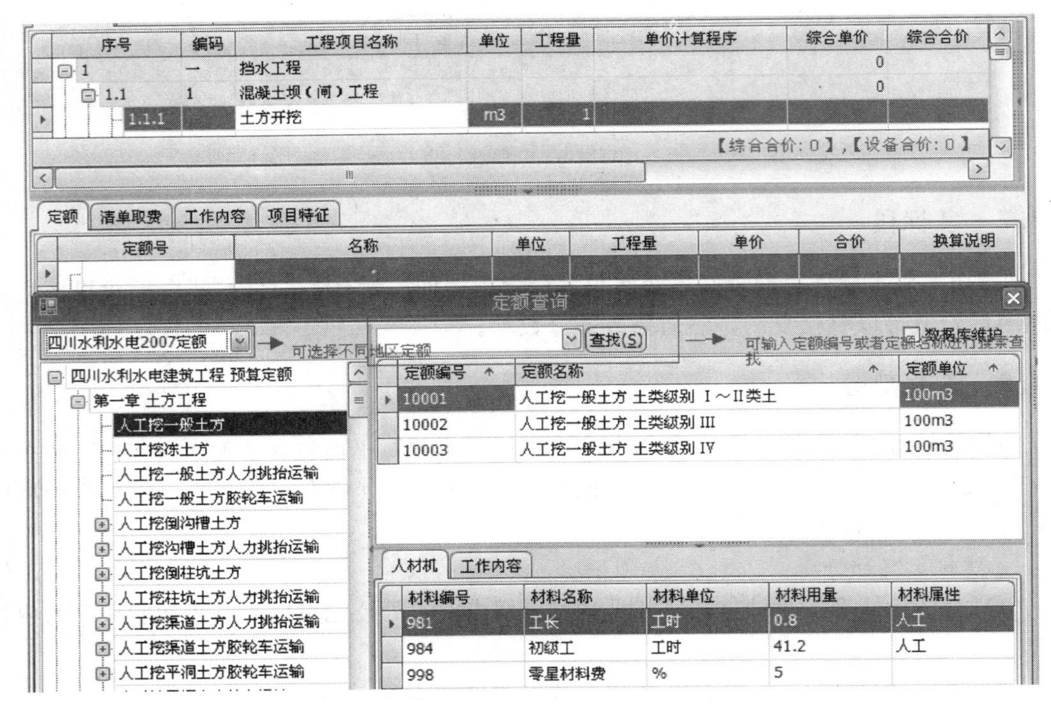

图 6.42　选择定额界面

如果是套用混凝土或者砂浆类型的定额时，需要双击选择所用项目（图 6.43）。

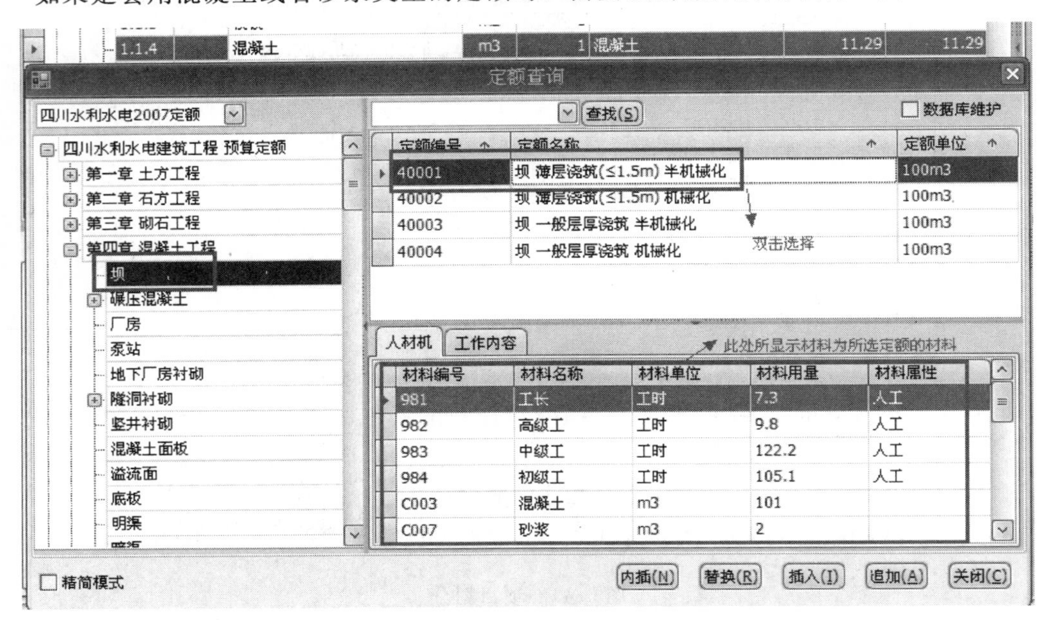

图 6.43　选择所用项目界面

双击选择定额后会出现配合比换算界面（图 6.44）。

选择了配合比后会弹出拌制和运输选项（图 6.45）。

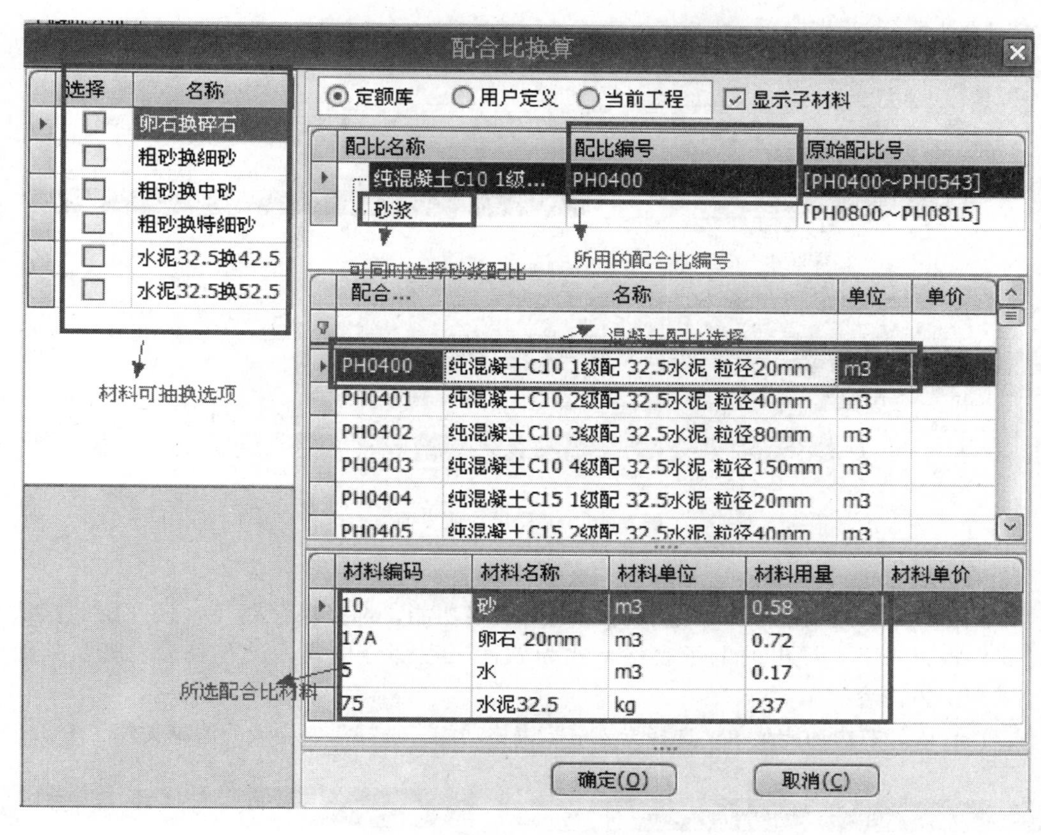

图 6.44　配合比换算界面

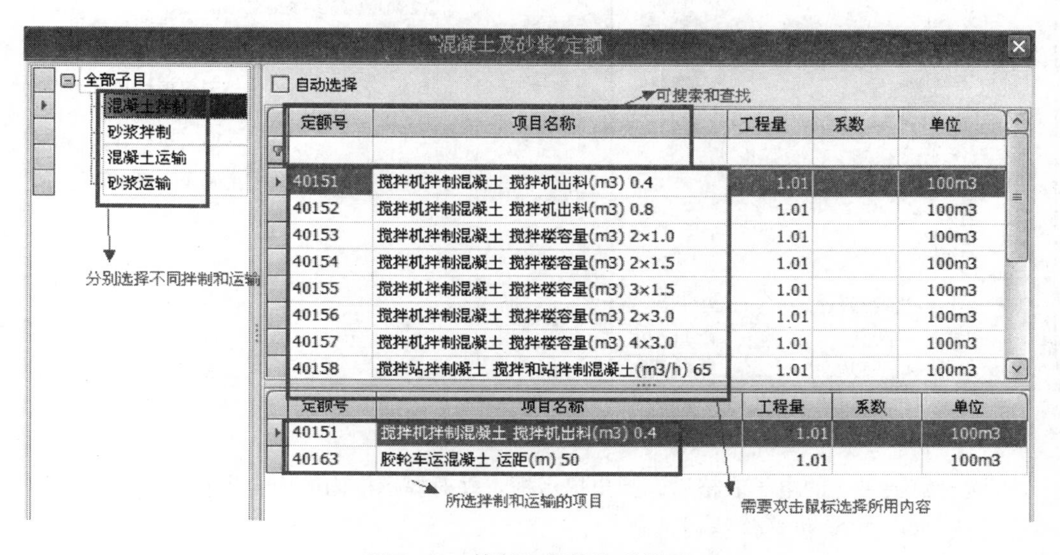

图 6.45　拌制和运输选项界面

（6）关于定额工程量的确认，此处可参考：http：//www. rjzj. net/Ch/OtherView. asp?

ID=15（图 6.46）。

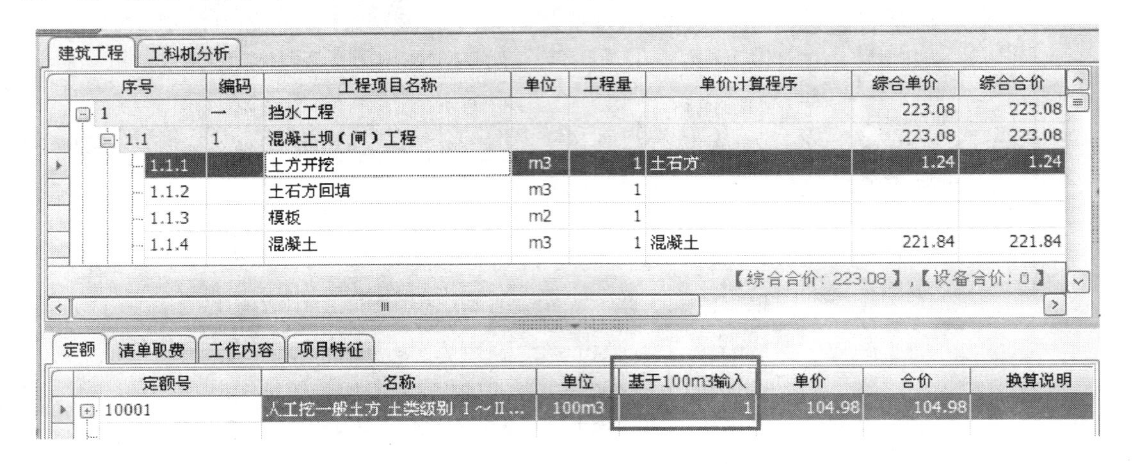

图 6.46　工程量确认界面

2. 导入导出电子表格

(1) 导出，右边功能菜单，选择导出电子表格功能，选择保存路径，最开始的默认路径是软件根目录下，导出的电子表格格式为软件工程部分格式，没有表头表脚及其他内容，只有主体内容。

(2) 导入，右边功能菜单，选择导入电笔表格功能，选择需要导入的清单文件（图 6.47）。

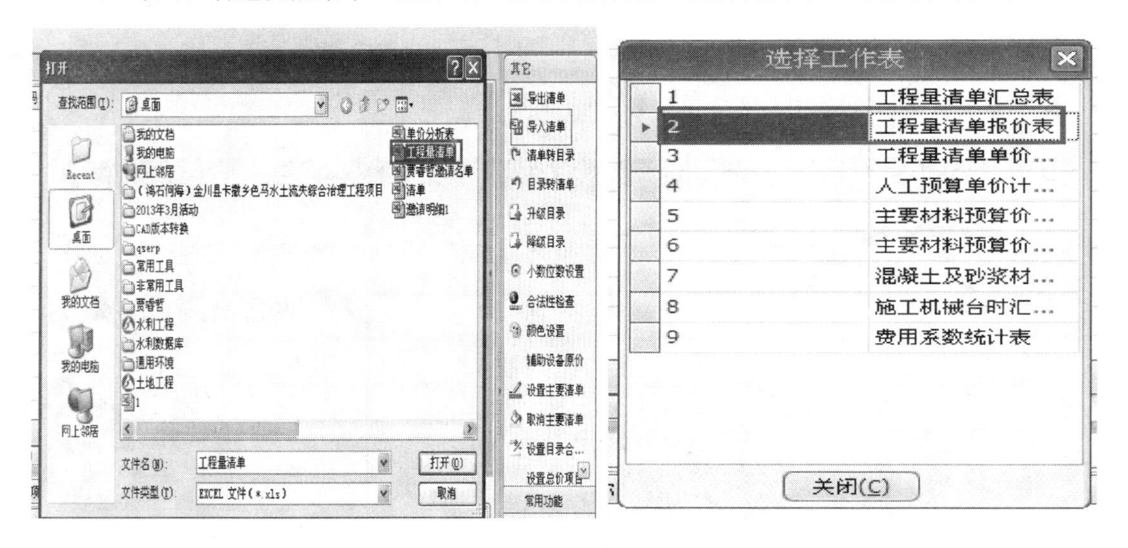

图 6.47　导入清单文件界面

在选择需要导入的电子表格后，弹出提示框，并对提示框内的内容进行设定（图 6.48）。

3. 查找替换功能和单价编制功能

(1) 查找替换，右边功能菜单—查找替换功能，在工程中会出现很多清单名称相同的项目。当我需要对某些清单或者所有清单进行修改名称时，选择查找所有—查找上一个或者下一个—替换某一个或者替换所有（图 6.49）。

从Excel中导入清单项目

RowType	CheckState	Column1	Column2	Column3	Column4	Column5	Column6
修改数据…	■	清单序号					
	☑	工程量清…					
	☑	工程名称…					
	☑	编号	工程项目…	单位	数量	单价	合价
	☑		第一部分…				
	☑	一	作业道路				
	☑	(一)	1m宽作业…				
	☑		土方开挖	m3	7261.15		
	☑		土方回填	m3	5140.8		
	☑		路面平整	m2	21783.45		
	☑		12cm厚泥…	m2	14522.3		
	☑	(二)	2.2m宽C2…				
	☑		土方开挖	m3	1253.05		
	☑		土方回填	m3	902.2		
	☑		路面平整	m2	5513.42		
	☑		12cm厚C2…	m2	5513.42		

提示:1、导入前必须设置"清单序号"、"项目名称"、"计量单位"和"工程量"列,以及设置"清单"行;
2、如果选择了"项目特征"列,"项目特征"名称和"特征值"需要以":"分隔,一项"项目特征"数据在Excel中以一行表示;
3、如果选择了"工作内容"列,一项"工作内容"数据在Excel中以一行表示

从Excel中导入清单项目

RowType	CheckState	Column1	Column2	Column3	Column4	Column5	Column6
行类型	■						
<无意义>	☑	工程量清…					
<无意义>	☑	工程名称…					
清单	☑	编号	工程项目…	单位	数量	单价	合价
清单	☑		第一部分…				
一级目录	☑	一	作业道路				
二级目录	☑	(一)	1m宽作业…				
清单	☑		土方开挖	m3	7261.15		
清单	☑		土方回填	m3	5140.8		
清单	☑		路面平整	m2	21783.45		
清单	☑		12cm厚泥…	m2	14522.3		
二级目录	☑	(二)	2.2m宽C2…				
清单	☑		土方开挖	m3	1253.05		
清单	☑		土方回填	m3	902.2		
清单	☑		路面平整	m2	5513.42		
清单	☑		12cm厚C2…	m2	5513.42		

图 6.48 设定清单文件界面

序号	编码	工程项目名称	单位	工程量
1	一	挡水工程		
1.1	1	混凝土坝(闸)工程		
1.1.1		土方开挖	m3	1
1.1.2		土石方回填	m3	1
1.1.3		模板	m2	1
1.1.4		混凝土	m3	1
2		土方开挖	m3	
3		土方开挖	m3	
4		土方开挖	m3	
5		土方开挖	m3	

图 6.49 修改清单名称界面

(2) 单价编制,在实际工程中,往往会出现很多相同清单名称,相同定额组成,只是区别清单工程量不同。此时就可以用到单价编制功能——右边功能菜单(图 6.50)。

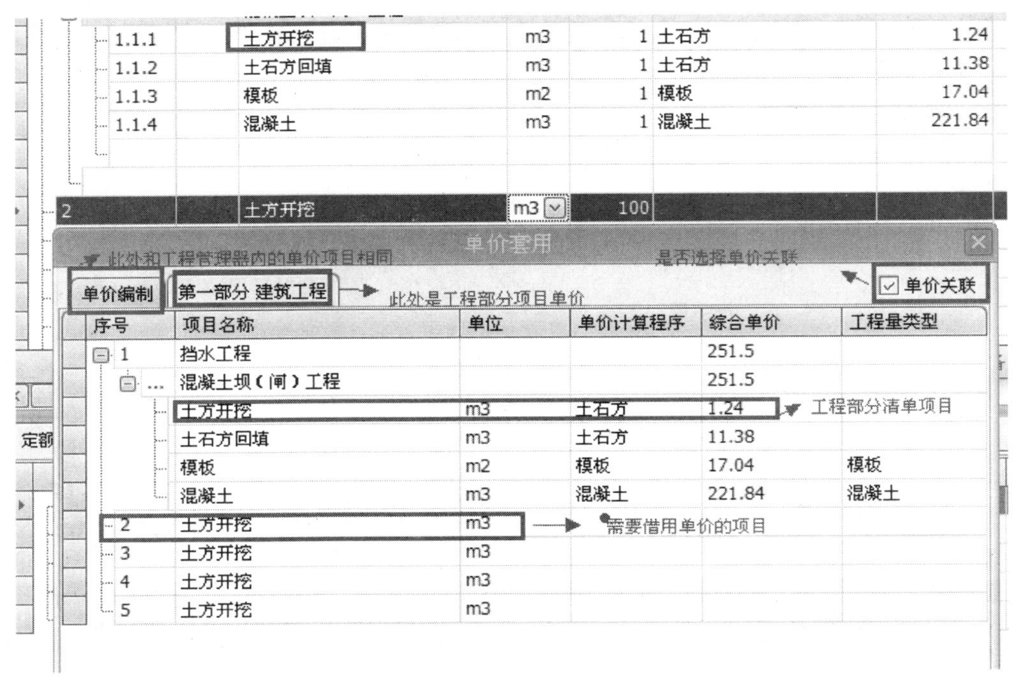

图 6.50　单位编制界面

（3）单价编制功能和查找替换功能同时操作。如果工程当中需要把所有（土方开挖）共享单价，先用查找功能，把所有名为（土方开挖）的项目先查找出来，然后关掉对话框，再用单价编制—套用单价—选择作为依据的项目，这样操作后就是所有项目都套用单价（图 6.51、图 6.52）。

图 6.51　设置项目共享单价操作（1）

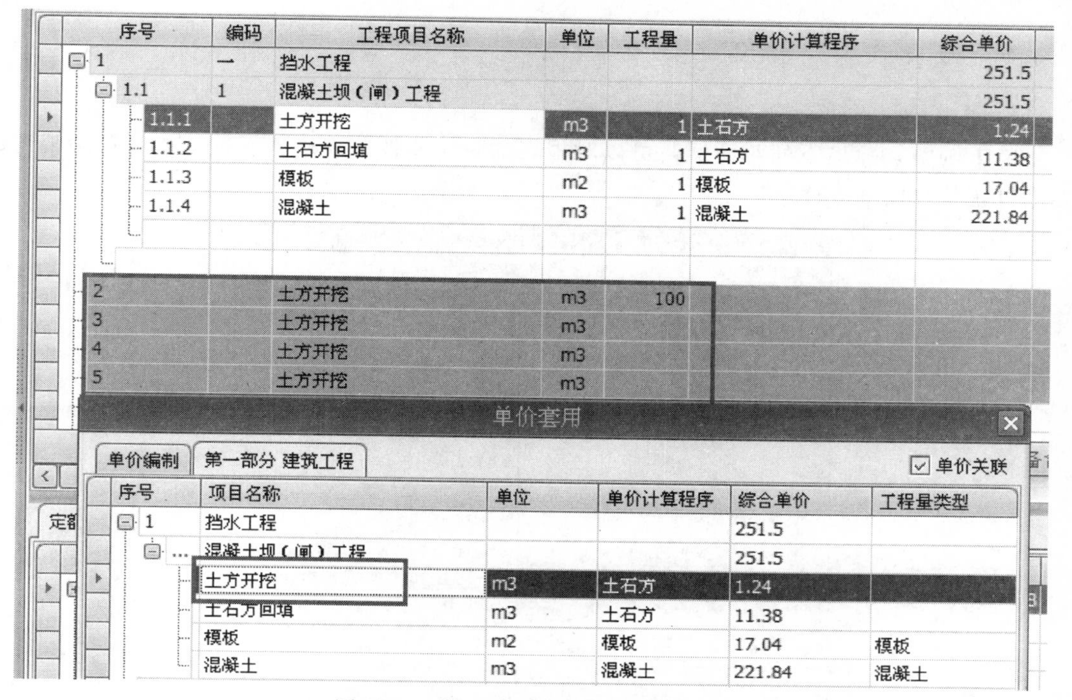

图 6.52　设置项目共享单价操作（2）

双击选择后，清单名称后会出现所借用清单的序号，表示作为依据的项目；如果不要序号，最后报表里面的参数设置可以进行选择打印与否（图 6.53）。

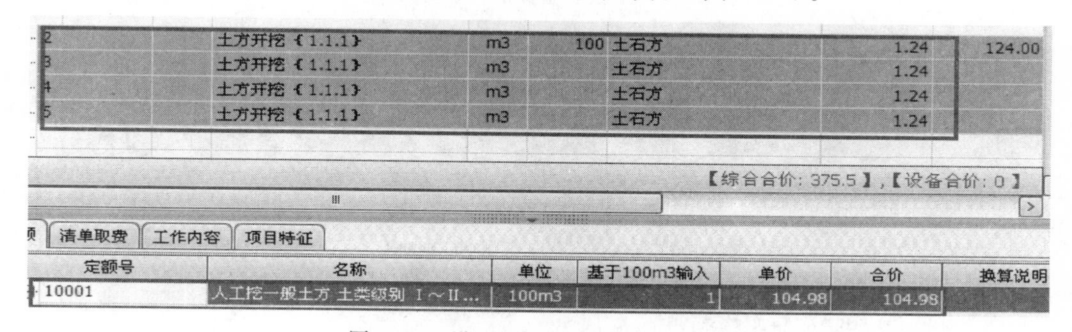

图 6.53　设置项目共享单价操作（3）

4. 基本预备费

水利里面没有预留金的说法，在水利里面是叫基本预备费，设置项在概预算模板里面的分年度投资（图 6.54）。

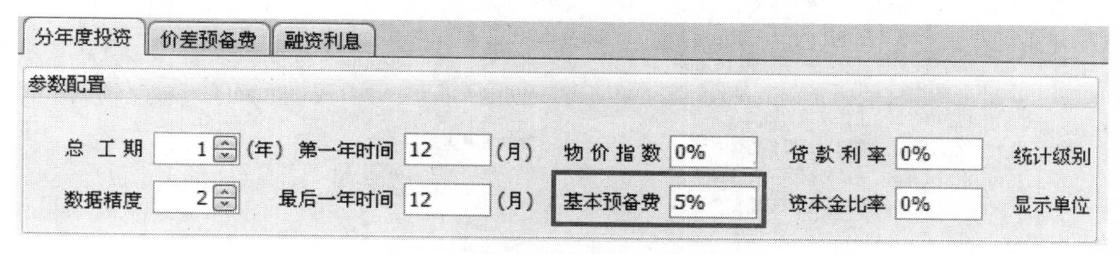

图 6.54　基本预备设置界面

6.4.9 报表

1. 调整

单击调整，弹出下列对话框，可以对报表的整体属性，表格列属性，是否打印某列数据进行调整（图 6.55）。

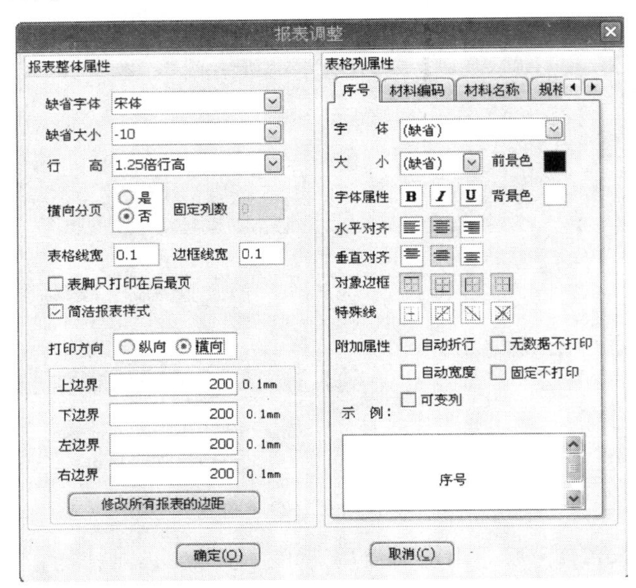

图 6.55 报表整体属性设置界面

2. 批量调整

单击批量调整，可以对整套报表或选中的报表属性进行统一设置（图 6.56）。

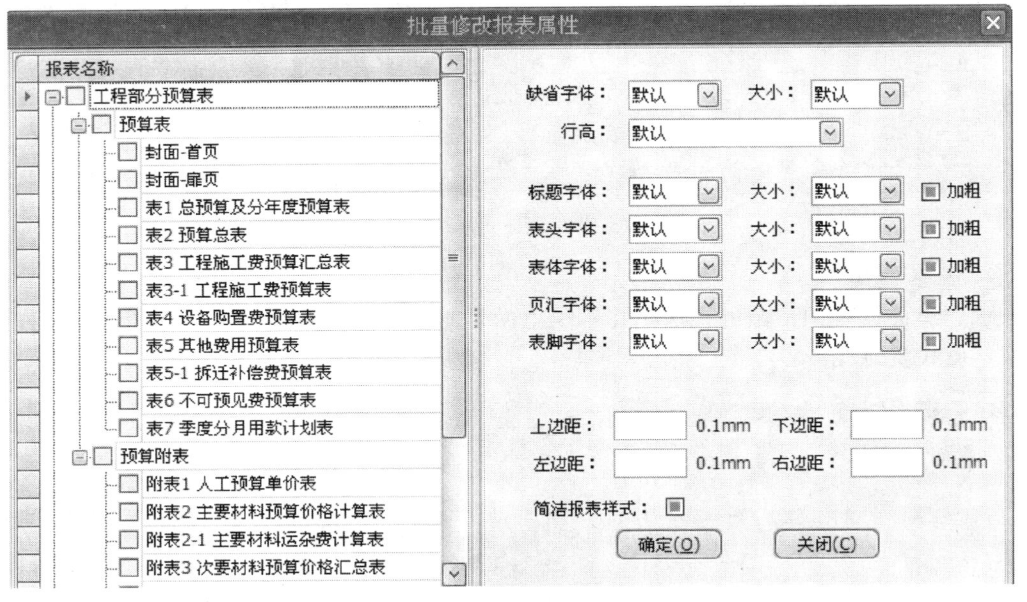

图 6.56 批量调整界面

3. 参数

单击参数，可以设置当前报表打印时的不同数据格式，根据不同的参数设置，即可打印不同格式的报表样式（图 6.57）。

4. 预览

单击预览，或双击表格名称，或双击右侧窗口报表的缩略图，均可以预览选定的报表的工程数据，预览当前表格时，可以同时查看其他界面的数据进行对照。

5. 打印

单击打印，打印选定报表。

6. 批量打印

单击批量打印，在左边勾选要打印的报表，单击 >> ，再单击确定，就可以批量打印了。还可以保存打印设置模板，导入打印设置模板。

报表参数设置

名称	值
合价单位	万元
单价单位	万元
项目打印级数	打印到清单
打印合价为空的项目	☑
打印总计	☑
打印工程名称	项目名称
打印清单项目名称	☑

恢复(R)　确定(O)　取消(C)

图 6.57　参数设置界面

7. 设计

单击设计，可以像编制 Excel 一样，在报表中添加、删除、修改文本，利用各种宏变量数据增加数据列，编辑报表样式，以满足不同招标文件格式要求（图 6.58）。

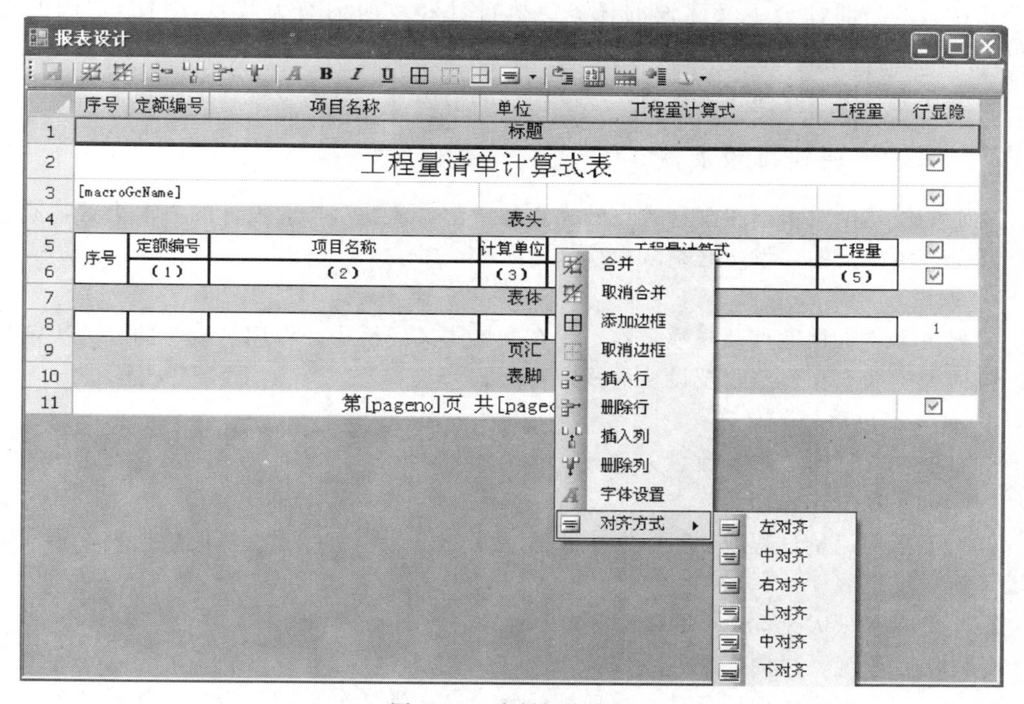

图 6.58　编制报表界面

学习项目7　水利工程施工与管理实训

实训目的

（1）巩固水利水电工程施工课程的相关理论知识。

（2）强化学生运用所学专业知识分析和解决工程施工实际问题的能力。

（3）进一步培养学生的计算、绘图能力及使用设计规范、设计手册、定额、设计图集、参考资料等基本资料编写技术报告的能力。

（4）培养学生掌握施工组织设计有关内容的设计方法与编制步骤。

学习单元7.1　水利工程施工总体布置实训

7.1.1　毕业设计的目的与要求

（1）巩固所学的基础理论知识和专业知识。并能实际运用于设计、施工中，培养独立分析和解决问题的能力。

（2）明确当前社会主义建设的任务。执行党和政府的有关政策，培养正确的设计思想。

（3）善于运用图表和文字表达设计意图，能运用有关参考书籍、手册和规范。

7.1.2　原始资料和已知条件

由于要使学生对本枢纽工程有比较完整的了解，从此次毕业设计的要求来看，原始资料并不是都用得上的，学生必须从中选择使用。

1. 工程兴建概况

工程名称、工程地点及规模，本工程在发展国民经济中的作用，政府的有关决定和指标，包括施工期限和建筑物及设备的投产日期。

2. 水文、地质、气象等资料

（1）坝址附近河道水位流量关系。

（2）水库水位—容积关系。

（3）年平均流量过程线，洪水、中水、枯水的设计频率控制洪峰值数据表，不同频率的洪峰流量过程线。

（4）日降水量大于5mm降水日数统计表。

（5）历年气温、风向、风速的统计表。

（6）河床及河岸的地质条件，主要建筑物地基的地质剖面图，设计文件对基础处理的要求。

（7）地下水位、流向及渗透系数等。

3. 水工设计资料

水利枢纽布置图，枢纽中主要建筑物的平面图、剖面图、细部结构图及枢纽设计说明等。

4. 其他

（1）当地与外来材料的种类、产地和运输距离、料场的布置、地形图及地质剖面图。

（2）工地附近主要交通运输方式，距离枢纽附近的铁路、公路与水路运输情况。

（3）房屋条件与水电动力供应情况。

（4）劳动力与施工机具供应情况。

7.1.3 实训内容提要

学生应在教师指导下独立进行工作。学生应充分发挥独立思考能力，解决设计中遇到的问题。指导教师可根据具体情况，对下列设计内容提要作适当的补充和删减。

必须指出，拟定和选择施工方法，是毕业设计中很重要的部分。应该通过技术经济比较来论证。设计中使用和列出的数据，都应该是有根据的（如根据参考文献、手册、计算和绘图等）；文字说明应力求通顺确切、扼要和清楚；图表要整洁，能表达设计意图。实训内容提要如下。

施工总体布置设计。根据水文、气象、地质、枢纽布置、各单项工程的施工方法、场内外交通条件、施工总进度计划等因素设计。

（1）交通运输路线的布置。

（2）各辅助企业的布置。

（3）风、水、电系统的布置。

（4）行政文化生活福利及临时房屋设施的布置。

主要交通干路应该估算通行能力，重大辅助企业的位置应通过 t－km 或运输费用来计划确定，设计成果应绘在施工总体布置图上。

7.1.4 设计说明书与大图

实训的全部计算、绘图与说明书的编写工作，均系学生独立工作的成果。指导教师一般只给予方向性启示。介绍有关资料和提出个人建议。学生应在刻苦钻研和满足设计要求的基础上，作出自己的设计。大图张数一般为 3～5 张。大图应有说明，次要的图表和曲线可附在说明书内，大图用计算机绘制，力求整洁饱满，能表达出设计意图。比例尺应与描绘物繁简程度相适应。标题、注解、图例和尺寸均不得遗漏。

设计说明书一般为 60～80 页。对工程性质，建筑物地区的自然条件和施工条件，建筑物的布置和类型等的叙述，应写得精简扼要，字迹工整，标点符号正确。设计部分应较详细的用图表和文字来正确说明和表达设计的依据、方法、意图和成果。设计说明书中，一般只列出设计计算的重要成果和最终成果。设计计算的详细过程，应整理在计算底稿中，计算稿应作为设计说明书的附件。

设计说明书和大图应彼此吻合，无脱节和错乱现象。说明书中应有大图的索引。

学习单元7.2　施 工 导 流 实 训

7.2.1　毕业设计的目的与要求

（1）巩固所学的基础理论知识和专业知识，并能实际运用于设计、施工中，培养独立分析和解决问题的能力。

（2）明确当前社会主义建设的任务，执行党和政府的有关政策，培养正确的设计思想。

（3）善于运用图表和文字表达设计意图，能运用有关参考书籍、手册和规范。

7.2.2　原始资料和已知条件

由于要使学生对本枢纽工程有比较完整的了解，从此次毕业设计的要求来看，原始资料并不是都用得上的，学生必须从中选择使用。

1. 工程兴建概况

工程名称、工程地点及规模，本工程在发展国民经济中的作用，政府的有关决定和指标，包括施工期限和建筑物及设备的投产日期。

2. 水文、地质、气象等资料

（1）坝址附近河道水位流量关系。

（2）水库水位一容积关系。

（3）年平均流量过程线，洪水、中水、枯水的设计频率控制洪峰值数据表，不同频率的洪峰流量过程线。

（4）日降水量大于5mm降水日数统计表。

（5）历年气温、风向、风速的统计表。

（6）河床及河岸的地质条件，主要建筑物地基的地质剖面图，设计文件对基础处理的要求。

（7）地下水位、流向及渗透系数等。

3. 水工设计资料

水利枢纽布置图，枢纽中主要建筑物的平面图、剖面图、细部结构图及枢纽设计说明等。

4. 其他

（1）当地与外来材料的种类、产地和运输距离、料场的布置、地形图及地质剖面图。

（2）工地附近主要交通运输方式，距离枢纽附近的铁路、公路与水路运输情况。

（3）房屋条件与水电动力供应情况。

（4）劳动力与施工机具供应情况。

7.2.3　设计内容提要

毕业设计是教学计划中最后一个教学环节。学生应在教师指导下独立进行工作。学生

应充分发挥独立思考能力，解决设计中遇到的问题。指导教师可根据具体情况，对下列设计内容提要作适当的补充和删减。

必须指出，拟定和选择施工方法，是毕业设计中很重要的部分。应该通过技术经济比较来论证。设计中使用和列出的数据，都应该是有根据的（如根据参考文献、手册、计算和绘图等）；文字说明应力求通顺确切、扼要和清楚；图表要整洁，能表达设计意图。施工导流设计内容提要如下。

1. 设计条件

（1）坝区地形、地貌、河谷形状及覆盖组成等。

（2）一般洪、枯水季节的划分；汛期洪水；流冰；封江；开冻；水位与流量等特性。

（3）施工期间通航、过筏、过鱼的要求。

（4）水工建筑物对导流要求的一般说明。

2. 导流标准及导流方式

（1）不同施工时段划分的比较和选择。

（2）施工导流频率和流量的选定。

（3）各种导流方式的方案比较，影响各方案的主要因素，包括地形、地质、通航、过筏、施工条件、工程量、材料和造价等。选定方案的各期导流工程布置，导流建筑物各期控制性高程和断面，水力计算的主要成果。

3. 导流建筑物的设计与施工

（1）导流挡水、泄水建筑物型式的方案比较，选定方案的建筑物形式、级别、主要高程、尺寸和工程量以及稳定分析和应力分析的主要成果。

（2）导流隧洞（或明渠）的开挖、衬砌（或喷锚）、施工程序、施工方法、施工进度的论述。所需主要设备、材料和劳动力。

（3）围堰填筑程序、填筑方法及保证水下填筑质量的技术要求和措施的叙述。所用土、砂、石料料场的选定。围堰闭气，地基处理施工措施及围堰拆除措施。围堰施工进度安排。所需主要设备、材料和劳动力。

（4）基坑抽水量的估算。排水方式和所需设备。

4. 截流

（1）河床截流时段与设计流量。

（2）截流方式选择、水力计算成果、施工方案比较。

（3）选定方案的施工布置、施工程序、施工方法，所需主要设备、材料、劳动力。

5. 其他措施的说明

（1）度汛、过冰措施（度汛标准、防护措施）。

（2）下闸蓄水措施（封堵时段、下闸流量、封堵方式、进度安排）。

（3）施工期通航与过筏的要求和措施。

对于施工导流方式需要进行两种以上的方案比较，然后选定最优方案。据此完成其他各项内容，并编制下列图表：①施工导流布置图；②导流建筑物工程布置及结构布置图；③截流场地平面布置图；④基坑排水平面布置图；⑤不同导流阶段的流量与上游水位关系曲线；⑥控制性进度计划表；⑦主要机械设备、材料、劳动力需要量等。

7.2.4 设计说明书与大图

同 7.1.4 设计说明书与大图。

学习单元 7.3 水利工程施工总进度计划编制

7.3.1 毕业设计的目的与要求

（1）巩固所学的基础理论知识和专业知识，并能实际运用于设计、施工中，培养独立分析和解决问题的能力。

（2）明确当前社会主义建设的任务，执行党和政府的有关政策，培养正确的设计思想。

（3）善于运用图表和文字表达设计意图，能运用有关参考书籍、手册和规范。

7.3.2 原始资料和已知条件

由于要使学生对本枢纽工程有比较完整的了解，从此次毕业设计的要求来看，原始资料并不是都用得上的，学生必须从中选择使用。

1. 工程兴建概况

工程名称、工程地点及规模，本工程在发展国民经济中的作用，政府的有关决定和指标，包括施工期限和建筑物及设备的投产日期。

2. 水文、地质、气象等资料

（1）坝址附近河道水位流量关系。

（2）水库水位一容积关系。

（3）年平均流量过程线，洪水、中水、枯水的设计频率控制洪峰值数据表，不同频率的洪峰流量过程线。

（4）日降水量大于 5mm 降水日数统计表。

（5）历年气温、风向、风速的统计表。

（6）河床及河岸的地质条件，主要建筑物地基的地质剖面图，设计文件对基础处理的要求。

（7）地下水位、流向及渗透系数等。

3. 水工设计资料

水利枢纽布置图，枢纽中主要建筑物的平面图、剖面图、细部结构图及枢纽设计说明等。

4. 其他

（1）当地与外来材料的种类、产地和运输距离、料场的布置、地形图及地质剖面图。

（2）工地附近主要交通运输方式，距离枢纽附近的铁路、公路与水路运输情况。

（3）房屋条件与水电动力供应情况。

（4）劳动力与施工机具供应情况。

7.3.3　设计内容提要

毕业设计是教学计划中最后一个教学环节。学生应在教师指导下独立进行工作。学生应充分发挥独立思考能力，解决设计中遇到的问题。指导教师可根据具体情况，对下列设计内容提要作适当的补充和删减。

必须指出，拟定和选择施工方法，是毕业设计中很重要的部分。应该通过技术经济比较来论证。设计中使用和列出的数据，都应该是有根据的（如根据参考文献、手册、计算和绘图等）；文字说明应力求通顺确切、扼要和清楚；图表要整洁，能表达设计意图。编制总进度计划设计内容提要如下。

根据水工结构设计图纸，选定的施工导流方案及调洪演算成果，提出坝体上升高程的控制要求；根据所选择的施工方法和各单项工程的进度计划，修正初步拟定的总进度计划，计算和统计主要机械设备、材料和劳动力的需用量。

除必要的文字说明外，应提出绘在方格纸上的总进度计划表一张，表上共绘有主要机械设备、建筑材料和劳动力的需用量曲线。

7.3.4　设计说明书与大图

同 7.1.4 设计说明书与大图。

学习单元 7.4　水工混凝土工程施工实训

7.4.1　毕业设计的目的与要求

（1）巩固所学的基础理论知识和专业知识，并能实际运用于设计、施工中，培养独立分析和解决问题的能力。

（2）明确当前社会主义建设的任务，执行党和政府的有关政策，培养正确的设计思想。

（3）善于运用图表和文字表达设计意图，能运用有关参考书籍、手册和规范。

7.4.2　原始资料和已知条件

由于要使学生对本枢纽工程有比较完整的了解。故另本所给的原始资料较为全面。从此次毕业设计的要求来看，原始资料并不是都用得上的，学生必须从中选择使用。

1. 工程兴建概况

工程名称、工程地点及规模，本工程在发展国民经济中的作用，政府的有关决定和指标，包括施工期限和建筑物及设备的投产日期。

2. 水文、地质、气象等资料

（1）坝址附近河道水位流量关系。

（2）水库水位一容积关系。

（3）年平均流量过程线，洪水、中水、枯水的设计频率控制洪峰值数据表，不同频率的洪峰流量过程线。

(4) 日降水量大于5mm降水日数统计表。

(5) 历年气温、风向、风速的统计表。

(6) 河床及河岸的地质条件，主要建筑物地基的地质剖面图，设计文件对基础处理的要求。

(7) 地下水位、流向及渗透系数等。

3. 水工设计资料

水利枢纽布置图，枢纽中主要建筑物的平面图、剖面图、细部结构图及枢纽设计说明等。

4. 其他

(1) 当地与外来材料的种类、产地和运输距离、料场的布置、地形图及地质剖面图。

(2) 工地附近主要交通运输方式，距离枢纽附近的铁路、公路与水路运输情况。

(3) 房屋条件与水电动力供应情况。

(4) 劳动力与施工机具供应情况。

7.4.3 设计内容提要

毕业设计是教学计划中最后一个教学环节。学生应在教师指导下独立进行工作。学生应充分发挥独立思考能力，解决设计中遇到的问题。指导教师可根据具体情况，对下列设计内容提要作适当的补充和删减。

必须指出，拟定和选择施工方法，是毕业设计中很重要的部分。应该通过技术经济比较来论证。设计中使用和列出的数据，都应该是有根据的（如根据参考文献、手册、计算和绘图等）；文字说明应力求通顺确切、扼要和清楚；图表要整洁，能表达设计意图。混凝土坝的施工设计内容提要如下。

1. 施工条件分析

(1) 分析气象资料，确定施工天数，研究冬、夏、雨季施工问题。

(2) 分析导流分期和导流条件。

(3) 分析工程规模，计算工程量、分期浇筑强度。

(4) 根据混凝土配合比设计，计算混凝土各种组成材料的需要量。

2. 混凝土拌和系统

(1) 确定混凝土工厂的生产能力。

(2) 混凝土系统的布置设计。

3. 骨料的开采和加工

(1) 骨料料场的开采规划（包括级配平衡和经济开采），分期开采强度。

(2) 典型料场开采方法、开采工艺和机械设备的选择。

(3) 骨料加工方法、加工工艺和工艺设备选择。

(4) 骨料运输、储存方式和储存容量。

4. 坝体分缝分块

(1) 根据混凝土初凝，温度控制和接缝灌浆要求和条件，确定分缝分块及分层尺寸。

(2) 拟定浇筑日程进度计划。

(3) 如采用纵缝分块，应拟定冷却水管通水及接缝灌浆计划。

5. 选择混凝土运输、浇筑方案

(1) 运输方案的比较和选择，运输设备的选择，运输路线的布置。

(2) 浇筑方案及浇筑设备的选择。

6. 编制单项工程进度计划，并拟定主要机械设备，材料、劳动力需用量表

要求对选择分缝分块和浇筑方法作较详细的论述，对混凝土运输方案作两种方案比较，并论证选择某一方案的优越性，要求对重点设计部分的施工质量和安全技术有一定的措施。除文字说明外，应包括以下图表：①坝体浇筑分块与进度计划图表；②骨料料场开采与加工工艺及运输路线布置图；③混凝土运输路线图；④入仓浇筑方法示意图；⑤大坝施工的设备、材料、劳动力需要量表。

7.4.4 设计说明书与大图

同7.1.4设计说明书与大图。

学习单元7.5 水闸工程施工组织管理实训

7.5.1 实训目的

在巩固所学基础知识和专业知识的前提下，运用现代组织管理工具——网络计划技术，对某水闸的进行施工组织设计，从而进一步了解水利水电工程各项目之间的项目关系，综合掌握水利水电工程施工的全貌，培养统筹全局的观念，为今后的施工组织设计工作打下良好的基础。培养学生善于运用图表和文字表达设计意图，能运用有关的参考书籍、手册和规范的能力。

7.5.2 基本资料

某工程处于淮河中游蚌埠市怀远县境内，属亚热带和暖温带过渡地带，是暖温带半湿润季风气候区。其特点是：四季分明、季风显著、光照充足、热量丰富、降雨量适中、无霜期长。

本地区年平均气温为15.25℃，7月最热，多年平均气温为28.2℃，1月最冷，平均气温为1.2℃。极端最高气温41.4℃。极端最低气温为－22℃。无霜期219d。

主要工程项目、工程量及控制性进度。

7.5.2.1 主要工程项目（永久工程）

1. 建筑工程

(1) 土方工程。行洪堤开挖，上、下游导流堤填筑，建筑物基坑范围内土方开挖、土方填筑。

(2) 堆砌石工程。浆砌石、干砌石护底、护坡，建筑物翼墙、碎石垫层，抛石防冲。

(3) 混凝土及钢筋混凝土工程。上游铺盖和翼墙，闸室底板和闸墩、公路桥、排架

柱、启闭台和两端空箱岸墙，下游段护坦及消力池底板、翼墙、海漫等钢筋混凝土结构，混凝土预制块框格护坡。

(4) 房屋建筑工程。启闭机房及桥头堡等土建工程。

(5) 其他工程。反滤料、土工材料铺设及观测设施埋设等。

2. 金属结构安装工程

(1) 闸门安装。

(2) 闸门埋件埋设。

(3) 启闭机安装调试。

(4) 插筋制安。

3. 机电及附属设备

(1) 变配电设备安装与调试。

(2) 柴油发电机组的安装与调试。

(3) 照明电器设备安装与调试。

(4) 电力电缆工程的安装。

(5) 计算机监控系统及电视监视系统安装与测试。

(6) 防雷、接地系统安装。

7.5.2.2 闸室布置

本工程采用开敞式水闸型式，水闸设计流量均为 3500m³/s，共 31 孔，单孔净宽 10m，总净宽 310m。水闸底槛高程为 17.5m，闸顶高程 26.0m，闸室顺水流方向长 19m，闸墩厚 1.4m，边墩厚 1.2m，闸室总宽度为 353m。采用两孔一联的筏式基础，以便将上部荷载较均匀地传递至地基上，减少并适应不均匀沉降。根据上部结构交通桥、启闭机桥和检修便桥的布置，并考虑闸室的稳定要求，闸室长度取 19.0m。闸室主要部位均为 C20 钢筋混凝土结构。

1. 底板

为减少底板内力和不均匀沉降的影响，闸室底板采用大小底板分离式结构，每隔两孔布置一个双孔大底板，仅 14 号孔为单孔大底板，即 1 号、4 号、7 号、10 号、13 号、16 号、19 号、22 号、25 号、28 号、31 号十一孔为小底板。小底板宽度为 6.5m，双孔大底板宽 27.7m。大底板厚 1.5m，小底板厚 1.2m，大小底板间设齿形搭接缝，搭接长度 0.5m，缝宽 2cm，缝间设橡皮止水（表 7.1）。

表 7.1　闸底板的混凝土工作量表

序号	项目名称	单位	工程量
1	C10 混凝土垫层	m³	641
2	C20 钢筋混凝土底板	m³	10068
合计		m³	10709

2. 闸墩

为满足闸室稳定要求，增加闸室有效重量和获得较理想的闸室流态，闸墩采用钢筋混凝土实心结构，其长度与闸室底板等长，中边墩厚度根据主门槽及启闭机台排架柱的布置

要求分别确定为1.4m和1.2m，中墩上游作成圆弧形墩头，下游作成鱼尾形墩头，借以改善进出水流态。因闸顶高程为26.0m，门顶高程25.5m，相差仅0.5m，为了保证闸门全开行洪时，至少有一组滚轮置于门槽内，避免闸门在风力作用下摆动偏移而导致闸门关闭就位困难，拟在闸墩门槽处设置钢结构活动门槽，高1.0m。

3. 岸墙

闸室两侧均设空箱岸墙，岸墙顺水流向长19m，垂直于水流向宽11.5m，闸顶面高程26.0m，空箱岸墙均设8个隔仓，隔仓内填土高程呈梯度变化，以改善空箱岸墙基底压应力。岸墙下游侧布置桥头堡，桥头堡平面尺寸为9.2m×10.8m，共四层，在桥头堡内布置电气设备及水闸集中控制系统。

4. 上下游连接段

水闸地下防渗轮廓线由闸前钢筋混凝土铺盖、闸室底板、闸下钢筋混凝土消力池斜坡段等组成。闸下采用挖深式钢筋混凝土消力池，池底与闸底坎间以1∶4的斜坡连接。消力池底板首端厚1.0m，末端厚0.8m，为保证初始进洪斜坡护坦和消力池底板的抗浮稳定，两闸消力池底板下均设游钢筋混凝土抗拔桩。

消力池后布置长75m的海漫，前15m海漫为钢筋混凝土结构，后分别接30m长浆砌块石和干砌石海漫，因海漫下砂壤土出露，砌石海漫下均设反滤体，自上而下依次为0.1m厚的碎石垫层、0.15m厚瓜子片和中粗砂及土工布。海漫末端设置抛石防冲槽，槽深3.0，槽顶高程为12.8m，底宽6m，防冲槽四周边坡均为1∶4。

水闸上下游翼墙顶部均设置导水墙与闸室和上下游导流堤连接，翼墙的结构型式根据挡土高度的不同分别采取空箱式和扶壁式结构。上下游均为圆弧形翼墙。

闸上和闸下地势较平坦，为使水闸水流平顺进出闸室，上下游设置导流堤，上游开挖引河。上游导流堤与荆山湖封闭堤结合布置，并结合分流裹头布置现场管理区平台，为避免弃土占用湖内耕地，在导堤后堤脚平台，以保证导流堤边坡稳定。

7.5.3 实训成果及要求

实训项目只进行该水闸闸底板的施工设计。闸底板施工工期为4月20日至6月30日。

根据设计资料写出思路清晰、通顺确切、扼要的水利工程施工组织方案一份。

方案书应包含以下内容：

(1) 选择混凝土拌和机械、混凝土和钢筋的水平运输机械、垂直运输机械。

(2) 模板、钢筋的制作、安装。

(3) 要对浇筑方法作比较详细的论述。

(4) 对混凝土运输方案作两组方案比较，并论证某一方案的优越性。

(5) 对关键点的施工质量要有一定的控制措施。

方案要求图文并茂，除了以上的文字说明以外，还应包含以下图表：图表要整洁，能表达设计方案意图。

(1) 混凝土浇筑工序流程图。

(2) 材料垂直运输示意图。

(3) 底板混凝土入仓浇筑施工方法示意图。

(4) 模板制作偏差控制指标表。

学习单元 7.6 护坡工程施工组织实训

7.6.1 实训目的

施工组织设计的任务是根据编制施工组织设计的基本原则和有关原始资料，并结合实际施工条件，从整个工程施工全局出发，选择最优施工方案，确定科学合理的分部分项工程间的搭接，配合关系以及符合施工现场情况的平面布置图。从而以最少的投入在规定工期内，生产出质量好、成本低的建筑物，使施工企业获得良好的经济效益。

通过本次课程设计，将《水利水电工程施工组织设计》中的基础知识与工程实际紧密结合，其目的是使学生学习利用查阅有关规范，理清施工组织设计的基本思路，锻炼一定的识图能力，掌握工程项目施工组织设计的步骤、方法、内容，同时熟悉有关指标的选用和定额的查用方法，掌握使用现代化手段编制横道图、网络图的方法和一般办公软件的应用。

7.6.2 实训任务

通过本次施工组织实训，力求学生完成以下任务：

(1) 拟定施工方案。

(2) 编制施工进度计划（横道图及网络图）。

(3) 编制资源需用量计划。

(4) 编制施工技术组织措施。

7.6.3 基本资料

1. 工程概况

会同河又名清溪，属渠水一级支流，位于会同县中部，发源于会同县东北部金龙山地。自东北向西南以此流经金龙、堡子、坪村、林城镇等四个乡镇，在县城西南部注入沅水一级支流渠水。会同河流域面积 276km^2，干流长 38km，平均坡降 3.9‰。

会同河流域水系较为发达，干流众多。在本次设计项目区内有大溪头溪、小岩溪、枫木溪三条支流自会同河左岸汇入。大溪头溪流域面积 8.75km^2，干流长度 6.3km，平均坡降 20‰；小岩溪流域面积 7.2km^2，干流长度 5.9km，平均坡降 35.9‰；枫木溪流域面积 19.7km^2，干流长度 8.3km，平均坡降 26.5‰。

会同河流域无水文站。在会同河支流大溪头溪上建有大溪水库，距大溪头河口约 300m，其溢洪道泄洪至会同河干流河道。大溪水库属小（1）型水库，控制集雨面积 8.75km^2，干流长度 6.0km，正常蓄水位 388.0m，正常库容 950m^3，具多年调节能力。

2. 气象

会同河流域地处季风湿润气候区，气候温和，雨量充沛，日照充足，雨热同季，夏热

冬寒，四季分明。年平均气温16.6℃，极端最高气温35.6℃，极端最低气温－3℃。

多年平均降雨量1330mm，蒸发量1142.8mm，径流深693mm，年平均径流系数0.52。径流年内分配不均，4—7月径流量占年径流量的71%，期间洪水发生次数较多，且具有来势猛、历史短、暴涨暴落等特点。

3. 工程地质

本次会同河金龙乡段治理工程初设堤防，堤防桩号位置52＋700～54＋250，长1550m。工程区地貌上属于会同河两岸一级阶地，阶地地面高程325～366m，阶地宽50～300m，地形相对平坦，为金龙乡镇所在地及金龙乡重要的农业区。

4. 工期及质量要求

施工日期为150d（包括施工准备和竣工验收）。

工程质量要求为合格及合格以上。

5. 主体工程项目及其工作内容

工程建设内容主要包括：混凝土护坡工程长约1550m，混凝土预制板几何尺寸为75cm×50cm×15cm，混凝土预制量为5147m³，干砌石固脚长约为1550m，干砌石量为605m³。工程量详见表7.2。

表7.2　　某护坡工程工程量清单

合同编号：×××（2010）05－1

工程名称：清溪护坡工程

序号	项目名称	计量单位	工程数量	单价/元	合价/元	备注
	第一部分　建筑工程					
1	新建堤防护坡工程					
1.1	混凝土板预制					
1.1.1	混凝土预制	m³	5147			
1.2	混凝土护坡					
1.2.1	土方削坡（包括固脚挖土、边坡挖填平整、施工面整形）	m³	19200			
1.2.2	土工布	m²	8422			
1.2.3	砂石垫层	m³	1040			
1.2.4	混凝土板	m³	5147			
1.3	干砌石固脚					
1.3.1	土方削坡（包括固脚挖土、边坡挖填平整、施工面整形）	m³	6000			
1.3.2	土工布	m²	5264			
1.3.3	固脚砌石	m³	605			
1.3.4	回填土	m³	346			

7.6.4 设计成果提交

1. 拟定相应施工方案

结合设计成果及图纸，进行施工部署并确定护坡工程的施工方案。

2. 编制施工进度计划（横道图、网络图）

内容从略。

3. 查找定额

根据所给施工方案，查找预算定额以确定各施工过程定额消耗量。

(1) 确定各施工过程的施工天数，并计算实际消耗劳动量。

(2) 确定各施工过程的间歇、搭接时间。如划分流水施工段，需予以说明。

(3) 绘制总体进度计划（横道图、网络图）。

4. 确定资源量需要计划

根据施工方案及有关资料确定相应资源量需要计划（要求有详细计算过程）。

相应资源量需求计划表应按照以下表格汇总（表 7.3～表 7.5）。

表 7.3　　拟投入本标段的主要施工设备表

序号	设备名称	型号规格	数量	国别产地	制造年份	额定功率/kW	生产能力	用于施工部位	备注
1	例如：液压抓斗式挖泥船	ZCY100	3	杭州	2009	147	$1m^3$	疏浚	

表 7.4　　拟投入的试验和检测仪器设备表

序号	仪器设备名称	型号规格	数量	国别产地	制造年份	已使用台时数	用途	备注
1	例如：混凝土震动台	ZDT－55	1	山东	2007	200	混凝土检测	

表 7.5　　拟投入的劳动力计划表

工种	按工程施工阶段拟投入劳动力情况						
	（　　年）						
	1月						
例如：管理人员							
测量员							

5. 拟定质量、安全、文明保证措施

结合施工方案及部署，拟定相应工程的质量、安全、文明保证措施。

6. 时间安排

时间安排见表 7.6。

表 7.6　　时间安排表

序号	天数	设计内容
1	1.0	熟悉资料，查找定额
2	0.5	计算劳动量、确定各施工过程的持续时间
3	1.0	编写设计报告、计算书
4	1.0	横道图的绘制
5	1.0	网络图的绘制、绘制质量、安全、文明保证措施
6	0.5	整理设计成果

7. 要求

(1) 格式符合要求。

(2) 内容条理清楚、文字通顺，用词准确。

(3) 成果雷同者不计成绩。

学习单元7.7　拼装式水闸实训

7.7.1　实训目的

(1) 熟悉水闸工程构造。

(2) 熟悉拼装式水闸施工顺序、程序。

7.7.2　实训内容

1. 水闸构造实训

水闸一般由闸室、上游连接段和下游连接段三部分组成，如图7.1所示。

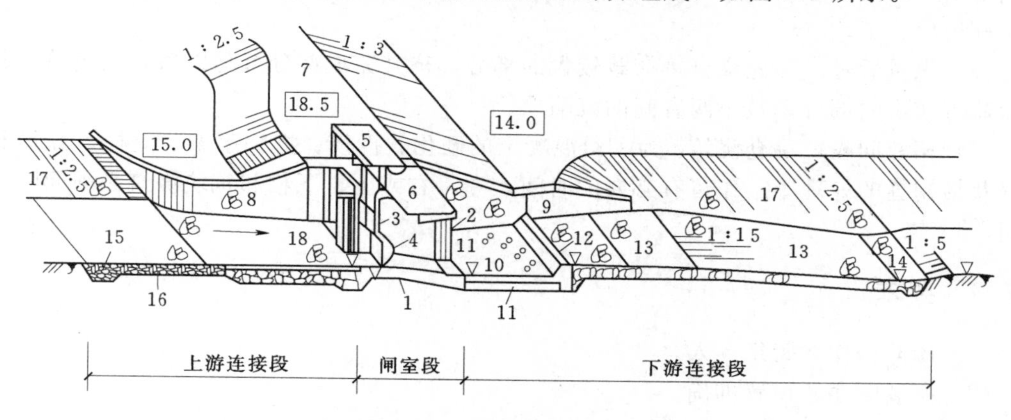

图7.1　水闸组成示意图

1—闸底板；2—闸墩；3—胸墙；4—闸门；5—工作桥；6—交通桥；7—堤顶；8—上游翼墙；9—下游翼墙；10—护坦；11—排水孔；12—消力坎；13—海漫；14—防冲槽；15—上游防冲槽；16—上游护底；17—上下游护坡；18—水平铺盖

(1) 闸室。闸室是水闸的主体，有控制水流和连接两岸的作用。包括底板、闸门、闸墩、胸墙（开敞式水闸）、交通桥、工作桥和启闭机房等。底板是闸室的基础，除有支承上部结构的重量、满足抗滑稳定和地基应力的要求之外，还兼有防渗的作用。闸门主要是控制水流的作用。闸墩的目的是分隔闸孔和支承闸门、胸墙、交通桥、工作桥和启闭机房。胸墙的作用则是减小闸门和工作桥的高度，减小启门力，降低工程造价。交通桥的作用是连接水闸两侧的交通。工作桥是用于支承、安装启闭设备。启闭机房是用于安装和控制启闭设备。

(2) 上游连接段。上游连接段的主要作用是引导水流平顺进入闸室，保护上游河床及两岸免于冲刷，并有防渗作用。一般包括上游防冲槽、上游护底、上游护坡、上游铺盖、上游翼墙等。上游防冲槽、上游护底、上游护坡主要起防冲作用。上游铺盖、上游翼墙除了防冲作用之外，还有防渗作用。

（3）下游连接段。下游连接段的主要作用是将下泄水流平顺引入下游河道，有消能、防冲及防止发生渗透破坏的功能。一般有护坦、下游翼墙、海漫、防冲槽及下游护坡。护坦、下游翼墙、海漫有消能、防冲及防止发生渗透破坏的作用。防冲槽及下游护坡主要起防冲的作用。

2. 水闸拼装施工实训

一般大、中型水闸的闸室多为混凝土及钢筋混凝土工程，其施工原则是：以闸室为主，岸翼墙为辅，穿插进行上下游连接段的施工。水闸施工中混凝土浇筑是施工的主要环节，各部分应遵循以下施工程序：

（1）先深后浅。即先浇深基础，后浇浅基础．以避免深基础的施工而扰动破坏浅基础土体，并可降低排水工作的困难。

（2）先高后低。先浇影响上部施工或高度较大的工程部位。如闸底板与闸墩应尽量安排先施工，以便上部工作桥、公路桥、检修桥和启闭机房施工。而翼墙、消力池的护坦等可安排稍后施工。

（3）先重后轻。即先浇自重荷载较大的部分，待其完成部分沉陷以后，在浇筑与其相邻的荷重较小的部分，减小两者间的沉陷差。

（4）相邻间隔，跳仓浇筑。为了给混凝土的硬化、拆模、搭脚手架、立模、扎筋和施工缝及结构缝的处理等工作留有必要的时间，左、右或上、下相邻筑块浇筑必须间隔一定时间。

7.7.3 要求

（1）团队协作，每组 5 人。

（2）拼装顺序、位置准确。

（3）爱护实训模型，实训后将实训器材及时归还，放回原处。

学习单元 7.8 仿真土石坝施工实训

7.8.1 实训目的

（1）熟悉土石坝工程构造（图 7.2）。

（2）熟悉土石坝料场规划、施工顺序和程序。

7.8.2 实训内容

（1）教学用机械种类及数量：挖掘机 4 台；自卸车 12 台，能爬 30°坡；推土机 4 台；装载机 4 台；振动碾 4 台；羊脚碾 2 台；塔式起重机 2 台；皮带运输机 2 台；斗轮挖掘机 2 台；材质坚硬，由金属和工程塑料组成，能无线遥控，信号互不干扰。

图 7.2　土石料场规划

（2）沙盘：5m ×5m，面积 $25m^2$，道路宽度 20cm 以上，长度 8m 以上，有山体，山路，河流。所有机械设备能在沙盘上遥控演示操作、方便教学实训。

（3）工作内容：①能完成截流工程；②能完成土方开挖、运输、填筑、压实。

7.8.3　要求

（1）团队协作，每组 15 人。

（2）土方开挖、运输、压实能力需要匹配，运输线路规划合理，避免工作面闲置或窝工现象出现。

（3）爱护实训模型，实训后将实训器材及时归还，放回原处。

学习单元 7.9　耐特龙生态柔性生态护坡施工实训

7.9.1　实训目的

（1）认识耐特龙 Naturwall™生态柔性生态边坡工程系统。不用钢筋、水泥、石头等硬质的材料来建造的永久性边坡结构，并可覆盖绿色植被的专利系统，是新型水土保持系统。

（2）熟悉耐特龙 Naturwall™生态柔性生态护坡的施工组织管理工作。

7.9.2　实训内容

7.9.2.1　相关规范文件

（1）《土工合成材料应用技术》（GB 50290—1998）。

（2）《水利水电工程土工合成材料应用技术规范》（SL/T 225—1998）。

（3）《水运工程土工合成材料应用技术规范》（JTJ 239—2005）。

（4）《公路土工合成材料实验规程》（JTJ/T 060—1998）。

（5）《公路环境保护设计规范》（JTJ/T 006—1998）。

（6）《建筑边坡工程技术规范》（GB 50330—2002）。

（7）《城市绿化工程施工及验收规范》（CJJ/T 82—1999）。

（8）《国发〔2000〕31号文件》（国务院关于进一步推进绿色通道建设的通知）。

7.9.2.2 实施方案

（1）根据实际施工情况采用“N”型号的生态袋。如边坡生态袋在水下部分长期填充黏土时，要求每 $4m^2$ 的坡面面积设1个填充中、粗砂（淡水河砂）的生态袋以利排水。

（2）绿化。在生态袋铺好的坡面铺上草皮或喷上草种，水下部分混上草种装袋。

（3）成活期养护。草本养护期为3个月 。

7.9.2.3 工程部件

（1）工程联结扣。原材料100%聚丙烯，100%可再循环利用，为生态袋之间的联结提供坚实力量，有效地使每一个生态袋彼此紧紧互相联结，形成一个坚实的整体。

（2）生态袋。为永久的植被绿化提供理想的播种模块，生态袋具有透水不透土的过滤功能，而且对植物根系非常友好，每个生态袋表面积会因袋子填充物的多少而变化。生态袋选用高质量的环保材料，产品永不降解、抗老化、抗紫外线、无毒、百分之百可回收，实现了零污染。

（3）抗紫外扎袋线。扎袋线在施工中起到将已装满填充物的生态袋扎紧袋口的作用，扎带小巧，使用方便快捷，抗紫外线，抗拉性强。其强度、长度、宽度、结头尺寸扣等参数充分考虑了袋口的缩紧拉力和人体工程学中人的发力特点和握拔力的大小。其施工时拉断、使用后自断的可能性很小，从而保证每个填充袋体的完整性和有效性。

7.9.2.4 施工工具

主要工具有铲、卷尺、水平管、坡尺、扫帚、手推车、标线、1.5～2.0m长的压实木板、磅秤等。

7.9.2.5 填充材料

（1）水上边坡工程的填充料：能自由排水的土壤和颗粒，清除碎片、根系、树枝及超过50mm直径的石子和其他有毒物质。清除钙氯化物、毒性物质、石油产品等。

土壤成分应包含：（体积）有机物质10%～15%小于50mm大于2mm的颗粒60%～70%；大于0.05mm小于2mm的颗粒10%～15%；黏土和淤泥0%～5%；过滤方面，在经历至少10min的中到大雨或水冲刷60min后不能看见任何驻水；有机添加剂应是本地可用的商用肥料产品；均匀的混合所有的有机物质；其他在工程施工图中规定的标准。

（2）水浸边坡（或常水位以下）工程的填充料：清洁的颗粒材料，20mm的砂砾（最小颗粒2mm）。

7.9.2.6　坡面的修整

（1）坡面的树皮、树根、垃圾、杂物等清除干净，做到坡面整洁。

（2）坡面的松石、不稳定的土体要固定或清除；锐角物体要磨成钝角以免划破生态袋表面；负坡要削掉。

（3）保留的植被外，其他的植物要连根清理干净。

7.9.2.7　基础施工

（1）按图纸要求把坡面修平整，把联结扣置于地面把生态袋铺在上面（图7.3）。

（2）基础土体一般夯实到95%的密实度，并不会发生明显的沉降和变形。

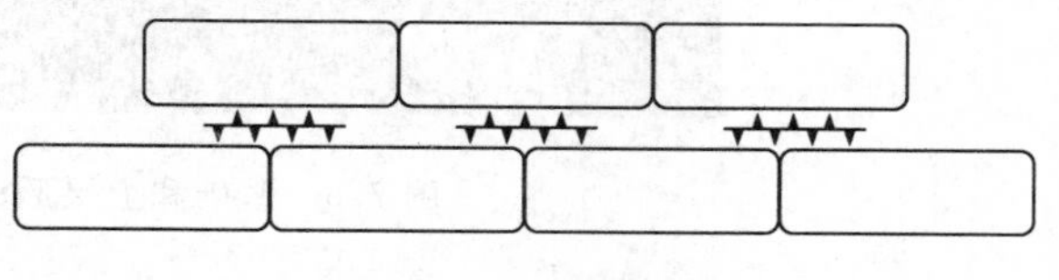

图7.3　基础施工图

（3）要挂线施工，尽量使基础的线条保持规整或合乎设计要求。

（4）生态袋垒砌摆放时，要挂水平线施工，上下层的竖缝要错开，联结扣要骑缝放置，人工压板踩踏压实，保证互锁结构的稳定性，生态袋扎扣处和线缝结合处靠内摆放或尽量隐蔽，以达到整齐美观的效果。

7.9.2.8　填充生态袋

（1）就地取土，建筑垃圾、树皮树根、草屑、尖锐物等要清除。填充黏土时，要将土敲碎，且尽量选最佳含水率的填料（握紧成团，松手掉落后，散碎）。

（2）生态袋较长时，每装1/3时，要将袋内填料抖紧。填料一定要尽量装的满实，扎扣要牢固结实，并试拉感觉良好即可。

（3）先装好一个标准的生态袋，用磅秤称量并记录重量作为其后装袋的样板，大袋子：长89～94cm、宽34～39cm、高19～24cm。

（4）混播。混料要均匀，让种子尽量靠近生态袋在坡面的外露面。

（5）生态袋装好后，要放倒在地面上，搬运时，要离地搬运，不要在地面拖行或滚动搬运，放置时要轻放。

（6）对于填充生态袋时，上下变形大的，要及时调整匀称。

（7）装袋示范（图7.4）。

图7.4　装袋示范图

7.9.2.9　垒砌生态袋

（1）由基础沿坡面平铺，联结扣置于底部，层层错缝摆砌。

（2）基础和上层形成的结构：联结扣水平放置两个生态袋之间在靠近生态袋子边缘的地方，以便每一个联结扣跨度两个袋子（图7.5、图7.6），摇晃扎实生态袋以便每一个标准扣刺穿生态袋的中腹正下面。铺设生态袋时，注意把生态袋的缝线结合一侧向内摆放，以修建一个平整漂亮的墙体。夯实有助于确保生态袋之间的互锁结构紧密联结。

图 7.5　基础和上层形成结构图（1）

图 7.6　基础和上层形成结构图（2）

（3）生态袋和联结扣摆放步骤如图 7.7～图 7.10 所示。

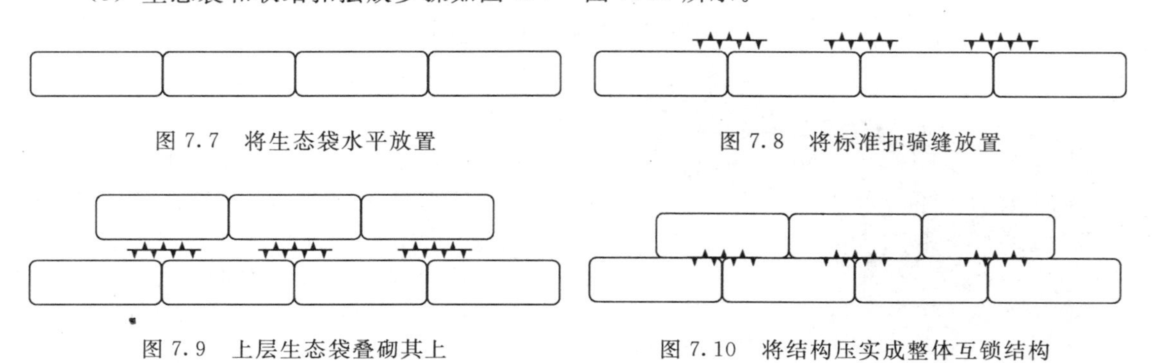

图 7.7　将生态袋水平放置

图 7.8　将标准扣骑缝放置

图 7.9　上层生态袋叠砌其上

图 7.10　将结构压实成整体互锁结构

（4）重复上述施工砌叠步骤，直至完成。

（5）压顶。在墙的顶部，将生态袋的长边方向水平垂直于墙面摆放，以确保压顶

稳固。

7.9.2.10　植被方式

1. 植物配置及材料工具

(1) 植物配置：根据施工图纸要求进行绿化。

(2) 工具准备：铲、锄头、花锄、剪刀、刀。

(3) 材料准备：肥、水、草皮、根径。

(4) 混播用一合适隔板放置于生态袋中把其隔开成两部分。

(5) 填充生态袋：把混合了种子和土壤用铁铲装入到生态袋中靠坡面的一侧（即生态袋无缝合线一侧），而另一侧则填充未混的种子的土壤后再把中间隔板抽出，并用扎带扎紧袋口。

2. 草皮铺设要求

对平整好的坡面进行洒水湿润；将运来的草皮块顺次平铺与坡面上，草皮块与块之间应保留5mm的间隙，并在间隙填入细土；铺好的草皮在每块草皮的四角用长20～30cm，粗1～2cm的尖桩固定，尖桩与坡面垂直，露出草皮表面不超过2cm；用木槌将铺好的草皮全面拍一遍，以使草皮与坡面密贴；在坡顶和坡边缘铺草皮，草皮应嵌入坡面内，与坡缘衔接处应平顺，以防水流渗入草皮与坡面间隙使草皮下滑；草皮应铺过坡顶肩部100cm。

3. 浇水和绿化管养

植被后期浇水需根据天气、土壤、植物品种习性等因素综合确定。而且浇水应在铺设后持续一个月左右，在夏季为防止过度蒸腾及保证好的浇灌效果，每日浇水时间最好在上午10点以前或下午4点后进行。

4. 补植

对被破坏或其他原因引起死亡的草坪植物应及时补植以使草坪保持完整，无裸露地。补植要用与原草坪相同的草料。适当密植，补植后加强保养，保证一个月内覆盖率达98%，草坪成活期养护应符合《园林绿化管养规范》(DB 440300/T6) 的规定。

耐特龙柔性生态边坡工程系统的生态袋和扣件的定额用量，见表7.7。

表7.7　　边坡坡比使用生态袋配比表

坡比	生态袋型号	材料定额用量/(套/m²)	工程应用范围	备　注
坡角90°	1140×500型	7.5	边坡	一般0～2m高的边坡，2～8m和加筋格栅配合
1∶0.1（坡角84.3°）	815×440型	11	边坡的修复	一般0～2m高的边坡，超2m时宜用“W”型和加筋格栅配合
	1140×500型	7.5	新筑填方边坡	一般0～8m高的边坡超过2.5m时，可和加筋格栅配合
1∶0.5（坡角63.4°）	815×440型	9.84	边坡的修复	一般0～2m高的边坡，超2m时宜用“W”型和加筋格栅配合
	1140×500型	6.5	新筑填方边坡	一般0～2m高的边坡，2～8m和加筋格栅配合

续表

坡比	生态袋型号	材料定额用量/(套/m^2)	工程应用范围	备　　注
1：1.0（坡角45°）	815×440型	7.78	边坡的修复	一般0～2.5m的边坡，超过2.5m时宜用“W”型和加筋格栅配合
	1140×500型	5	新筑填方边坡	一般0～8m高的边坡超过2.5m时，可和加筋格栅配合
1：1.25（坡角38.7°）	815×440型	6.87	边坡	一般0～8m高的边坡超过3m，可和加筋格栅配合
	1140×500型	4	边坡	一般0～8m高的边坡超过3m，可和加筋格栅配合
1：1.5（坡角33.7°）	815×440型	6.72	边坡	一般0～8m高的边坡和加筋格栅配合
	1140×500型	4	边坡	一般0～8m高的边坡和加筋格栅配合
1：1.75（坡角29.7°）	815×440型	6.36	边坡	一般0～8m高的边坡
	1140×500型	3.5	边坡	一般0～8m高的边坡
1：2.0（坡角26.6°）	815×440型	6.71	边坡	一般0～8m高的边坡
	1140×500型	3.5	边坡	一般0～8m高的边坡
1：2.0至更缓坡时	815×440型	5	边坡	一般0～8m高的边坡
	1140×500型	3.0	边坡	一般0～8m高的边坡

注　1. 生态袋和扣件按1：1配套。

2. 对于地质和环境复杂、形式特殊的情况，按设计图具体定。

3. 备注中、坡高指垂直坡高，采用加紧格栅时，指整个边坡从地面开始就用加紧格栅材料。

4. 砂质填充料，如果是黏性土填充料，材料用量可能增加10%～15%。

学习项目 8　水利工程监理实训

1. 实训目的

我国推行监理制已近 20 年，目前水利工程建设监理制已经得到全社会的普遍认可，在水利工程项目建设中发挥了重要作用。随着监理制度的发展，对从业人员的素质也提出了更高要求，为满足水利工程建设对监理人才的迫切需要，许多高职院校除开办水利工程监理专业外，也在水利类专业中开设了水利工程建设监理课程，以使学生系统地学习和掌握水利工程建设监理知识。

2. 实训任务

将监理教学活动分解成若干典型的工作项目，按工作项目的需要和职业技能要求组织实训内容。并通过一个或多个典型的工程案例，为学生提供了监理系列文件示例，设计内容贴近实际并具有可操作性的活动项目，用以指导学生对工程案例实训练习。

3. 实训要求

随着建筑市场的规范化和国际化发展，工程建设监理课程的地位越来越重要，教学内容和教学方法需要不断改革完善，为了切实加强学生的实践动手能力，本课程强化学生实训，强化工程应用，通过项目监理实际案例和工地现场的运用，结合工程监理工作的具体特点，引导学生所学知识运用到实践中去。要求学生通过实践教学培养学生独立思考、分析问题与解决问题的能力，增强学生的创新能力。

学习单元 8.1　水利工程监理系列文件示例

8.1.1　水库除险加固工程施工阶段监理规划

8.1.1.1　项目概况

工程名称：A 水库、B 水库除险加固工程。

工程地点：某县某乡、某镇。

主管部门：某县水务局。

建设单位：某县小水库除险加固工程建设管理处。

设计单位：某水利勘测设计院。

承建方式：永久工程采取单价承包；其他临时工程采取总价承包。

承建单位：甲水利建筑安装工程有限责任公司、乙水利水电建筑安装总公司。

8.1.1.2　工程简况

A 水库、B 水库分别位于某县某乡、某镇，为小（1）水库，该工程由某省水利厅×××号文批复。

A水库加固内容包括大坝坝基帷幕灌浆、坝身黏土井柱；上游坝面干砌石护坡整修及下游坡脚贴坡反滤；溢洪道加固及翻建交通桥；高低放水涵合并改建；防汛道路修建；管理设施等。

B水库加固内容包括大坝多头小直径深层搅拌防渗墙；背水侧土方培厚、坝脚贴坡反滤；溢洪道重建加固及防汛交通桥；放水涵拆除重建；防汛道路修建；管理设施等。

8.1.1.3 监理服务范围、方式和内容

1. 监理服务范围

监理工程范围：土建工程（大坝加固、防渗，溢洪道加固，放水涵拆除重建，防汛道路及管理房等）、金属结构设备及安装、机电设备及安装和其他相关工程建设监理。

2. 监理方式

采取旁站、巡视、平行检验等监理方式。

3. 监理内容

主要是工程的质量控制、进度控制、投资控制、合同管理、信息管理和协调工作。

设计方面：

(1) 协助发包人与勘测设计单位签订施工图供应协议。

(2) 管理发包人与设计人签订的有关合同、协议，督促设计人按合同或协议要求及时供应合格的设计文件。

(3) 熟悉设计文件内容，检查施工图设计文件是否符合批准的初步设计和原审批意见，是否符合国家或行业标准、规程、规范，以及是否符合勘测设计合同规定。

(4) 组织施工图和设计变更的会审，提出会审意见。经发包人批准后，向施工单位签发设计及设计变更文件。

(5) 组织设计人进行现场设计交底。

(6) 协助发包人会同设计人对重大技术问题和优化设计进行专题讨论。

(7) 审核施工单位对设计文件的意见和建议，会同设计人进行研究，并督促设计人尽快给予答复。

(8) 审核按承包合同规定应由施工单位递交的设计文件。

(9) 保管监理所用的设计文件及过程资料。

(10) 其他相关业务。

采购方面：

(1) 协助发包人进行重要设备、材料的采购招标工作。

(2) 管理采购合同，并对采购计划进度进行监督与控制。

(3) 闸门、启闭机的驻厂监造。

(4) 对进场的原材料、半成品、永久工程设备进行质量检验与到货验收。

(5) 其他相关业务。

施工方面：

(1) 协助发包人进行工程施工招标。

(2) 管理施工承包合同，审查分包人资格。

(3) 督促发包人按施工承包合同的规定落实必须提供的施工条件，检查工程施工单位

的开工准备工作，具备开工条件后，经发包人批准，签发开工通知。

（4）审批施工单位递交的施工组织设计、施工技术措施、计划、作业规程、临建工程设计及现场试验方案和试验成果。

（5）签发补充的设计文件、技术要求等，答复施工单位提出的建议和意见。

（6）工程进度控制。按发包人要求，编制工程控制性进度计划，提出工程控制性进度目标，并以此审查批准施工单位提出的施工进度计划，检查其实施情况。督促施工单位采取切实措施实现合同工期要求。当实施进度与计划进度发生较大偏差时，及时向发包人提出调整控制性进度计划的建议意见并在发包人批准后完成其调整。

（7）工程质量控制。审查施工单位的质量保证体系和控制措施，核实质量管理文件。依据施工承包合同文件、设计文件、技术规范与质量检验标准，对施工前准备工作进行检查，对施工工序、工艺与资源投入进行监督、抽查。依据有关规定，进行工程项目划分，由发包人报质量监督部门批准后实施。对单元工程、分部工程、单位工程质量按照国家有关规定进行检查、签证和评价。协助发包人调查处理工程质量事故。

（8）工程投资控制。协助发包人编制投资控制目标和分年度投资计划。审查施工单位递交的资金使用计划，审核施工单位完成的工程量和价款，签署付款意见，对合同变更或增加项目提出审核意见后，报发包人。受理索赔申请，进行索赔调查和谈判，提出处理意见报发包人。

（9）施工安全监督。检查施工安全措施、劳动防护和环境保护设施，并提出建议；检查防洪度汛措施并提出建议；参加重大的安全事故调查并提出处理意见。

（10）组织监理合同授权范围内工程建设各方协调工作，编发施工协调会议纪要。

（11）主持单元工程、分部工程验收，协助发包人按国家有关规定进行工程各阶段验收及竣工验收，审查设计单位和施工单位编制的竣工图纸和资料。

（12）信息管理。做好施工现场监理记录与信息反馈。按监理合同附件要求编制监理月报、年报，督促、检查施工单位及时按发包人的规定整理工程档案资料，对工程资料及档案及时进行整编，并在工程竣工验收时或监理服务期结束后移交发包人。

（13）其他相关工作。

咨询方面：

（1）配合发包人聘请的咨询专家开展工作。

（2）根据咨询合同规定，向咨询专家提供工程资料与文件。

（3）分析研究咨询专家建议和备忘录，选择合理的方案和措施，向发包人作出书面报告。

8.1.1.4 信息文件

1. 定期信息文件——监理月报

监理月报的主要内容如下：

（1）项目概述。包括项目位置、项目主要特征及合同情况简介；大事记；工程进度与形象面貌；资金到位和使用情况。

（2）质量控制。包括质量评定、质量分析、质量事故处理等情况。

（3）合同执行情况。包括合同变更、索赔和违约等。

（4）现场会议和往来信函。包括会议记录、往来信函。

（5）监理工作。包括监理组织框图、资源投入、重要监理活动、图纸审查、发放、技术方案审查、工程需要解决的问题和其他事项。

（6）施工人情况。包括劳动力的动态、投入的设备、组织管理和存在的问题；安全和环境保护；进度款支付情况；工程进展图片。

（7）其他。包括水文和气象等自然情况。

2. 不定期信息文件

（1）关于工程优化设计、工程变更或施工进展的建议。

（2）投资情况分析预测及资金、资源的合理配置和投入的建议。

（3）工程进展预测分析报告。

（4）发包人要求递交的其他报告。

3. 日常监理文件

（1）监理日记及施工大事记。

（2）施工计划批复文件。

（3）施工措施批复文件。

（4）施工进度调整批复文件。

（5）进度款支付确认文件。

（6）索赔受理、调查及处理文件。

（7）监理协调会议纪要文件。

（8）其他监理业务往来文件。

4. 其他文件与记录

按工程档案管理规定要求递交的其他文件与记录。

5. 文件份数

文件报送份数：按发包人具体要求确定。

6. 文明工地

协助发包人创建文明工地。

8.1.1.5 项目监理目标

1. 进度目标

根据发包人提供的《A水库工程建设监理招投文件》施工组织设计中施工进度计划编制见表8.1。

表8.1　　施工进度计划

项目/分部序号	项目名称	工期目标/（年-月-日）
1	施工准备（6—10月为汛期，暂停施工）	2008-10-10—20
2	临时工程（不含围堰）	2008-10-21—31
3	溢洪道加固工程	2008-10-21—2009-01-04
4	大坝加固工程（防渗处理等）	2008-11-08—2009-05-23
5	放水涵拆除重建工程	2008-11-10—2009-01-10

续表

项目/分部序号	项目名称	工期目标/（年-月-日）
6	管理房工程	2008-03-05—05-13
7	机电、金属结构制作安装	2009-02-25—03-05
8	坝顶道路	2009-05-24—07-10
9	清理现场及资料整理	2009-07-11—18
10	完工验收	2009-07-19—30

2. 质量目标

工程质量是工程建设的核心，是监理工作的重点，本着百年大计质量第一的方针，通过质量控制使工程质量全部满足设计、国家颁发的有关规程规范及承包合同规定的质量等级，具体质量目标分解见表8.2（按目前现有资料确定，如有变更再作变动）。表中是该分部应达到的最低质量目标。工程总体质量目标确保优良、分部工程优良率确保66.7%，争取100%。

表8.2　　质量目标分解表

序号	分部名称	要求最低质量等级	备　注
1	施工准备	合格	争取优良
2	临时工程（不含围堰）	合格	确保优良
3	溢洪道加固工程	合格	确保优良
4	大坝加固工程（防渗处理等）	合格	确保优良
5	放水涵拆除重建工程	合格	确保优良
6	管理房工程	合格	确保优良
7	机电、金属结构制作安装	合格	确保优良
8	坝顶道路	合格	确保优良
9	清理现场及资料整理	合格	确保优良
10	完工验收	合格	确保优良

3. 造价目标

以合同价为基础，通过造价控制，将工程总造价控制在工程概算投资以内。

8.1.1.6 监理的组织机构

在工程现场，设立建设监理处（下称监理部），实行总监理工程师负责制，总监理工程师是履行本合同的全权负责人，另监理中心设一咨询专家组，视工作情况，必要时赴现场指导监理业务的开展，监理的组织机构框图略，各部门具体职责如下。

1. 综合组

（1）协助发包人进行工程的施工招标工作。

（2）全面管理施工承包合同及设备材料采购合同，审查分包单位选择和分包单位资质及分包项目。

（3）控制工程进度，编制工程进度网络计划，审批施工单位提交的总进度计划、年、季、月计划，并督促实施。

(4) 协助发包人编制投资控制目标和分年度投资计划，审查施工单位的年、季、月用款计划，会同施工监理组，审核施工单位的月统计报表和支付申请。

(5) 严格按规定程序处理合同变更，严格审核新增项目的补充合同单价和总价，负责处理合同的违约和索赔事宜，根据合同规定，认真做好“材料价差”和“费用价差”的审核工作。

(6) 检查施工承包合同执行情况，参与编制监理周报、月报和年报，负责施工进度报告的编制工作。

2. 技术组

(1) 工程技术方面。参与工程的施工招标及合同签订工作，全面管理、勘测、计算、科研合同并监督检查其实施；审查设计文件；组织设计技术交底；审批提交的施工组织设计及施工方案；审查施工单位布设的测量控制网；审查施工单位的各工序、各种进场材料的质量，对部分材料及成品半成品进行制检复试。

(2) 施工监理方面。参与发包人的招投标工作；审批施工单位的施工工序和工艺试验成果；监控施工质量，审查施工单位质量控制体系和保证措施，负责对重要部位和重要工序实行旁站监理，对施工质量进行评价，并签发质量合格证书，审查竣工资料；检查承建单位人员、设备和材料的情况，督促和检查施工单位的施工进度计划完成情况，协调解决施工现场发生的各种问题。定期召开进度检查会议；检查和督促施工单位对质量事故的处理，对重大质量事故提出书面处理意见；负责工程摄影与录像，并对施工技术档案、资料和图片、录像等资料进行收集、整理和保管。

3. 办公室

负责文件的收发、打印、复印、归档工作，负责来往人员的接待工作，负责监理内部的财务管理，统一管理监理人员的考勤工作，负责工程信息的收集和传递工作。

8.1.1.7 监理一般工作程序

(1) 根据《监理合同书》，组建“水库建设监理部”。

(2) 督促发包人落实工程建设合同规定必须提供的施工条件，审查承包人的开工准备工作，按照《专用合同条款》规定的时限，签发工程开工通知。

(3) 编制工程建设监理规划。

(4) 以工程承包合同文件等为依据，按工程建设进度编制分专业或分项工程项目监理实施细则。

(5) 审查承包人施工准备工作，适时签发单位、分部工程开工许可证。

(6) 按照项目监理实施细则实施工程监理。

(7) 协助、参与工程完工验收及竣工验收，并签署监理意见。

(8) 监理业务完成后，向项目法人提交工程建设监理资料及监理工作报告。

8.1.1.8 监理工作制度

(1) 施工图技术交底制度。

(2) 施工图组织设计审核制度。

(3) 开工申请制度。

（4）隐蔽工程、单元（工序）工程质量验收签证制度。

（5）分部工程中间验收制度。

（6）设计变更审核制度。

（7）现场协调会及会议纪要签发制度。

（8）工程计量支付签证制度。

（9）材料进场检查制度。

（10）监理部内部管理制度。

（11）工作会议制度。

（12）对外行文审批制度。

（13）监理工作日志制度。

（14）监理月报制度。

（15）技术资料档案管理制度。

（16）监理工程师责任制度。

8.1.1.9　监理的主要方法与手段

监理的主要方法与手段见表8.3。

表8.3　　监理的主要方法与手段

序号	监理手段	监　理　方　法
1	旁站监理	监理人员在承建单位施工期间，用全部或大部分时间在施工现场对承建单位的施工活动进行跟踪监理。发现问题便可及时指令承建单位予以纠正。以减少质量缺陷的发生，保证工程的质量和进度
2	测量	监理工程师利用测量手段，在工程开工前核查工程的定位放线；在施工过程中控制工程的轴线和高程；在工程完工验收时测量各部位的几何尺寸、高度等
3	试验	监理工程师对项目或材料的质量评价，必须通过试验取得数据后进行。不允许采用经验、目测或感觉评价质量
4	严格执行监理程度	如未经监理工程师批准开工申请的项目不能开工，这就强化了承建单位做好开工前的各项准备工作；没有监理工程师的付款证书，承建单位就得不到工程付款
5	指令性文件	监理工程师充分利用指令性文件，对任何事项发出书面指示，并督促承建单位严格遵守与执行监理工程师的书面指示
6	工地会议	监理工程师与承建单位讨论施工中的各种问题，必要时，可邀请建设单位或有关人员参加。在会上监理工程师的决定具有书面函件与书面指示的作用。监理工程师可通过工地会议方式发出有关指示
7	专家会议	对于复杂的技术问题，监理工程师可召开专家会议，进行研究讨论。根据专家意见和合同条件，再由监理工程师作出结论。这样可减少监理工程师处理复杂技术问题的片面性
8	计算机辅助管理	监理工程师利用计算机，对计量支付、工程质量、工程进度及合同条件进行辅助管理，以提高工作效率
9	停止支付	监理工程师应充分利用合同赋予的在支付方面的权力，承建单位的任何工程行为达不到监理工程师的满意，都有权拒绝支付承建单位的工程款项。以约束承建单位按合同规定的条件完成各项任务
10	会见承建单位	当承建单位无视监理工程师的指示，违反合同条件进行工程活动时，由总（副）监理工程师邀见承建单位的主要负责人，指出承建单位在工程上存在问题的严重性和可能造成的后果，并提出挽救问题途径。如仍不听劝告，监理工程师可进一步采取制裁措施

8.1.1.10 监理工作阶段划分

1. 施工准备阶段

合同至施工准备阶段结束。

主要工作内容：进一步完善监理规划，组建监理机构，分批编制监理实施细则；协助发包人拟定施工招标的评标大纲，并全面投入土建工程的招标、评标和合同谈判工作。从报价、技术条件、资信等各方面择优选好施工单位；落实开工之初的施工图纸供应工作；督促检查发包人单位所提供的施工场所，施工道路及风水电等临建设施及资金落实情况；按规定审查施工单位报来的各种施工方案，搞好施工单位人员、设备、材料的进场报验工作；按合同要求发布开工令。

2. 施工阶段

主要对施工过程中的人员、设备、进场材料进行监控，对每道工序施工实施旁站监理，核定单元工程质量等级，全面控制工程的质量、投资、进度，使之控制在合同规定的范围内。

3. 扫尾阶段

该阶段监理工作的重点是：做好工程的验收、交接工作；进行监理工作总结；审定工程竣工资料。

8.1.1.11 工程投资控制

投资管理工作，受宏观环境影响大，制约因素多，要靠主管部门、项目法人单位、承建单位、设计单位、监理单位共同努力，要处理好投资、工期及质量三者的关系，是基建管理中最复杂、最基础的工作。

1. 投资控制流程图

内容从略。

2. 投资控制的依据

(1) 国家审定并批准的巢湖市尖山水库除险加固工程总概算。

(2) 工程承包合同及其补充文件（含合同变更文件）。

(3) 发包人有关工程造价方面的书面指令。

(4) 国家有关的法律、法规及定额标准。

3. 投资控制的主要内容

(1) 施工招标阶段：准备与发送招标文件，协助评审投标书，提出意见，协助建设单位和承建单位签订承包合同。

(2) 施工阶段：审查承建单位提出的施工组织设计、施工技术方案和施工进度计划，提出改进意见；督促检查承建单位严格执行工程承包合同，调解建设单位与承建单位之间的争议，检查工程进度和施工质量，验收分部分项工程，签署工程付款凭证，审查工程结算，提出竣工验收报告。

4. 投资控制的手段

(1) 组织措施：建立组织机构，明确投资控制者及其任务，使投资控制有专人负责。

(2) 技术措施：严格审查技术设计、施工图设计、施工组织设计，深入技术领域研究节约投资的可能。

（3）经济措施：动态地比较投资的计划值和实际值，严格审核各项费用支出，采取节约投资的有力奖励措施等。

（4）合同措施：加强合同管理，严格监督合同的履行，以技术和经济相结合的手段有效地控制项目的投资。

5. 投资控制的主要方法

（1）在监理部设立总监、专业负责人及监理工程师三组投资控制体系和管理责任制。采取主动控制和被动控制相结合，计划控制和过程控制相结合，分项控制、阶段控制与最终目标控制相结合的方法对工程投资进行动态控制，以使工程投资控制在总目标之内。

（2）依据审批后的工程总概算，协助发包人对投资按项目构成，按时段、按合同进行分解，以确保各项目、各时段及各分部的投资控制目标，编制月、季及年度资金使用计划。

（3）认真审查和批准承建单位提交的资金使用安排、材料需用量安排计划、劳动力安排计划，如无特殊需要，尽量避免超前支付。

（4）认真做好工程的计量与支付这一投资控制的关键环节，对承建单位逐月申报的已完工程量，施工单位项目、数量、施工质量验收情况，施工依据的文件进行认真审核和核实，然后予以确认，部分确认或不确认（工程数量以百分之百内业复核，十分之一外业复测），对合同外工程量发生的原因、施工依据、数量和质量状况，必须进行实事求是，严格公正的审查核实，然后予以确认。

（5）减少和控制索赔是投资控制的又一重要措施，为此对合同的实施进行经常性检查、督促分析、及时预测和发现可能引起的索赔事项，采取措施尽力避免索赔事件的发生，同时做好索赔的调查取证工作，公正处理索赔。

6. 工程结算管理

工程价款中间结算

（1）一般情况下每月结算一次，当月20日以前，承建单位向监理部呈报“月报表”和已完成的“工程质量合格证书”或“工程报验单”及“计量证书”，由监理部审查、扣除当月按规定应扣除有关投资后，即为结算价款，就按形象进度结算。

（2）竣工结算：竣工工程价款结算额为：工程合同价加上施工过程中设计修改引起的价款变化减去预付的结算工程款。

（3）竣工决算：监理部协助发包人编制竣工工程财务决算表，内容包括：竣工工程概况表、决算一览表，其他工程费用及核销其他支出明细表，移交给生产（管理）单位的财产总表。

8.1.1.12 工程进度控制

进度控制是指在确保工程质量目标，不突破投资目标的前提下，使本工程按计划工期按时完成，并交付使用而采取的一系列方法、措施和综合控制。

1. 进度控制流程图

内容从略。

2. 进度控制的依据

（1）经审查批准的施工总进度计划及审批意见。

（2）工程承包合同中有关施工进度的条款和工期目标。

（3）发包人的书面指示。

3. 进度控制的主要内容

（1）检查并掌握工程实际进度情况。

（2）把工程项目的实际进度情况与计划目标进度比较，分析计划提前或拖后的主要原因。

（3）决定应该采取的相应措施和补救方法。

（4）及时调整计划，使总目标得以实现。

4. 进度控制计划的表现形式

一个工程项目的进度计划和方案，必须通过一定形式表现出来，才能简单明了地表现工程项目进度的详细安排情况，同时也便于监理工程师形象化地根据实际进度与计划进度的差异进行控制和调整，进度控制计划的表现形式有多种，我们根据以往工程的建设及监理经验，对本工程的进度控制同时采取横道图和网络技术两种表现形式，理由是：横道图虽然较易编制，简单明了，直观易懂。同时由于有时间坐标，各工序的施工起止时间、持续时间、进度总工期、流水作业情况都表示得清楚明确，一目了然，对人力和资源的计算也便于据图叠加，但横道图不能全面地反映出各工序之间的相互关系和影响，不能客观地定出工作的特点，不能从图中看出计划中的潜力及其所在，不能电算和优化。而网络技术虽然能把整个过程中的各有关工作组成一个有机整体，能全面而明确地反映出各工序之间的相互制约和依赖的关系，可进行各种时间参数计算；能找出影响工程进度的关键工序，能对计划进行工期资源、成本等优化，但网络技术不能从图上清晰地看出流水作业的情况，也难以据一般网络图计算出人力及资源需要量的变化情况。因此，只有同时采取横道图和网络技术两种表现形式，才能全面的反映工程各方面的进展情况，切实抓好进度控制。

5. 进度控制的主要措施

根据本工程的枢纽组成和总体进度计划，为了确保控制目标的实现，必须明确进度控制的工作重点，并采取有效的进度控制措施。

（1）进一步优化进度计划，提出工程施工计划报发包人批准，并对进度实行动态控制，以当前控制与以后控制相结合的方式进行控制。

（2）根据工程总进度计划编制出各施工项目及分部、阶段的控制工期目标，作为监理的进度控制依据；另外根据项目工程的总进度计划编制年度、季度及必须时编制月进度计划，其内容包括准备工作进度、计划施工部位和项目，计划完成工程量及应达到的工程，实现进度计划的措施及相应的施工图供图计划、资金使用计划、材料设备采购计划等项内容并以此作为工程实施的阶段性进度控制依据。

（3）根据合同要求及时审批施工单位提交的项目总进度计划，年、季、月进度计划及审查施工方案、技术措施、施工组织设计，发现提交的计划、方案中不能满足进度控制目标时及要求改正，以排除各种可能影响施工的因素。

（4）在施工过程中，监理人员及时对施工单位实际投入施工的人员数量、素质、施工设备的数量规格、型号及其设备状况、材料供应状况、施工的组织状况等进行经常性的检

查、监督和记录，当不能满足进度计划要求时，及时发出指令要求限期采取措施予以解决。

（5）根据审查核实的工程进度统计资料，进行经常性的和定期的实际进度与计划目标的对比分析，检查进度偏差的程度和造成原因，分析预测进度偏差对后续施工项目影响程度并及时提出解决措施。

（6）在监理部内落实进度控制的责任制，总监、计划合同组以宏观控制为主进行时段控制和网络计划控制，施工监理进行部位控制，现场监理工程师以部位控制，工序控制和现场的具体控制为主。

1）时段控制，把各单元施工进度计划分为年、月、旬的进度计划，然后对计划的执行情况进行检查，发现偏差及时采取措施。

2）部位控制，根据工程总体进度计划编制各部位的分项施工进度，然后按监理人分工分别对分管部位的进度计划进行监督检查。

3）工序控制，根据工程总体计划编制招标进度计划与材料供应计划、土建工程施工计划、金属结构及机电设备安装计划、临时工程施工计划，以此来控制各单元工序计划的实施。

8.1.1.13　工程质量控制

工程质量是工程的命脉，百年大计，质量第一。保证优良的工程质量既是施工单位的责任，更是监理工作的核心。因此本工程监理部将根据监理委托合同，在监理工作的质量控制活动中实施全过程全方位的质量控制。重点是施工阶段的质量控制。施工准备工作的质量控制、原材料的质量控制以及施工过程工序的质量控制、竣工验收、移交等工程的全过程系统控制。全方位的质量控制是指对影响工程质量的所有因素进行的全面控制（包括施工人员、施工机械、使用的材料、施工工艺以及施工环境）。

8.1.1.13.1　质量控制工作流程图

内容从略。

8.1.1.13.2　质量控制的依据

（1）现行的国家及有关部门颁布的技术标准、规程规范、验评标准以及各级政府部门发布的有关质量的文件。

（2）签署的各种工程的承包合同文件（含附件及组成部分）。

（3）经监理工程师审查签发的工程设计文件（含技术要求、通知和设计图纸）。

（4）项目法人的有关工程质量的规定及书面指令。

（5）质量监督部门的文件及有关要求。

8.1.1.13.3　质量控制的主要任务

（1）按照基本建设程序办事，严格按照国家标准，规范进行施工和验收。

（2）按现行标准对项目进行划分，制定质量控制措施。

（3）组织设计单位进行设计和技术交流。

（4）审查施工单位的施工组织设计、方案、计划。

（5）检验建筑材料、施工机械、成品、半成品。

（6）各分项、单元工程施工工序的控制、检查、验收。

(7) 分析、研究质量状况、存在问题与防治对策。

(8) 按现行标准对已完工程进行检查、验收并评定质量等级。

8.1.1.13.4 质量管理体系框图

内容从略。

8.1.1.13.5 质量控制的主要措施

1. 质量控制基本原则

(1) 实行全面的质量管理，实施总监负责制，由总监理工程师负责落实质量控制工作。按工程项目和专业设置专业质量监理组，配置专业监理人员，逐级向上负责的质量体系。为解决工程上的疑难问题，设专家咨询组，协助解决工程上的质量问题。

(2) 积极推行 ISO9001 质量管理体系，督促施工单位建立并完善质量管理体系，在质量检查中严格实行"三检制"，并使其与监理的质量控制体系相衔接。

(3) 在项目法人的许可下，参与招标工作，协助项目法人选择好的施工单位。

(4) 在质量控制工作中坚持以主动控制、事前控制和事中控制为主，被动控制和事后控制为辅的原则。通过严格的技术文件、质量文件（质量报告、报表、记录等）审查和制定详细的监理实施细则，事前将质量控制好。在事中通过严格的现场监理（包括旁站、巡视）及试验检验、检查验收、签证，将施工中的工程质量控制好。

2. 事前质量控制

(1) 认真审查并签发施工所用的技术文件、设计文件、施工规范、标准和验收规程，审查并签发施工图纸。组织好设计交底和技术交底工作，认真审查批准施工单位的施工组织设计、临建工程设计、施工方案、施工措施、工艺流程和质量计划，以保证工程质量。

(2) 组织施工单位、设计单位和有关部门进行项目划分，并确定影响项目质量的关键工序、主要单元和分部工程及重要隐蔽工程，以便实施监理时分清主次。

(3) 审查和批准施工单位的测量报告，复查测量控制网及其测量成果。

(4) 审查和批准施工单位的检验实施规划，检查施工单位试验室的设置。

(5) 审查监督和批准施工单位按规定进行的各项材料试验、级配试验、工艺试验及成果。必要时进行抽样复测，对不符合合同及国家有关规范的材料及其半成品限期清理出场。

(6) 督促施工单位按批准的施工组织设计组织施工机械和设备。并检查设备的运行情况和设备完好情况。

(7) 审查和批准施工单位组织符合合同要求的人员进场，并办理进场人员批准手续。

(8) 严格审查施工单位的单位工程开工申请，仔细检查施工前的各项准备工作是否完备。坚持总监理工程师尚未签发开工指令不得施工的制度。

(9) 在每个分部工程开工前，审查和批准施工单位申报的分部工程开工申请。并在该分部工程施工前对该工程的全部施工内容和工艺进行认真的分析，确定关键点和核心内容。编制详尽的监理实施细则和检查验收办法，并指定相应的质量控制措施。

3. 事中质量控制

(1) 严格执行国家和行业部门的施工规范、规程、标准。督促施工单位严格按照实际图纸进行施工，按施工规范、规程施工。

（2）全力支持施工单位质检人员的工作，严格实行“三检制”，即施工单位的班组自检，专职质检员复检，终检工程师终检制度。做到施工单位未进行三检不验收，只有在终检完成后经监理工程师认可签证后方可下道工序施工。

（3）严格按规定进行隐蔽工程验收，坚持做到上道工序检查验收不合格不进行下道工序施工。对重要部位、关键工序、重要隐蔽工程实行旁站监理和24小时跟踪监理。对未按规定程序进行检查的和验收不合格的工序坚决要求施工单位进行返工。对未经验收而擅自覆盖的隐蔽工程，一定严肃处理，坚决要求施工单位返工或做特殊处理。

（4）按指定的监理实施细则和检查验收办法进行检验，检验独立于施工单位。对关键部位、重要隐蔽工程必须进行检验，一般工序采用巡视并经常进行抽样试验。

（5）督促施工单位质检人员、试验人员对材料、金属构件的焊接质量及时进行检查，并按规定及时制备混凝土、砂浆试块。要求施工单位随时提供检查、试验结果，并对其进行抽查。

（6）认真审查施工单位报送的配比单，配比单必须经监理批准后方可投入使用。

（7）经常性检查施工中使用的计量器具，保证计量的准确性。

（8）经常巡视工序施工情况，抽查施工原始记录和施工单位的自检记录、质量评定记录，对有怀疑者进行复查。

（9）对不符合设计和规范要求的施工行为，及时制止，直至发布返工通知、停工令。

（10）及时召开质量例会，对质量事故进行分析，总结经验，吸取教训。帮助施工单位提高质量管理工作水平。

（11）按规定组织和主持已完分项、分部工程的质量检查、验收评定和签证工作。协助项目法人组织和主持重要阶段验收、单位工程验收以及合同项目的竣工验收和质量评定。

4. 事后质量控制

（1）认真审查施工单位提交的质量检验报告及其他质量文件，对有疑点的部位进行复查和复验。审查施工单位提交的竣工报告及阶段验收报告，协助项目法人进行竣工验收和重要阶段验收。并负责落实对工程项目验收中提出的质量问题的处理督促在质量保证期内发现的质量问题的整改。

（2）组织设计单位、施工单位、项目法人单位、运行管理单位和监理单位整理工程竣工验收所需的资料。

（3）及时、准确、完整的整理需保存的工程质量签证、验收文件并移交给项目法人。

8.1.1.14　工程的组织协调

监理单位在工程监理工作中的一个重要职能是组织协调、沟通与工程建设有关各方的关系，使建设各方与其建设活动相一致，以充分调动建设各方的积极性，实现预定的各项目标。

1. 协调工作的内容

各项目施工单位间的协调、施工单位与发包人之间的协调、施工单位与设计单位之间的协调。

2. 各协调工作的工作程序

(1) 以实现总进度计划和合同工期为目标，做好各合同项目间的进度协调，注意各标的进度衔接，控制不必要的进度提前，并尽力避免关键路线上关键工作的施工干扰，以工程施工总平面布置图为依据，控制协调好各合同项目的施工布置，控制好各施工单位对施工场地、道路的使用。以承包合同为依据，在保证关键项目施工的同时，协调好水、电的供应与分配。

(2) 做好合同项目间的质量协调，即统一施工标准、统一质量评定标准，严格各工序间的检查验收。

(3) 在施工单位与发包人单位之间关系协调中，以工程承包合同为依据，督促合同双方严格履行合同的权利和义务，公正处理变更与索赔调解双方的合同纠纷。

(4) 在施工单位与设计单位之间的关系协调中，以设计合同为依据，督促设计单位按供图协议要求及时供图，并协调图纸与施工要求之间的矛盾；组织好设计交底，协调设计单位对施工中出现的设计问题的及时处理，组织好设计变更的调查。

在协调工作中，由总监出面组织和协调矛盾双方的直接协商，组织和主持定期与不定期的工地各类协调会议，通过协商，使有关各方达成一致意见，如一时难以达成协议，则必须从工程的总体利益和总体目标考虑，由发包人与监理共同裁定相关方执行。

8.1.1.15 信息管理

为了使项目法人和其他各参建单位有正确的信息作为决策的依据，监理必须做好信息管理工作。信息管理包括及时收集、处理、贮存、传递和使用工程建设中的一切信息。信息来源是与本工程建设有关的各方，包括项目法人单位、设计单位、施工单位、监理单位及工地各种会议的信息，以及外部与本工程有关的各种信息。信息的载体可以是纸张、图纸图表、电子软件、录音、录像等各种媒体。

1. 需要管理的主要信息内容

(1) 合同类信息：项目法人单位与监理单位签订的委托监理合同。项目法人单位与设计单位签订的委托设计合同及供图协议。项目法人单位与施工单位签订的施工承包合同以及设备制造、材料供应合同、协议。

(2) 有关工程建设管理的各类“规定”“办法”“要求”“设计文件”“指示”“通知”“简报”“批复”“批示”“复函”等。

(3) 设计单位信息：设计文件、图纸、设计通知、技术说明、技术规范、修改通知等。

(4) 施工单位信息：各类施工组织设计、技术措施、工艺实验报告、质量检测试验成果、质量检查验收资料、质量评定资料、测量成果报告、报表、简报、支付及索赔申请、竣工报告、图片、录音、录像资料等。

(5) 监理单位信息：为开展监理工作签发的“规定”“办法”“细则”，对施工单位发出的各项指令、通知、函、批复、签证，对项目法人单位发出的各类报告、报表、周报、月报、季报、年报，对设计单位发出的有关文件和函。

(6) 各种会议及其他记录：各类会议通知、记录、纪要及其他单位发来的文函。

2. 信息管理的基本要求

(1) 信息的传递要及时、准确，不得遗漏需传达的单位。

(2) 有上报、下送或横向传递的文件，均应有书面形式，以便存档和传阅。

(3) 所有传递的信息均应有统一格式记录，表明信息的流向和接受者。

(4) 所有信息都必须按规定的流程迅速依次传递，不得越级和中途停顿。

(5) 凡要求保密的工程信息，必须按保密措施进行存储、借阅、回收及销毁。

8.1.1.16 合同管理

监理受项目法人委托，是施工阶段的直接管理者。加强施工合同的制定和管理，是监理工作的重要一环。在合同订立时要做到措辞确切、肯定、简练。要充分反映项目法人和承包单位的意见和要求，使其可操作性强，以避免和减少合同执行过程中产生的误解和纠纷。

合同管理要标准化、程序化。要维护合同的严肃性、权威性，使监理工作有章可循。

1. 合同管理的范围

协助项目法人进行工程施工招标工作，并参与招标文件、合同文件的审查和合同谈判，全面管理施工承包合同。确定合同项目报项目法人确认后进行管理。协助项目法人协调处理合同变更事宜和对合同工期及费用索赔进行调查取证，并提出处理意见，报项目法人批准后组织实施。整理和管理好工程合同文件和工程资料、档案。协助项目法人与设计单位签订勘测设计科学试验合同及施工图供应协议并参与管理上述合同文件和协议；参与项目法人的金属结构、材料、施工设备的各项采购招标，评标工作，并参与上述采购合同的管理，进度的控制及设备的验收交接工作；参与施工承包合同的订立和合同管理工作。

2. 合同管理的主要措施

(1) 明确责任，有总监及合同管理专业负责人负责合同管理，并建立合同目录。

(2) 合同管理人员从招标、评标、合同谈判工作开始，全过程参与合同管理，熟悉合同的内容和合同各方的责任和义务。根据合同内容按期按要求督促相关责任人完成合同责任和义务。

(3) 本着公平、公正、公开的原则，严格监督合同双方履行合同责任，提高合同意识。

3. 设计合同的管理

(1) 了解项目法人与设计单位签订的合同、协议要求，检查设计文件、图纸是否符合要求。

(2) 督促设计单位及时提供合格的设计文件和图纸。

(3) 向施工单位签发确认的设计文件和图纸。发现设计上的问题及时与设计单位联系，重要问题和重大变更要及时向项目法人报告，并协助项目法人组织专家进行论证解决。

(4) 对施工单位上报的施工组织设计、技术措施以及对设计上的意见、建议要尽快审查、批复。

(5) 施工期间，要保证所有设计文件和图纸及相关文件的完整性，以备查阅。

4. 采购合同管理

(1) 参与项目法人有关机电设备、金属结构、施工设备及材料的采购招标评标工作，积极协助项目法人并参与项目法人与施工单位的合同谈判。

(2) 做好采购合同的管理及采购计划的合理实施，使工程所需设备、材料按质按量得到及时供应。

(3) 协助项目法人做好所有采购材料、设备的验收、交接工作。

5. 施工合同管理

(1) 进度控制：按合同要求，合理安排各项工作，随时调整，协调各项工程的进度，保证整个工程按计划顺利进行，确保工程按期或提前竣工，使投资尽早发挥效益。

(2) 质量控制：根据合同的质量目标，严格把关，按监理实施细则检查、验收，做到事前严控制，事中严检查验收，事后严验收总结，确保合同目标实现。

(3) 投资控制：按合同规定，达到合同要求的工程项目及时支付，合理使用资金，有效地对投资进行控制。在投资控制中按批准的施工总进度和工程概算，协助项目法人编制投资控制性目标。

8.1.1.17 安全监督管理

1. 本工程安全管理特点

本工程是加固的水库工程，土方开挖边坡稳定性、用电安全管理等是确保工程顺利进行的重要保证，为此必须坚持安全第一和预防为主的原则，通过对施工生产中各种不利安全因素的分析和预控制，尽量避免和减少安全事故的发生，确保施工期间重大人身伤亡事故控制在国家规定的范围之内。

2. 安全管理体系

监理部内部建立总监、有关专业负责人和安全监理工程师的三组安全管理系统。

3. 安全管理要点

(1) 监督施工单位建立健全安全管理工作体系和安全管理制度，督促检查施工单位认真执行国家及有关部门颁发的安全生产法规和规定，审批安全技术措施并监督其落实。

(2) 在施工过程中对施工生产及其安全设施进行经常性的检查监督，尤其是上部结构施工时，必须对安全防护措施及施工用电线路及时进行现场视察分析，当发现有危及施工安全的因素存在时，应及时组织施工单位采取防护措施，直到消除施工中的安全隐患，另外定期组织安全大检查和安全生产评比表彰，做好合同项目间及与外部环境间的安全生产协调工作。

(3) 参与安全事故的调查分析、处理工作，对发生较大的安全质量事故，坚持“三不放过”的原则进行处理。每年汛期，协助有关方面做好防汛度汛工作，并定期向发包人汇报，定期编报统计报表。

8.1.2 某基础工程灌注桩监理实施细则实例

1. 准备工作阶段

(1) 熟悉桩基平面图、桩大样、承台大样图及工程地质钻探报告等技术资料。参加图纸会审，对图纸中的质量或使用功能等问题提出质疑并要求有关部门作出修改。

(2) 桩基础如需分包，施工单位应在签订分包合同前7d将分包单位资质、施工业绩情况报监理机构审查。

(3) 审查桩基施工组织设计，注意桩基施工方法。

(4) 提前20d准备好桩施工所需砂、石、水泥、钢筋等材料，检查材料出厂合格证及试验报告，必要时复查试验。

(5) 审查混凝土配合比。

(6) 检查桩孔定位放线。

(7) 检查打桩机是否经检定合格，否则不得施工。

2. 施工阶段

(1) 检查钢筋笼制作。按设计要求的型号、直径、间距、长度等制作，钢筋笼尺寸偏差应在规范允许范围内，其钢筋的焊接形式、焊条型号及质量应符合设计要求和施工规范。

(2) 检查桩管直径与长度、锤重等，根据设计桩长，确定控制位置，事先核定并在施工中检查钢筋笼的放置位置。

(3) 正式施工前督促各有关单位到现场进行试打，并根据试打情况和结果指导施工。

(4) 桩基施工应按设计要求进行控制（包括桩长、落锤高度、每米锤数、贯入度等），在施工过程中要注意拔管速度与反插（在淤泥层中不得反插），避免出现断桩或缩颈现象，如在施工中遇见异常情况，如桩长或贯入度达不到设计要求，应暂停施工，要求施工单位及时通知设计单位，处理后才能继续施工。

(5) 监督检查施工单位作好桩基施工记录（包括桩垂直度、落锤高度、每米锤数、贯入度、偏位等记录）。

(6) 对桩基施工进行总结及评价，对需要处理的问题应及时监督检查通知有关单位作出处理。

(7) 浇筑混凝土。检查称量系统是否完善，严格按配合比进行施工；控制混凝土坍落度，要求成孔后立即浇注，不得停留；未达到设计深度不得灌注混凝土；混凝土应连续浇注。灌注中，须按规定制作混凝土试块，并记录每根桩的混凝土总灌入量。

3. 质量评定

监督检查单桩静荷载试验，根据有关质量验评标准评定质量等。

8.1.3 某水利工程监理工作报告实例

8.1.3.1 工程概况

××湖第二泄洪闸工程项目位于××湖农场大、小兴凯湖之间的湖岗双山头，距××湖农场场部6.5km，是穆棱河下游地区防洪治涝的骨干工程。

1993年11月8日，水利部松辽委以《关于穆棱河下游地区近期防洪治涝骨干工程初步设计的批复》（松辽建管〔1993〕37号）文件，批复了兴凯湖第二泄洪闸工程项目初步设计概算总投资1498.03万元，总工程量39.95万m^3。

1998年10月6日，水利部松辽委以《松辽委关于××湖灌区（一期）工程初步设计的批复》（松辽建管〔1998〕248号）文件，将第二泄洪闸闸址由白鱼滩移至双山头，结合防洪闸修建提水泵站，防洪标准不变，设计提水流量 60 m^3/s。

1999 年 8 月 20 日，水利部松辽委以《关于××湖第二泄洪闸设计变更的批复》（松辽规计〔1999〕319 号）文件，批复概算总投资 9007.61 万元，核定总工程量 90.33 万 m^3，其中：土方 81.40 万 m^3，石方 6.63 万 m^3，混凝土 2.30 万 m^3。

2000 年 12 月 29 日，水利部松辽委以《关于××湖第二泄洪闸抽变电工程和水土保持建设补充初步设计的批复》（松辽规计〔2000〕468 号）文件，批复补充设计增加投资 1217.09 万元。

××湖第二泄洪闸工程项目概算总投资 10224.70 万元，工程量 90.33 万 m^3，为大（Ⅱ）型工程，是一座闸站合一，防洪、灌溉、生态功能为一体的枢纽型建筑物工程。主要作用：一是防洪。汛期把穆兴分洪道汇入小兴凯湖的洪水泄向大兴凯湖，确保该地区的防洪安全。二是灌溉。抽大湖水入小湖，每年为××湖灌区 115 万亩水田提供 4.7 亿 m^3 水资源。三是生态保护。二闸泵站的补水作用稳定了小湖和东北泡子的水位，增加了湿地面积，改善了渔业和水生植物的生长条件，改善了生态环境。

××湖第二泄洪闸工程项目分为泄洪闸、泵站、66kV 变电所、输电线路、管理站房、水土保持建设 6 个单位工程。除管理站房和水土保持建设两个单位工程未完外，其他四个单位工程全部完成。四个单位工程共划分为 64 个分部工程，969 个单元工程。主要技术指标：泄洪闸共 8 孔，每孔净宽 10.35m，设计按 30 年一遇防洪标准，200 年一遇校核。设计泄洪流量 650 m^3/s，校核泄洪流量 900 m^3/s，为液压翻板闸门。泵站设计提水流量为 60m^3/s，分高、低扬程两个泵站，各安装 10 台 1000QZ 型潜水电泵。66/10kV 变电所安装主变压器两台，总容量 10300kVA，输电线路架设 66kV 线路 18.2km，10kV 线路 6.44km。共完成土方 93.59 万 m^3，石方 5.83 万 m^3，混凝土 2.38 万 m^3。

8.1.3.2 监理规划

××建设监理咨询中心与建设单位××水利工程建设管理处签订了监理合同，成立了××湖第二泄洪闸工程监理部，委派监理人员 16 人。其中：总监理工程师 1 人，监理工程师 5 人，监理员 7 人。该监理部对××湖第二泄洪闸工程实施施工监理业务。监理部实行总监理工程师负责制，即在总监理工程师领导下，各项目监理工程师负责各单位工程的监理工作，本着“三制控，二管理、一协调”原则，对工程建设情况进行有效控制。

8.1.3.3 监理过程

8.1.3.3.1 明确组织机构，建立健全规章制度

为了保证工程顺利进行，使监理工作有章可循，首先，根据上级有关文件、规范及工程建设实际情况，制定了《工程监理规划》。在监理规划中，明确了监理部组织机构，人员分工及职责。明确了奋斗目标：在质量上保省优、争部优，工期上按合同工期按时完工。同时还本着客观、公正、科学维护国家利益和建设各方合法权益的原则。对施工单位提出具体要求，通过组织施工单位讨论，由各施工单位项目经理签字认可，下发给各施工单位。作为监理工程师展开监理工作的依据。同时，为了规范监理工作制定了《工程监理制度》《监理工程师职责》《监理工作制度》等规章制度，使各监理工程师责、权明确，有章可循。由于各施工地点比较分散，为了及时掌握各单位工程施工情况，监理部制定了每周例会制即每周召开一次监理会议，各项目监理工程师把一周施工进展情况、存在的问题

向监理部作详细汇报，监理部对施工中出现的问题进行认真讨论，并对一周情况进行总结，对下一步工作作出具体安排，避免出现失误。

8.1.3.3.2 认真履行监理职责

监理过程中，本着“三控制，二管理，一协调”的原则，对工程进行了有效的控制。

1. 工程质量控制

(1) 加强组织管理。监理部实行总监理工程师负责制，各项目监理工程师向总监理工程师负责，在监理工程师全面控制、层层把关的同时，督促检查施工单位建立质量保证体系。对施工过程中的每一道工序，必须严格实行“三检制”。检查“三检制”执行情况是监理工程师职责的一个基本内容，没有进行“三检”的工序、单元工程监理工程师不予验收签字，并不允许进入下一工序或单元施工。对不按设计规范施工的，按违规作业处理，发送监理通知，限期整改，严重的采取停工整顿处理。监理人员在质量问题上铁面无私，严把施工质量关。

(2) 严把开工及原料进场关。每个单位工程开工前，监理部对各承包人进场机械设备及人员情况认真查验，对不符合施工要求的提出整改意见，直到各项施工条件达到合同要求为止。监理工程师对进场材料严格控制。所有进场主要材料必须经过二次检测，凡达不到标准的材料，不允许进场，已进场的必须清除出场。消除了因原材料质量问题而影响工程质量的隐患。

(3) 勤于现场检测，坚持工地巡视和旁站结合。为了保证施工质量，提高工作效率，监理部会同设计单位、质量监督单位、建设单位、驻地检测人员进行联合验收。同时，对施工现场实行巡回检查，及时发现和处理施工过程中的质量问题，将质量事故消灭在萌芽状态。做到小事就地解决，一般问题当天解决，重大问题七天内解决，避免因问题拖延而影响施工质量和进度。

2. 工程进度控制

(1) 为了确保计划工期，各单位工程开工前，监理部详细审查了施工单位的施工组织设计，根据各工程实际情况，提出修改意见。施工组织设计确定后，严格按施工组织设计施工，预防延误工期，并及时掌握施工单位近期施工安排、人员及施工设备运行情况。与施工单位共同分析工期拖延原因。督促采取有效措施，调整施工计划，保证施工进度。

(2) 积极为施工单位出主意，想办法，提高工作效率，缩短工期。同时。对于施工中出现的问题，不拖不靠，力争在最短的时间内解决。取得了明显效果，使工程能够顺利进行。

(3) 监理部同设计代表密切配合，合理优化设计。邀请设计代表参加每周的监理例会，把施工过程中发现的设计问题及时反馈给设计代表，共同确定和调整设计方案，从而有效加快了施工进度，保证了施工质量，使工程设计更加合理。

3. 工程投资控制

根据合同款项，本着客观、真实反映施工实际进度的原则，要求施工单位根据现场评定纪录，每月月底填报月支付工程量资金结算审核表，经项目监理工程师审核，总监理工程师审定后，呈报建设单位，作为工程进度拨款的依据。对于质量不合格的工程，监理工程师不予签证认可，直至整改合格后方可签证拨款。

4. 合同管理

在合同管理过程中，监理部参与了工程招投标及施工合同的制定，向中标单位发布开工令。在监理权限范围内对施工单位进行了全部施工过程的监督和管理，包括监督施工单位严格执行承包合同，对违反合同的行为进行处理。对施工单位制定了监理规程。要求施工单位按规范标准及设计图纸、文件要求施工。同时，根据工程需要发布工程变更指令。主持了各工程单元及分部工程验收工作，审查施工单位提供的全部技术、内业资料并归档。

5. 信息管理

监理部信息管理工作主要是整理合同文件、各种报表、施工现场原始记录。将建设单位及上级部门的指示、文件精神及时贯彻到工作中。对于设计变更及时掌握并通知施工单位，使其做出相应调整。对于施工中发现的问题及时处理，并反馈给有关单位。对各种信息分门别类，整理归档，妥善保管。健全监理日志、监理大事记及监理会议记录，在加强文字、图表等纪录采集整理的同时，充分利用声像手段及计算机处理技术，加强对信息上作的管理。

6. 组织协调

在组织协调工作中。坚持原则性、科学性、公正性的统一，实事求是，平等协商，严谨慎重，充分调动有关各方的积极性，认真细致地处理好各种矛盾。

7. 内业记录、存档

对于验收检测，要求监理工程师掌握第一手测量数据，做到测量手簿与检测报告存档按有关规定对内业资料及时填写、认证，并建立技术档案，对于施工中出现的变更、返工、开工、验收等重要环节均要求以书面形式申报、审批，并存档。

8.1.3.4 监理效果

××湖第二泄洪闸工程项目的泄洪闸、泵站、输电线路和变电所四个单位工程，共分为 64 个分部工程，969 个单元工程。单元工程 969 个全部合格，其中优良 849 个，优良率 87.6%。分部工程 64 个全部合格，其中优良 56 个，优良率 87.5%。

1. 泄洪闸单位工程

该单位工程划分为 17 个分部工程，其中 13 个分部工程达优良等级，优良率为 76%，经×××水利工程质量监督站评定，单位工程质量等级为优良。

本工程进场原材料均经过出厂检验，施工单位复检，材料质量均合格。其中施工单位自检：水泥出厂合格证 39 份，钢材材质证明 24 份，水泥外加剂合格证 10 份，止水带出厂合格证 4 份，土工布出厂合格证 3 份，水泥复检 31 次，钢材复检 51 次。检测单位抽检钢材抽检 10 次，水泥抽检 3 次。

工程施工中的中间产品均通过检测，检测结果达到规范要求。其中施工单位自检：砂石骨料试验 72 次，混凝土拌和自检 152 次。制作混凝土试件 180 组，闸门探伤试验 1 次，回填土检测 325 次。检测单位抽检：拌和用水水质抽检 1 次，砂石骨料试验 41 次，混凝土拌和试验 50 次，混凝土试件试验 112 组，回填土抽检 170 次，闸室基础承载力检测 1 次。

2. 泵站单位工程

该单位工程划分17个分部工程，17个分部工程均达优良等级，优良率为100%。经×××水利工程质量监督站评定，单位工程质量等级为优良。

本工程进场原材料均经过出厂检验，施工单位复检，材料质量均合格。其中施工单位自检：水泥出厂合格证22份，钢材材质证明19份，水泥外加剂合格证1份，止水带出厂合格证1份，土工布出厂合格证1份，检修起重设备合格证1份；水泥复检41次，钢材复检26次，红砖检测4次。检测单位抽检：钢材抽检9次，水泥抽检2次。

工程施工中的中间产品均通过检测，检测结果达到规范要求。其中施工单位自检：砂石骨料试验27次，混凝土拌和检测150次，制作混凝土试件54组，回填土检测390次，闸站自动化设备检测270次。检测单位抽检：拌和用水水质抽检1次，砂石骨料试验24次，混凝土拌和试验25次，混凝土试件检测39组，回填土抽检50次，砂浆抗压强度抽检4次。

3. 输电线路单位工程

该单位工程划分4个分部工程，4个分部工程均优良，优良率为100%，经×××水利工程质量监督站评定，单位工程质量等级为优良。

4. 变电所单位工程

该单位工程划分26个分部工程，其中22个分部工程达优良等级，优良率为85%。经×××水利工程质量监督站评定，单位工程质量等级为优良。

8.1.3.5 监理体会

1. 实行工程监理制，为创优质工程提供制度保证

受建设单位委托，×××水利工程建设监理咨询中心应向第二泄供闸工程派出了由总监理工程师、监理工程师、监理员组成的兴凯湖第二泄洪闸监理部。监理工程师根据合同及监理职责权限开展工作，施工现场的主要管理人员监理们应把主要精力放在质量控制和工期控制上。监理人员在抓质量控制上，要排除来自任何方面的干扰与干预，监理人员发出的各个停、返工令施工单位应坚决执行，这样才能使整个工地形成了“质量第一”的氛围。

2. 增强两个意识，保质保量建好二闸

“百年大计、质量第一”这既是全体监理人员的共识，也是工作准则。在施工中，监理人员要严把质量关，施工准备不充分、质量保证措施不到位，坚决不允许开工。不放过任何不符合设计规范的施工行为。一经发现有不按设计、规范施工的，即责令施工单位及时纠正，从而将质量第一的意识落实到每个参建者，使工程质量不断提高。

在增强质量意识的同时，监理人员还应增强服务意识。在认真严把质量关的同时。监理人员还积极为施工单位解决施工中存在的问题和提出合理的施工组织建议，出主意、想办法。

3. 加强业务学习，提高监理水平

为提高监理人员的业务水平，使之与建设大型水利工程相适应。监理部组织全体人员要认真学习《混凝土施工规范》《水闸施工规范》《水利工程质量评分办法》等，并召开现场学习会，使监理人员理论水平、实际监理水平在短时间内上了一个新台阶，这样才能保证在日常的监理业务中能够“叫得硬、管得住”。

监理部在注重提高监理人员业务水平的同时，还制定了监理人员“八不准”规定，要求不允许同施工单位发生任何利益往来，并经常组织监理人员对照“八不准”，检查自己的行为。

4. 监理工作应坚持“五字经”：学、熟、勤、严、正

（1）“学”。要学习监理知识，学习有关质量监督的规定，工程质量评定规程，各施工工序的规范、规定等，以提高自己的监理业务素质，胜任监理工作。

（2）“熟”。每一个监理人员必须要熟悉监理业务，一要熟悉图纸，要知道构造物和各部详细尺寸，钢筋的规格型号、型式、根数等要记清，做到检查时心里有数。二要熟悉施工规范，要知道和记住各工序的允许误差标准，以便检查时发现错误，随时纠正。三要熟悉施工工艺，要知道和掌握绑筋、支模、混凝土振捣的技术要领，及时传授给工人。四要熟悉标段情况，以便掌握施工组织情况，进度情况和解决施工中存在的问题。

（3）“勤”。监理人员在工作中要做到“五勤”：即脑勤：多动脑筋，多想问题，多想办法；手勤：要多动手去量，多做记录；脚勤：在巡视和旁站中每个地方都要走到，不能待在一个地方不动；眼勤：在监理过程中要多看，要细看、看全、看准、看出问题来；嘴勤：要不断地督促施工单位，不厌其烦地为他们讲解施工规范，操作规程，安全施工、注意事项和树立质量意识。对于问题既要及时发现，也要及时指出。

（4）“严”。对施工单位一定要严。“严是爱，松是害。”工程建设要贯彻“百年大计，质量第一”和“终身负责制”的思想，不严是不行的。监理工程师在施工过程中对每一个工序都要认真检查，严格执行工序检验制度。从基础开挖到钢筋制作安装，模板制作安装，直至混凝土配料拌和和振捣，其每一环节都严格把关，及时地发现问题，把每一个误差都减少到最小、控制在规范以内。对问题的处理也决不姑息，该返工的返工，该停工整顿的停工整顿，谁讲情也不行，使施工单位意识到在监理这里、决没有“凑合、马虎、对付”的字眼，无论是监理在也好，不在也好，都要认认真真地操作。

（5）“正”。监理工作是一项服务性工作，以建设单位和施工单位双方利益为交叉点，要求监理作为第三方公正地调解，履行合同规定各自的责任和义务。所以监理一定要有公正的立场，既要维护发包人的合法权益，又要兼顾施工单位的合法利益。

8.1.4 某水利工程监理工作报告实例

水利工程监理工作报告实例见表 8.4。

表 8.4　　水利工程监理工作报告

填写人：×××　　　　日期：××××年××月××日

天气	白天	气温：最高气温 27.1℃， 风力：西风 7.7m/s	夜晚	最低气温 16.7℃
施工部位、施工内容、施工形象	宜分标段填写，力求完整、简介、扼要，如： 1 标段：标段大坝充填灌浆 0+025～0+045，大坝充填灌浆已完成 67%。 2 标段：上游坝坡干砌石施工、下游坝坡浆砌石排水沟施工、坝顶放浪墙浆砌石施工，上游坝坡干砌石完成 71%；下游坝坡浆砌石排水沟完成 65%；坝顶防浪墙浆砌石完成 64%。 3 标段：溢洪道左边墙（单元编号）浇筑混凝土，溢洪道边坡浇筑混凝土完成 50%			

续表

天气	白天	气温：最高气温 27.1℃， 风力：西风 7.7m/s	夜晚	最低气温 16.7℃
施工质量检验、安全作业情况	宜分标段填写，力求完整、简介、扼要，如： 1标段：大坝充填灌浆，进行×－×－××单元验收、质量评定；钻机没有拉缆绳，要求拉缆绳。 2标段：坝顶防浪墙浆砌石×－×－××单元验收，质量评定，施工作业安全。 3标段：溢洪道左边墙（单元编号）浇筑混凝土，仓面验收，搅拌机站电闸裸露，要求增加防护措施			
施工作业中存在的问题及处理情况	宜分标段填写，力求完整、简介、扼要，如： 2标段：上游坝坡干砌石有浮砌和叠砌情况，要求返工处理，下游坝坡浆砌石排水沟、防浪墙浆砌石局部砂浆不饱满，要求返工处理，下发监理整改通知。 3标段：溢洪道左边坡浇筑混凝土，模板缝未按要求封闭，有跑浆现象，另模板有两处变形，要求封闭、矫正加固			
承包人的管理人员及主要技术人员到位情况	宜分标段填写，人员最后指明姓名，如： 1标段：技术负责人、施工员、质检员、安全员在工地，项目经理有事请假回××。 2标段：技术负责人、施工员、质检员、安全员在工地			
施工机械投入运行和设备完好情况	宜分标段填写，机械宜注明型号、台数及运行情况，如： 1标段：DJ－250 钻机1台、泥浆机1台，运行正常，设备完好。 2标段：砂浆搅拌机2台、装载机2台，运行正常，设备完好。 3标段：250型混凝土搅拌机1台、三轮车3辆、振捣棒2台运行正常，设备完好			
会议情况				
监理机构签发的意见、通知				
其他				

注 本表由监理机构指定专人填写，按月装订成册。

学习单元8.2 水利工程监理分析

8.2.1 混凝土工程监理分析

某水库除险加固工程上游面铺设混凝土预制块，合同采用《水利水电土建工程施工合同条件》。合同技术条款中要求的铺设最大缝宽不大于1cm，而合同中引用的某行业规范中规定的铺设最大缝宽不大于1.5cm。

施工中，为了保证混凝土预制块质量，承包人在施工过程中购置更换了新模具、振捣设备，并增加使用了脱模剂，比原投标方案增加了成本。

问题：

(1) 在合同实施过程中，承包人与发包人就铺设混凝土预制块最大缝宽标准发生争议，合同中规定了合同规定标准与合同中引用技术标准的解释原则，应遵照__________。一般来说，合同中规定：合同规定标准优先，采用铺设最大缝宽不大于________标准。

(2) 承包人就混凝土预制工作提出了费用补偿，监理人不应予以批准。

因为____。

8.2.2 合同控制分析

某水利工程，在施工图纸没有完成前，业主将工程发包给一家总承包单位，因设计工作还未完成，所以承包范围内待施工的工程虽性质明确，但是还难以确定工程量。为了减少双方的风险，双方通过协商，决定采用总价合同形式签订施工合同。合同中的部分条款如下：

问题：

(1) 乙方不能将工程转包，但允许分包，也允许分包单位将分包的工程再次分包给其他施工单位。

该合同条款是否合适____，

为什么____。

(2) 甲方向乙方提供施工场地的水文与工程地质、地下主要管网路线以及施工设计图纸等资料，供乙方参考使用。

该合同条款是否合适____，

为什么____。

(3) 乙方向监理工程师提供施工组织设计，经监理工程师批准后组织施工。

该合同条款是否合适____，

为什么____。

(4) 乙方按监理工程师批准的施工组织设计组织施工，乙方不承担因此引起的工期延误和费用增加的责任。

该合同条款是否合适____，

为什么____。

(5) 无论监理工程师是否参加隐蔽工程的验收，当其提出对已经隐蔽的工程重新检验的要求时，乙方应按要求进行开挖，并在检验合格后重新进行覆盖或者修复。检验如果合格，甲方承担由此发生的经济支出，赔偿乙方的损失并相应顺延工期。检验如果不合格，乙方则应承担由此发生的费用，但应顺延工期。

该合同条款是否合适____，

为什么____。

8.2.3 进度款控制分析

某工程项目由于业主违约，合同被迫终止。终止前的财务状况如下：有效合同价为1000万元，利润目标为有效合同价的5%。违约时已完成合同工程造价800万元。每月扣保留金为合同工程造价的10%，保留金限额为有效合同价的5%。动员预付款为有效合同价的5%（未开始回扣）。承包商为工程合理定购材料50万元（库存量）。承包商已完成暂定项目50万元。指定分包项目100万元，计日工10万元，其中指定分包管理费率为10%。承包商设备撤回其国内基地的费用为10万元（未单独列入工程量表），承包商雇佣的所有人员的遣返费为10万元（未单独列入工程量表）。已完成的各类工程及计日工均已

按合同规定支付。假定该项工程实际工程量与工程量表中一致，且工程无调价。

问题：

(1) 承包商共得暂定金付款为（ ）万元。

A. 50　　B. 60　　C. 160　　D. 170

(2) 业主已实际支付各类工程付款为（ ）万元。其中保留金取到限额为止，为1000 ×5%=50（万元），而不是800×10%=80（万元）

A. 920　　B. 940　　C. 970　　D. 1020

(3) 合同终止后承包商可以得到的利润补偿为（ ）万元。

A. 0　　B. 5　　C. 10　　D. 18.5

(4) 合同终止后承包商已购买的材料正确的处理办法是（ ）。

A. 不能得到业主补偿　　B. 得到业主补偿50万，材料归业主

C. 材料归业主　　D. 得到业主补偿50万，材料归承包商

(5) 合同终止后承包商可以得到的施工设备遣返费为（ ）万元。

A. 0　　B. 2　　C. 5　　D. 10

(6) 合同终止后承包商可以得到的施工人员遣返费为（ ）万元。

A. 0　　B. 2　　C. 5　　D. 10

(7) 合同终止后承包商可以得到的各类补偿额为（ ）万元。

A. 54　　B. 70　　C. 90　　D. 114

(8) 整个工程业主共应支付（ ）工程款给承包商。

A. 984　　B. 1000　　C. 1034　　D. 1084

8.2.4 施工进度控制分析

某项目施工合同价为560万元，合同工期为6个月，施工合同中规定：

(1) 开工前业主向施工单位支付合同价20%的预付款。

(2) 业主自第一个月起，从施工单位的应得工程款中按10%比例扣留保留金，保留金限额暂定为合同价的5%，保留金到第三个月底全部扣完。

(3) 预付款在最后两个月扣除，每月扣50%。

(4) 工程进度款按月结算，不考虑调价。

(5) 业主供料价款在发生当月的工程款中扣回。

(6) 经业主签认的施工进度计划和实际完成产值见表8.5。

表8.5　　施工进度计划与实际完成产值表

时间/月	1	2	3	4	5	6
计划完成产值/万元	70	90	110	110	100	80
实际完成产值/万元	70	80	120			
业主供料价款/万元	8	12	15			

该工程施工进入第四个月时，由于业主资金出现困难，合同被迫终止。为此，施工单位提出费用补偿要求：施工现场存有为本工程购买的特殊工程材料，计10万元。

问题：

（1）该工程的预付款是多少万元？应扣留的保留金为多少万元？

（2）第一个月到第三个月，造价工程师各月签证的工程款是多少？应签发的付款凭证金额是多少？

（3）合同终止时，业主已支付施工单位各类工程款多少万元？

（4）合同终止后，施工单位提出的补偿要求是否合理？业主应补偿多少万元？

（5）合同终止后，业主应向施工单位支付多少万元的工程款？

参 考 答 案

8.2.1 答：（1）若合同中规定了合同规定标准与合同中引用技术标准的解释原则，应遵照其规定。一般来说，合同中规定：合同规定标准优先，采用铺设最大缝宽不大于1cm标准。若合同中没有规定合同规定标准与合同中引用技术标准的解释原则，则按照明显证据优先原则，采用铺设最大缝宽不大于1cm标准。

（2）监理人不应予以批准。混凝土预制块质量标准是合同约定的，未发生任何变更的情况下，承包人为保证质量所采取措施所需费用应由承包人承担。

8.2.2 答：（1）不合适。按我国有关法律、法规规定：分包单位不得将分包的工程再次分包给其他施工单位。该条款应改为“乙方不能将工程转包，但允许分包，不允许分包单位将分包的工程再次分包给其他施工单位”。

（2）不合适。甲方向乙方提供的有关资料必须真实可靠，乙方应依据业主提供的有关资料组织施工，该条款中“供乙方参考使用”，缺乏约束力，可能带来双方纠纷隐患。该条款应改为：“甲方向乙方提供……，保证资料真实，并作为乙方现场施工的依据。”

（3）不合适。乙方提供的施工组织设计虽经监理工程师审批，除“非自身原因”之外，应承担按批准的施工组织设计文件组织施工的责任，包括工期延误和费用增加的责任。该条款应改为：“乙方按……，不应承担非自身原因引起的工期延误和费用增加的责任。”

（4）不合适。根据水利水电工程施工合同条件的有关规定，隐蔽工程重新检验，如果不合格，乙方应承担发生的费用和工期延误责任。

（5）不恰当。因为该工程设计没有完成，工程量难以确定，采用总价合同方式对双方产生较大风险，该工程采用单价合同形式更合适。

8.2.3 答：（1）D，＝对指定分包商的付款＋承包商完成的暂定项目付款＋计日工＋对指定分包商的管理费＝100＋50＋10＋100×10％＝170（万元）

（2）C，＝已完成的合同工程价款－保留金＋暂定金付款＋动员预付款

＝800－1000×5％＋170＋1000×5％

＝800－50＋170＋50＝970（万元）

（3）C，利润补偿＝(1000－800)×5％＝200×5％＝10（万元）

（4）B，承包商已支付的材料款＝50万元，业主一经支付，则材料即归业主所有。

（5）B，承包商施工设备的遣返费＝(1000－800)/1000×10＝0.2×10＝2（万元）

(6) B，承包商所有人员的遣返费＝10 ×20％＝2（万元）

(7) D，业主还需支付＝利润补偿＋承包商已支付的材料款＋承包商施工设备的遣返费＋承包商所有人员的遣返费＋已扣留的保留金

业主还需支付各类补偿共计＝10＋50＋2＋2＋50＝114（万元）

(8) C，＝业主已实际支付的各类工程付款＋业主还需支付的各类补偿付款－动员付款
＝970＋114－1000 ×5％＝970＋114－50＝1034（万元）

8.2.4 答：(1) 预付款及保留金：

工程预付款：560×20％＝112（万元）

保留金：560×5％＝28（万元）

(2) 各月工程款及签发的付款凭证金额：

第一个月：签证的工程款为70万元

应签发的付款凭证金额为：70－70×10％－8＝55（万元）

第二个月：签证的工程款为80万元

应签发的付款凭证金额为：80－80×10％－12＝60（万元）

第三个月：签证的工程款为120万元

本月扣保留金为：28－（70＋80）×10％＝13（万元）

应签发的付款凭证金额为：120—13—15＝92（万元）

(3) 合同终止时业主已支付施工单位各类工程款＝112＋55＋60＋92＝319（万元）

(4) 承包商要求业主补偿已购特殊工程材料价款10万元的要求合理。

(5) 业主共应向施工单位支付的工程款＝70＋80＋120＋10－8－12－15＝245（万元）

学习项目9　水工建筑物识图与实训

学习单元9.1　工程实例——华家湖水库泄洪闸

9.1.1　工程概况

华家湖水库建于1958年，原设计来水面积31.82km²，库区水面面积44km²，总库容1330万m³。其中兴利库容343万m³，死库容780万m³，设计灌溉面积1.98万亩。该库按50年一遇设计、300年一遇校核。水库建成后，在防洪、养殖、灌溉等方面均发挥了很好的社会效益和经济效益。

9.1.2　泄洪闸拆除重建设计

1. 泄洪闸总体布置

根据安全鉴定结论，拟对泄洪闸拆除重建。重建的泄洪闸仍布置在原址位置，采用开敞式水闸型式，共2孔，单孔净宽3m，总净宽6.0m。水闸底坎高程为30.2m。闸室顺水流方向长14.5m，中墩厚1.0m，中墩上下游均作成圆弧形墩头，边墩厚0.8m，闸室总宽度为8.6m。闸室底板厚0.7m。为利于闸室抗滑稳定，将启闭机台布置在闸下游侧，以利用水重抗滑和调整底板压应力分布。闸门检修平台高程35.2m，启闭机台顶面高程根据闸门运行要求确定为41.5m，启闭机大梁支撑于排架上，排架柱断面尺寸为0.5m×0.5m。为给水闸的运行管理提供条件，在启闭机台上设启闭机房，启闭机房净高3.0m，宽4.0m。闸上公路桥设计标准为汽-10，验算荷载履带-50，桥面净宽5m，桥面高程36.0m，两侧各设宽1.0m的人行道。公路桥采用预制空心板桥，每块板厚0.5m，宽1.0m，每跨共7块空心板。桥面铺设厚60～130mm的混凝土铺装层，桥面横向排水坡度为2%。

泄洪闸闸下消力池采用挖深式消能，池深2.0m，池底高程28.2m，池底与闸底坎间以1：4的斜坡连接，池长28m，其中下游8m段布置ϕ50冒水孔，下设反滤体，反滤体自上而下分别为碎石0.2m、瓜子片0.2m、中粗砂0.2m和土工布。消力池为钢筋混凝土结构，消力池底板首端厚0.8m，末端厚0.6m。紧接消力池后布置30.0m长的海漫，海漫前端15.0m采用M5浆砌块石结构，其后为15.0m长的干砌块石段，砌石厚度均为0.3m，下设0.1m厚的碎石垫层。海漫末端设5.0m长的抛石防冲槽，防冲槽顶面高程为30.2m，槽深2.0m。闸上护坦为钢筋混凝土结构，厚0.4m，长10.0m，首段3.0m段布置ϕ50冒水孔，下设反滤体。

泄洪闸下游侧翼墙与大坝东灌溉站相邻布置，本次东灌溉站仅进行技术改造，且与之相邻的下游侧翼墙质量良好，为保证灌溉站安全，泄洪闸拆除重建保留下游侧翼墙。上游

翼墙平面上均布置成八字形与圆弧形相结合的型式，水平扩散角为8.0°。在八字形翼墙末端设圆弧，以利于水流平顺扩散。圆弧半径为4.0m。翼墙形式采用浆砌石重力式结构，水平投影长32.0m。为降低防洪期墙后水位，排出墙后渗水减小墙后水压力，在墙体中间部位设置排水孔，孔后设反滤。翼墙顶部设栏杆，以策安全。

2. 泄流能力计算

根据规划成果，按300年一遇校核洪水位为控制进行计算，即校核洪水位33.93m，对应设计下泄流量70m³/s。泄洪闸泄流能力计算，按《水闸设计规范》（SL 265—2001）附录A中的宽顶堰自由出流公式计算。计算公式如下：

$$Q=m\varepsilon B\sqrt{2g}H_0^{3/2}$$

式中　Q——流量，m^3/s；

B——总净宽，m；

H_0——计入流速水头的闸上总水头，m；

m——流量系数；

ε——侧收缩系数。

泄洪闸仅在校核洪水位时才开闸泄洪，在其他工况下均不作要求。经计算，在校核洪水位工况下，泄洪闸泄量为$70.2m^3/s$，能够满足设计要求。

3. 下游消能防冲计算

泄洪闸为3级建筑物，下游消能采用挖深式消力池。根据《水闸设计规范》（SL 265—2001），按恶劣放水工况进行消能计算，水位条件为上游水位33.90m，下游水位30.2m（无水）。

（1）消力池深度计算。

$$d=\sigma_0 h_c''-h_s'-\Delta Z$$

其中

$$h_c''=\frac{h_c}{2}\sqrt{1+\frac{8\alpha q^2}{gh_c''}-1}\left(\frac{b_1}{b_2}\right)^{0.25}$$

$$h_c^3-T_0h_c^2+\frac{\alpha q^2}{2g\varphi^2}=0$$

$$\Delta Z=\frac{\alpha q^2}{2g\varphi^2 h_s'^2}-\frac{\alpha q^2}{2gh_c''^2}$$

式中　σ_0——水跃淹没系数，采用1.05～1.1；

h_s'——消力池后的河床水深，m；

q——过闸单宽流量，$m^3/(s\cdot m)$；

T_0——总势能，m；

h_c——收缩水深，m；

b_1——消力池首端宽度，m；

b_2——消力池末端宽度，m；

α——水流动能校正系数，取 $\alpha=1.025$；

φ——流速系数；

h_c''——跃后水深，m；

ΔZ——出池落差，m。

（2）消力池长度计算：

$$L_{sj}=L_s+\beta L_j$$

式中 L_{sj}——消力池长度，m；

L_j——水跃长度，m，$L_j=6.9(h_c''-h_c)$；

β——水跃长度校正系数，$\beta=0.7\sim0.8$；

L_s——消力池斜坡段投影长度，m。

（3）消力池底板厚度计算：

根据抗冲要求，消力池底板始端厚度可按下式计算：

$$t=K_1\sqrt{q\sqrt{\Delta H'}}$$

式中 t——消力池底板厚度，m；

$\Delta H'$——上、下游水位差，m；

q——消力池进口单宽流量，$m^3/(s\cdot m)$；

K_1——消力池底板计算系数，采用 0.175～0.2。

（4）海漫长度计算：

为消除水流剩余能量，保护下游渠底，在消力池末端须布置砌石海漫。

$$L_p=K_s\sqrt{q'\sqrt{\Delta H'}}$$

式中 L_p——海漫长度，m；

q'——消力池末端单宽流量，$m^3/(s\cdot m)$；

$\Delta H'$——上、下游水位差，m；

K_s——海漫长度计算系数，根据渠底土质取值，壤土取 9。

（5）海漫末端河床冲刷深度计算：

$$d'=1.1\frac{q''}{[V_0]}-h_s''$$

式中 d'——海漫末端河床冲刷深度，m；

q''——海漫末端单宽流量，$m^3/(s\cdot m)$；

$[V_0]$——河床土质的不冲流速，m/s，$[V_0]=1.1$m/s；

h_s''——海漫末端河床水深，m。

消能防冲计算结果见表 9.1。

表 9.1　　泄洪闸消能防冲计算成果

工况	水位/m		消力池			海漫长/m	冲刷坑深/m
			池长/m	池深/m	底板厚/m		
恶劣放水	闸上	33.90	27.5	1.68	0.7	28.7	2.0
	闸下	无水					

根据以上计算结果，泄洪闸消能设施尺寸为：泄洪闸闸下消力池采用挖深式消能，池深 2.0m，池长 15m，池底高程 28.2m。紧接消力池后布置 30.0m 长的海漫，海漫末端设 5.0m 长的抛石防冲槽，防冲槽顶面高程为 30.2m，槽深 2.0m。

4. 防渗长度计算

泄洪闸底板地基主要为重粉质填土，闸室两侧回填以粉质黏土、重粉质壤土为主，并压实。按《水闸设计规范》(SL 265—2001)，基底防渗长度应大于下式计算的 L 值：

$$L=C\Delta H$$

式中　L——计算基底防渗长度；

ΔH——上下游水位差，上游为水库校核水位 33.93m，下游按无水考虑，上下游最大水位差 ΔH 为 3.73m；

C——渗径系数，壤土地基无滤层时一般取 5～7，考虑到泄洪闸为穿坝建筑物，其结构安全度直接关系到大坝安全，故取上限值，即 $C=7$。

经计算 $L=26.1$m，泄洪闸底板防渗总长度为 44.5m，满足防渗要求。

5. 闸基渗流稳定计算

泄洪闸基底渗流计算采用《水闸设计规范》(SL 265—2001) 附录 C 改进阻力系数法。水闸上下游最大水位差为 3.73m。经计算，渗流出口垂直段出逸坡降为 0.29，基底水平段最大渗透坡降为 0.11。地基土质为重粉质壤土，其水平渗透坡降允许值为 0.25～0.30，垂直渗透坡降允许值为 0.60。基底水平计算坡降和出口垂直计算坡降值均在允许范围内，是安全的。

6. 稳定计算

闸室及翼墙计算工况主要有设计洪水位、正常蓄水位、完建期 3 种。考虑的主要荷载有：自重、土压力、水压力等。

(1) 抗滑稳定安全系数按下式计算：

$$k_c=\frac{f\sum G}{\sum H}$$

式中　k_c——抗滑稳定安全系数；

$\sum G$——作用在底板以上的全部竖向荷载，kN；

f——基础底面与底基土之间的摩擦系数；

$\sum H$——作用在建筑物上的全部水平荷载，kN。

(2) 基底压力按下式计算：

$$\sigma_{\min}^{\max}=\frac{\sum G}{A}\pm\frac{\sum M}{W}$$

式中　$\sum M$——作用于结构上的全部竖向和水平向荷载对于底板底面形心轴的力矩，kN·m；

W——基础底面对底板底面形心轴的截面矩，m^3。

（3）地基应力不均匀系数按下式计算：

$$\eta=\frac{\sigma_{max}}{\sigma_{min}}$$

式中　η——地基应力不均匀系数。

稳定计算结果列于表 9.2。

表 9.2　　泄洪闸闸室和翼墙稳定计算成果表

计算部位	运行工况及组合类别	水位组合		基底压力/kPa		不均匀系数 η	抗滑稳定安全系数 K_c
		$H_{前}$	$H_{后}$	σ_{max}	σ_{min}		
闸室	完建期	无水	无水	84.2	62.0	1.36	—
	设计运行期	33.72	无水	111.5	71.2	1.57	2.26
	正常蓄水位	33.93	无水	113.1	71.8	1.58	2.12
翼墙	完建期	无水	无水	91.1	72.8	1.25	1.41
	设计运行期	33.72	无水	52.0	54.2	1.04	1.88
	正常蓄水位	33.90	无水	48.5	55.4	1.14	2.01

泄洪闸底板地基主要为重粉质填土，承载力标准值为 160kPa，强度较高。根据规范，泄洪闸为 3 级建筑物，闸室和翼墙在基本组合条件下沿基底面抗滑稳定安全系数不应小于 1.25，校核洪水位工况下不应小于 1.10。由表 9.2 计算结果可见，泄洪闸地基承载力及闸室、翼墙在主要工况下的稳定均能满足规范要求。

7. 闸室结构计算

闸室结构计算的目的是根据其承受的荷载，选择合适的截面尺寸，使闸室结构强度满足内力要求。闸室内力主要由完建期控制，承受的荷载主要有闸室侧向土压力以及闸室自重和闸顶活荷载等。根据闸室布置及受力条件，闸室墩墙及底板可按弹性地基上的框架计算，利用安徽省水利设计院编制的“弹性地基框架程序 DKJ”进行计算分析。底板及墩墙等结构最大弯矩及配筋率见表 9.3。

表 9.3　　闸室结构内力及配筋表

项目	M_{max}/(kN·m)	计算配筋率 μ	备 注
底板	289.5	0.19%	
闸墩	199.9	0.13%	

计算结果表明，底板、边墩各截面的结构配筋率均在经济含钢率范围内，设计拟定的结构尺寸较合理。

泄洪闸钢筋图如图 9.1～图 9.12 所示。

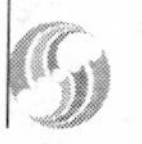

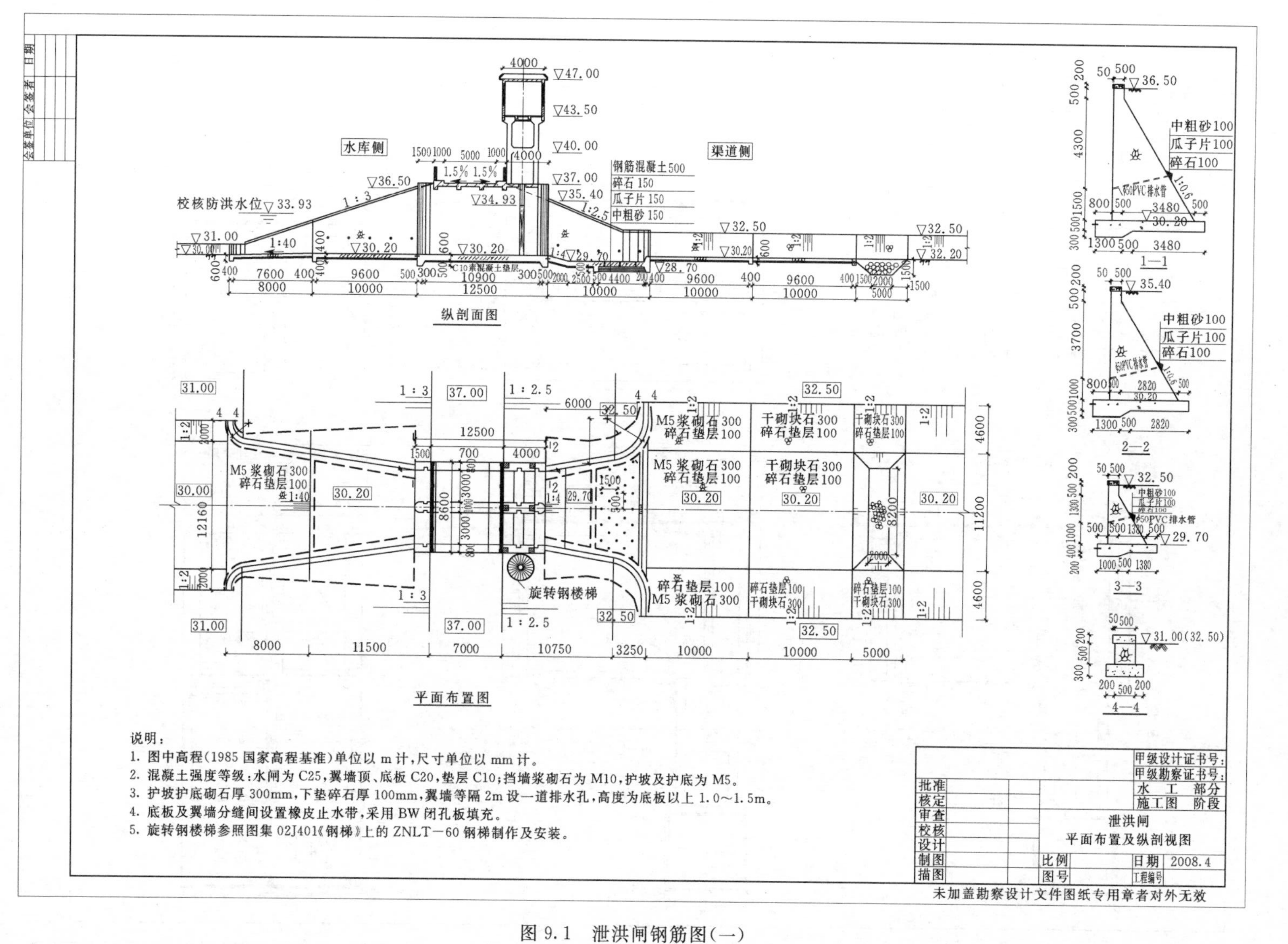
水库侧
渠道侧
校核防洪水位▽33.93
钢筋混凝土500
碎石150
瓜子片150
中粗砂150
C10素混凝土垫层
纵剖面图
M5浆砌石300
碎石垫层100
干砌块石300
碎石垫层100
旋转钢楼梯
平面布置图
中粗砂100
瓜子片100
碎石100
φ50PVC排水管
1—1
2—2
3—3
4—4
说明：
1. 图中高程（1985 国家高程基准）单位以 m 计，尺寸单位以 mm 计。
2. 混凝土强度等级：水闸为 C25，翼墙顶、底板 C20，垫层 C10；挡墙浆砌石为 M10，护坡及护底为 M5。
3. 护坡护底砌石厚 300mm，下垫碎石厚 100mm，翼墙等隔 2m 设一道排水孔，高度为底板以上 1.0～1.5m。
4. 底板及翼墙分缝间设置橡皮止水带，采用 BW 闭孔板填充。
5. 旋转钢楼梯参照图集 02J401《钢梯》上的 ZNLT－60 钢梯制作及安装。
甲级设计证书号：
甲级勘察证书号：
水　工　部分
施工图　阶段
批准
核定
审查
校核
设计
制图
描图
泄洪闸
平面布置及纵剖视图
比例
日期　2008.4
图号
工程编号
未加盖勘察设计文件图纸专用章者对外无效
会签单位　会签者　日期

图 9.1　泄洪闸钢筋图（一）

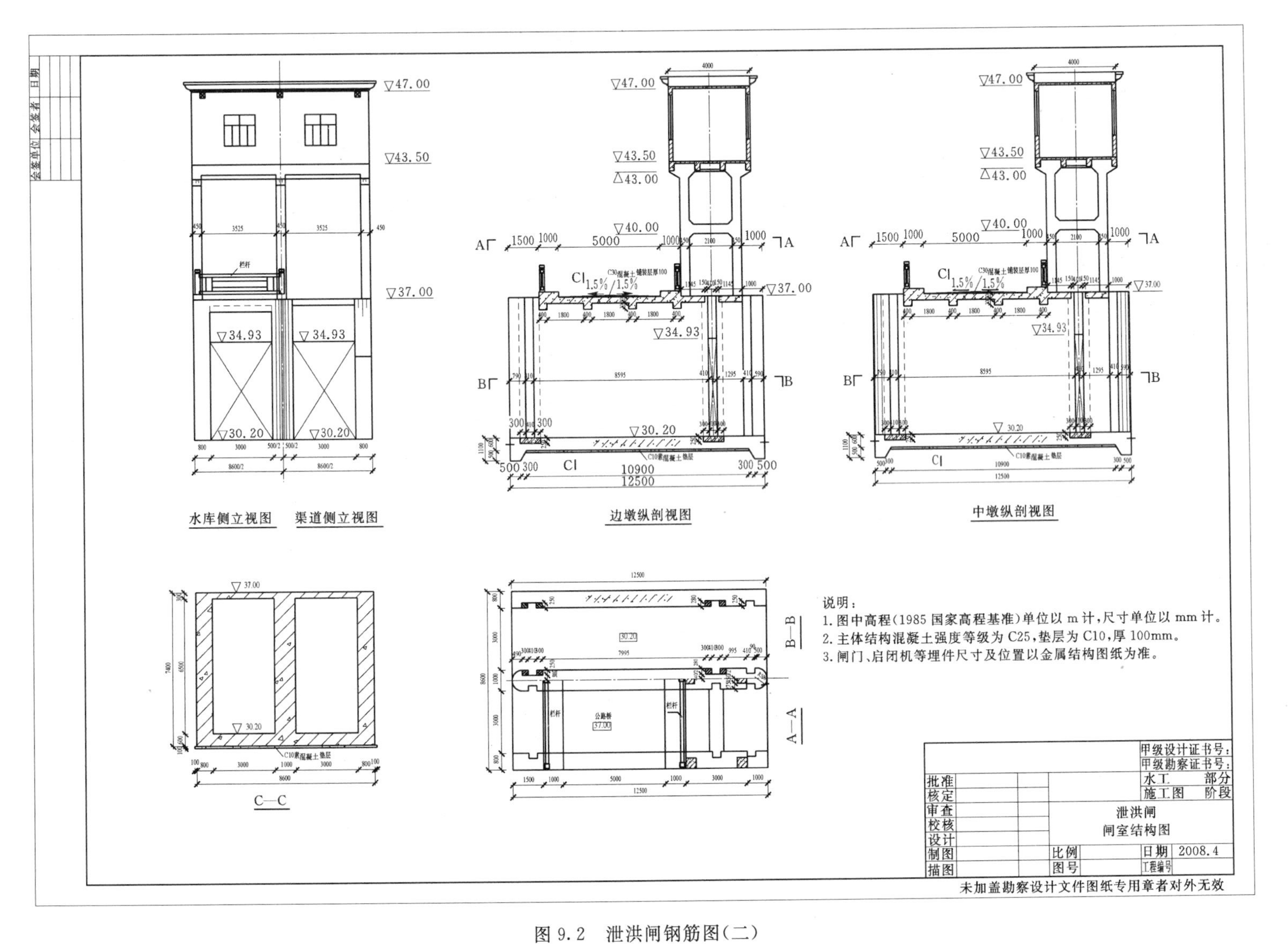

水库侧立视图
渠道侧立视图
边墩纵剖视图
中墩纵剖视图
C—C
A—A
B—B
说明：
1.图中高程(1985 国家高程基准)单位以 m 计,尺寸单位以 mm 计。
2.主体结构混凝土强度等级为 C25,垫层为 C10,厚 100mm。
3.闸门、启闭机等埋件尺寸及位置以金属结构图纸为准。
甲级设计证书号：
甲级勘察证书号：
水工 部分
施工图 阶段
批准
核定
审查
校核
设计
制图
描图
泄洪闸
闸室结构图
比例
图号
日期 2008.4
未加盖勘察设计文件图纸专用章者对外无效

图 9.2 泄洪闸钢筋图(二)

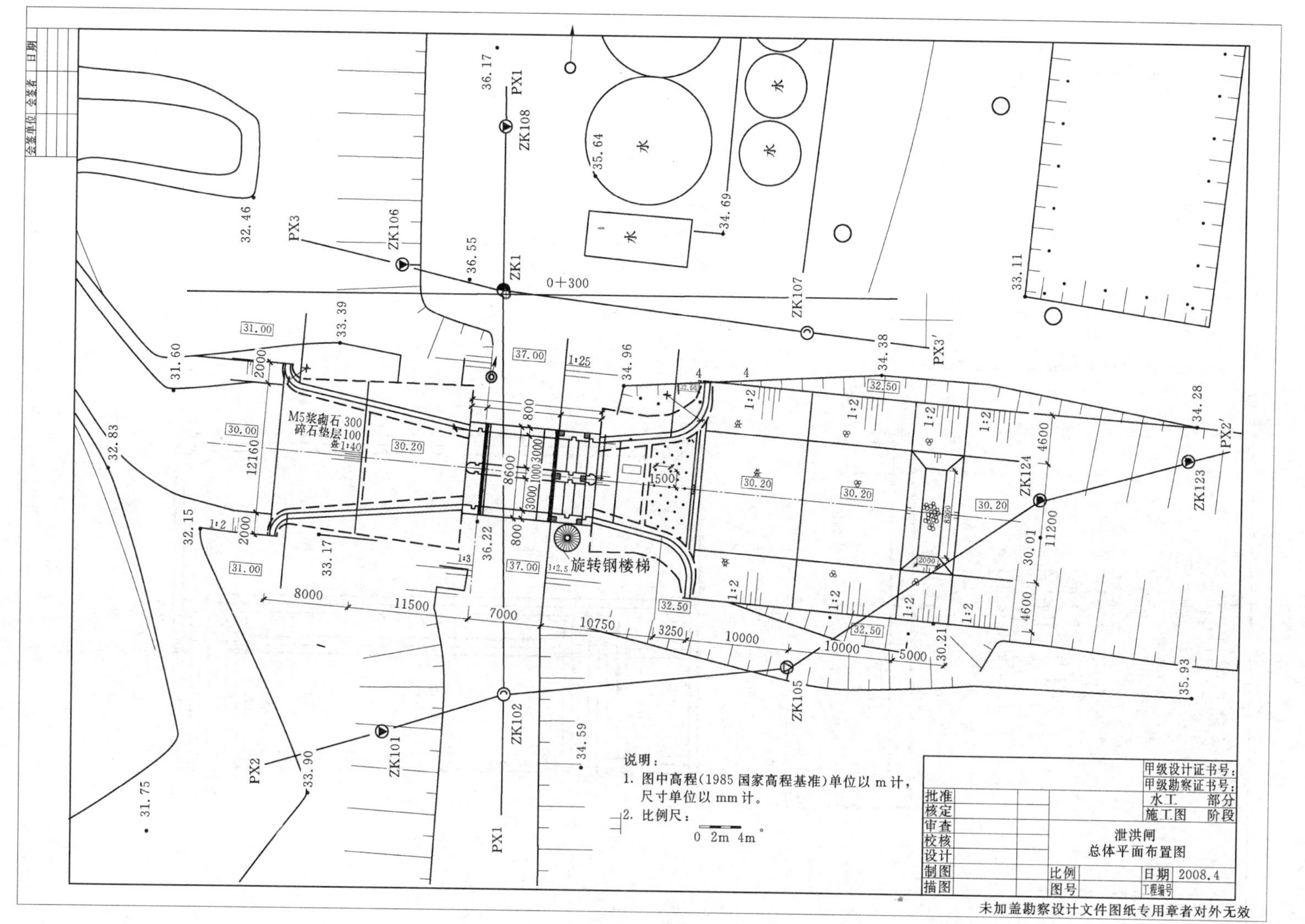
说明：
1. 图中高程（1985 国家高程基准）单位以 m 计，尺寸单位以 mm 计。
2. 比例尺：
0 2m 4m
旋转钢楼梯
M5浆砌石 300
碎石垫层100
甲级设计证书号：
甲级勘察证书号：
水工　部分
施工图　阶段
批准
核定
审查
校核
设计
制图
描图
泄洪闸
总体平面布置图
比例
图号
日期 2008.4
未加盖勘察设计文件图纸专用章者对外无效

图 9.3　泄洪闸钢筋图（三）

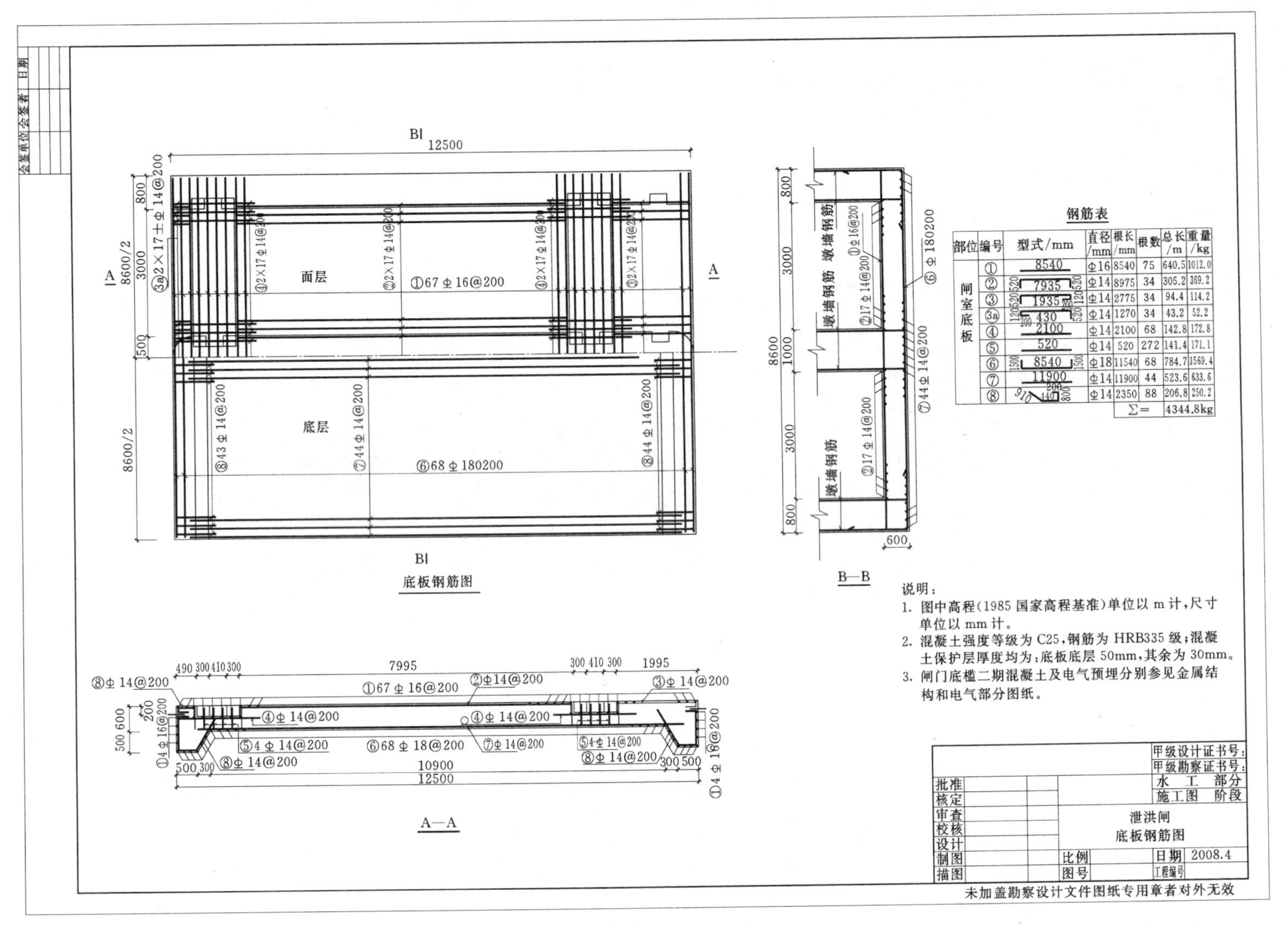

钢筋表

部位	编号	型式/mm	直径/mm	根长/mm	根数	总长/m	重量/kg
闸室底板	①	8540	Φ16	8540	75	640.5	1012.0
	②	520 7935 520	Φ14	8975	34	305.2	369.2
	③	120 520 1935 520 120	Φ14	2775	34	94.4	114.2
	③a	120 300 430 520	Φ14	1270	34	43.2	52.2
	④	2100	Φ14	2100	68	142.8	172.8
	⑤	520	Φ14	520	272	141.4	171.1
	⑥	1500 8540 1500	Φ18	11540	68	784.7	1569.4
	⑦	11900	Φ14	11900	44	523.6	633.6
	⑧	910 440 200 800	Φ14	2350	88	206.8	250.2
						Σ=	4344.8kg

图 9.4　泄洪闸钢筋图(四)

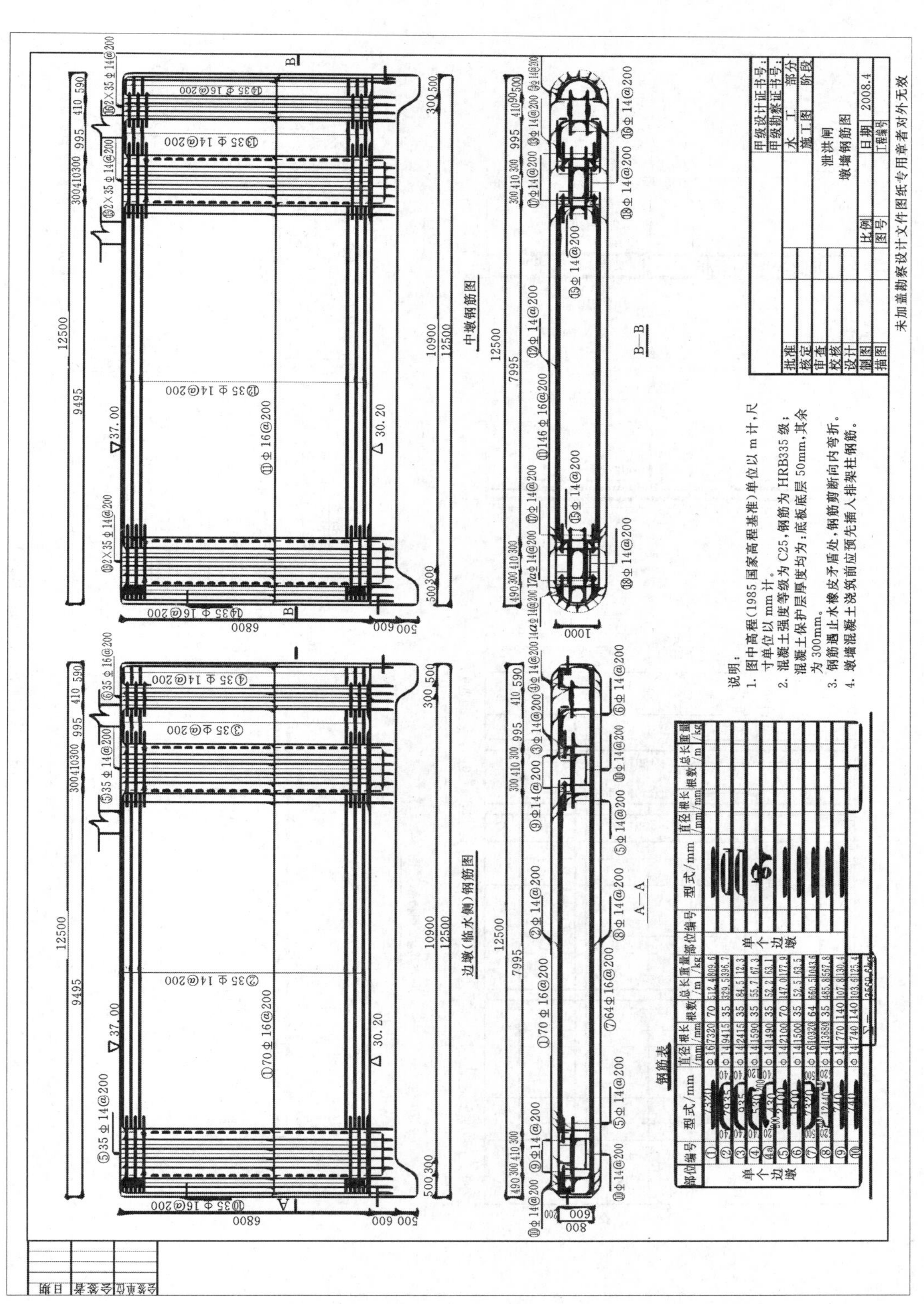

图 9.5　泄洪闸钢筋图(五)

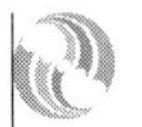

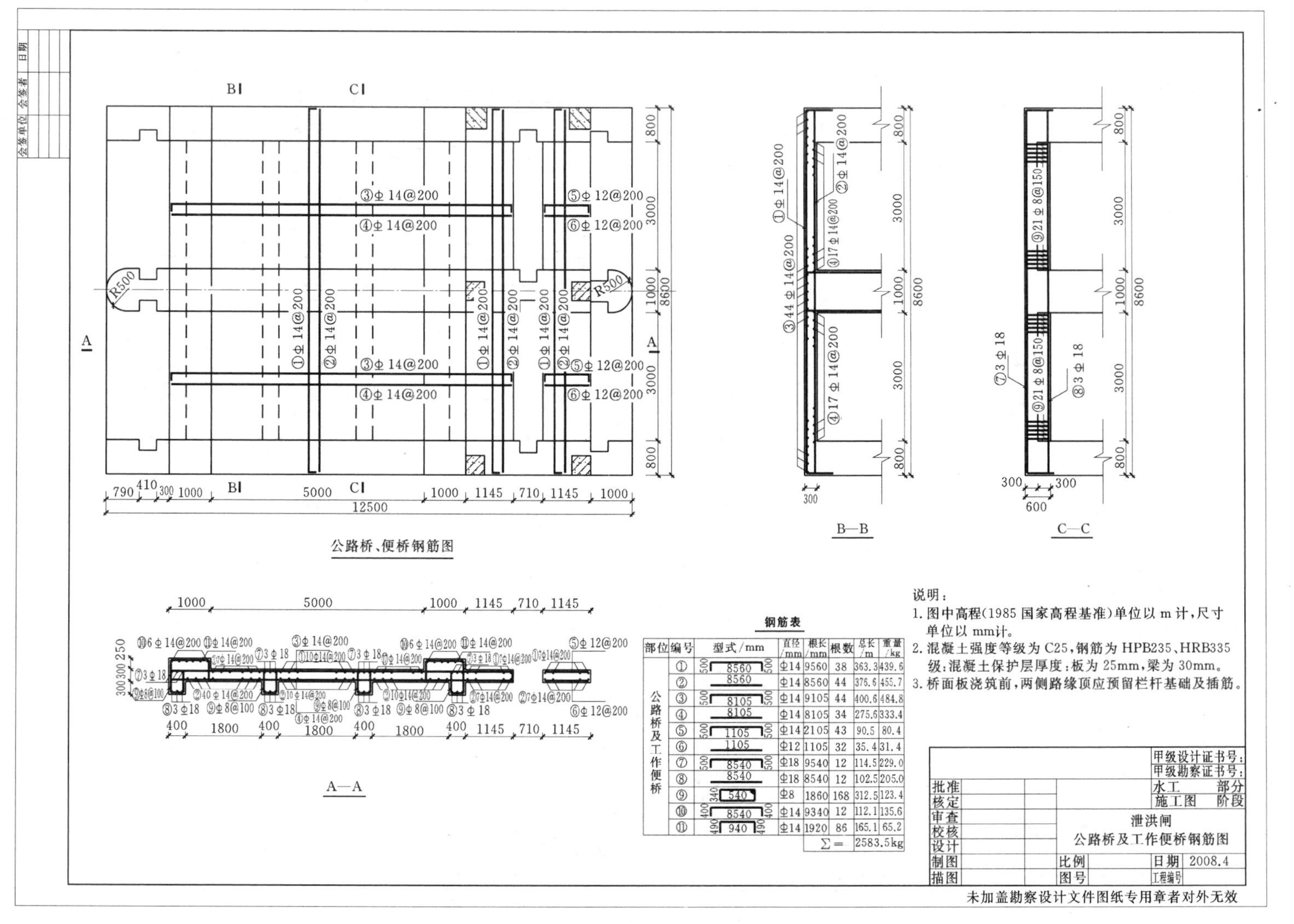

钢筋表

部位	编号	型式/mm	直径/mm	根长/mm	根数	总长/m	重量/kg
公路桥及工作便桥	①	500 8560 500	Φ14	9560	38	363.3	439.6
	②	8560	Φ14	8560	44	376.6	455.7
	③	500 8105 500	Φ14	9105	44	400.6	484.8
	④	8105	Φ14	8105	34	275.6	333.4
	⑤	500 1105 500	Φ14	2105	43	90.5	80.4
	⑥	1105	Φ12	1105	32	35.4	31.4
	⑦	500 8540 500	Φ18	9540	12	114.5	229.0
	⑧	8540	Φ18	8540	12	102.5	205.0
	⑨	340 540	Φ8	1860	168	312.5	123.4
	⑩	400 8540 400	Φ14	9340	12	112.1	135.6
	⑪	490 940 490	Φ14	1920	86	165.1	65.2
						Σ=	2583.5kg

图 9.6　泄洪闸钢筋图(六)

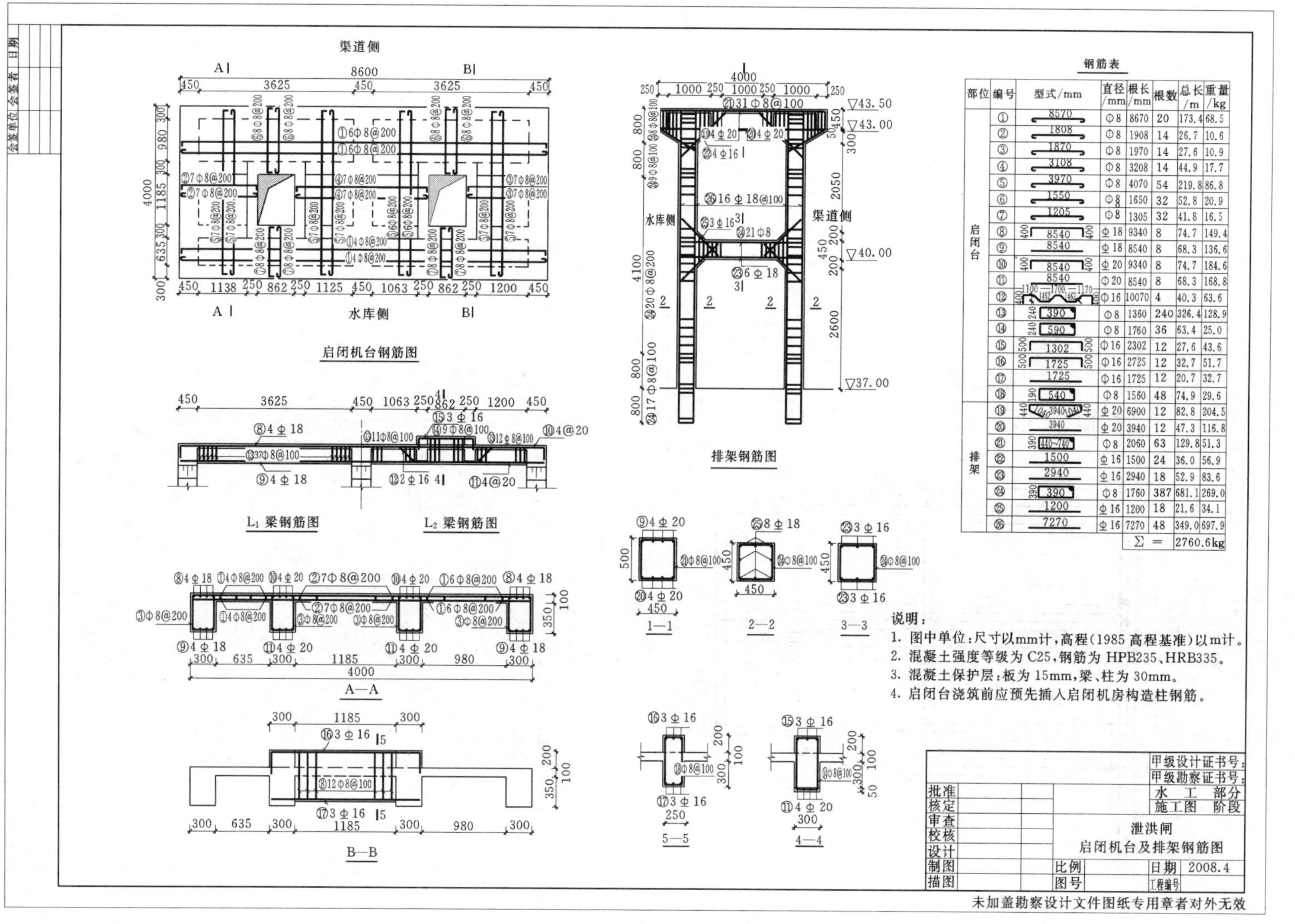

钢筋表

部位	编号	型式/mm	直径/mm	根长/mm	根数	总长/m	重量/kg
启闭台	①	8570	Φ8	8670	20	173.4	68.5
	②	1808	Φ8	1908	14	26.7	10.6
	③	1870	Φ8	1970	14	27.6	10.9
	④	3108	Φ8	3208	14	44.9	17.7
	⑤	3970	Φ8	4070	54	219.8	86.8
	⑥	1550	Φ8	1650	32	52.8	20.9
	⑦	1205	Φ8	1305	32	41.8	16.5
	⑧	400 8540 400	Φ̲18	9340	8	74.7	149.4
	⑨	8540	Φ̲18	8540	8	68.3	136.6
	⑩	400 8540 400	Φ̲20	9340	8	74.7	184.6
	⑪	8540	Φ20	8540	8	68.3	168.8
	⑫	400 1100 1462 1700 1462 1170 400	Φ16	10070	4	40.3	63.6
	⑬	240 390	Φ8	1360	240	326.4	128.9
	⑭	240 590	Φ8	1760	36	63.4	25.0
	⑮	500 1302 500	Φ16	2302	12	27.6	43.6
	⑯	500 1725 500	Φ16	2725	12	32.7	51.7
	⑰	1725	Φ16	1725	12	20.7	32.7
	⑱	190 540	Φ8	1560	48	74.9	29.6
排架	⑲	440 1040 3940 1040 440	Φ̲20	6900	12	82.8	204.5
	⑳	3940	Φ̲20	3940	12	47.3	116.8
	㉑	390 440~740	Φ8	2060	63	129.8	51.3
	㉒	1500	Φ̲16	1500	24	36.0	56.9
	㉓	2940	Φ̲16	2940	18	52.9	83.6
	㉔	390 390	Φ8	1760	387	681.1	269.0
	㉕	1200	Φ̲16	1200	18	21.6	34.1
	㉖	7270	Φ̲16	7270	48	349.0	697.9
				Σ =		2760.6kg	

图 9.7　泄洪闸钢筋图（七）

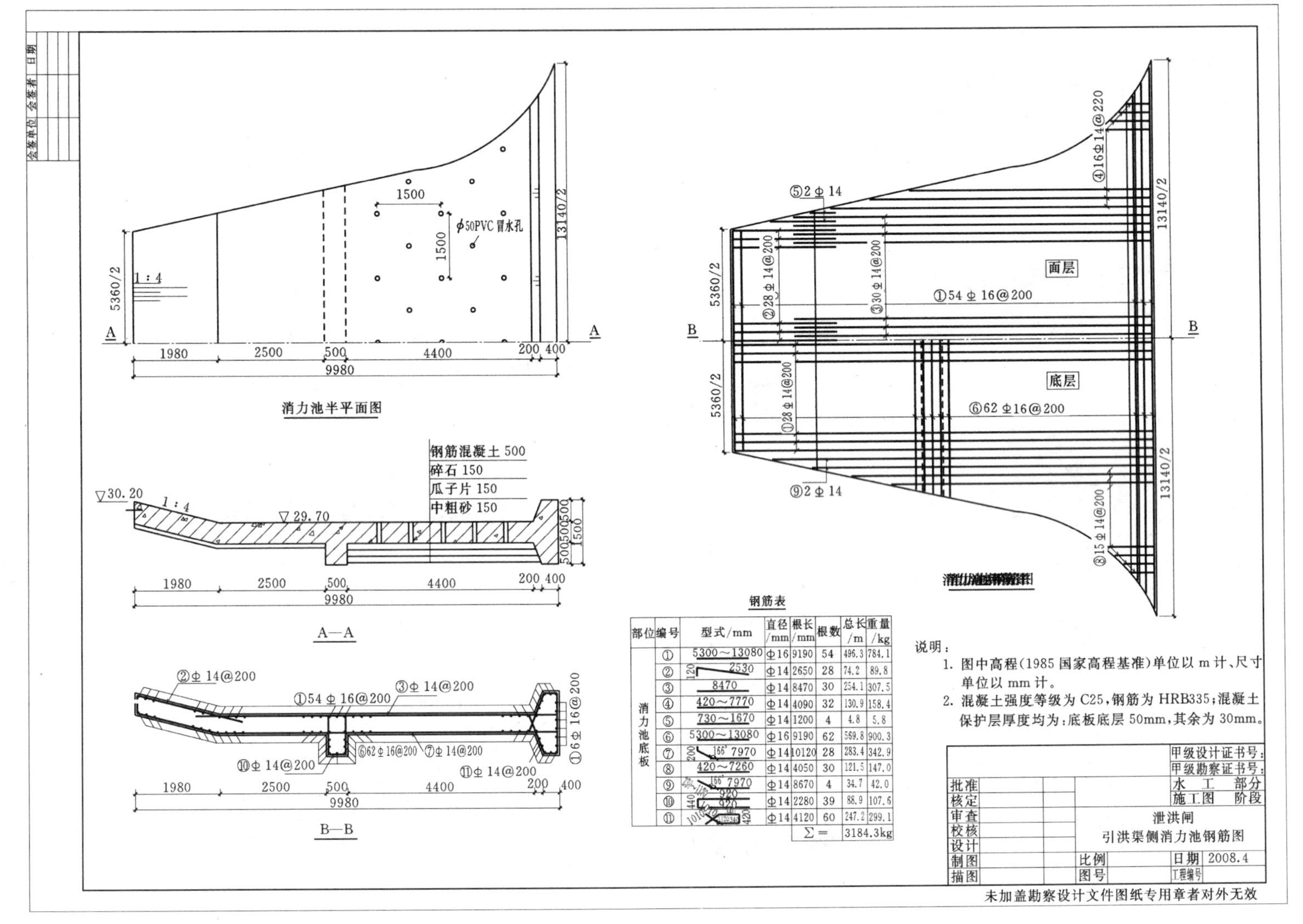

部位	编号	直径 /mm	根长 /mm	根数	总长 /m	重量 /kg
消力池底板	①	Φ16	9190	54	496.3	784.1
	②	Φ14	2650	28	74.2	89.8
	③	Φ14	8470	30	254.1	307.5
	④	Φ14	4090	32	130.9	158.4
	⑤	Φ14	1200	4	4.8	5.8
	⑥	Φ16	9190	62	569.8	900.3
	⑦	Φ14	10120	28	283.4	342.9
	⑧	Φ14	4050	30	121.5	147.0
	⑨	Φ14	8670	4	34.7	42.0
	⑩	Φ14	2280	39	88.9	107.6
	⑪	Φ14	4120	60	247.2	299.1
			Σ=			3184.3kg

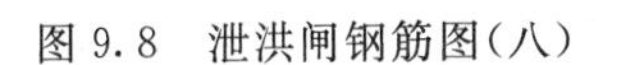
图 9.8 泄洪闸钢筋图(八)

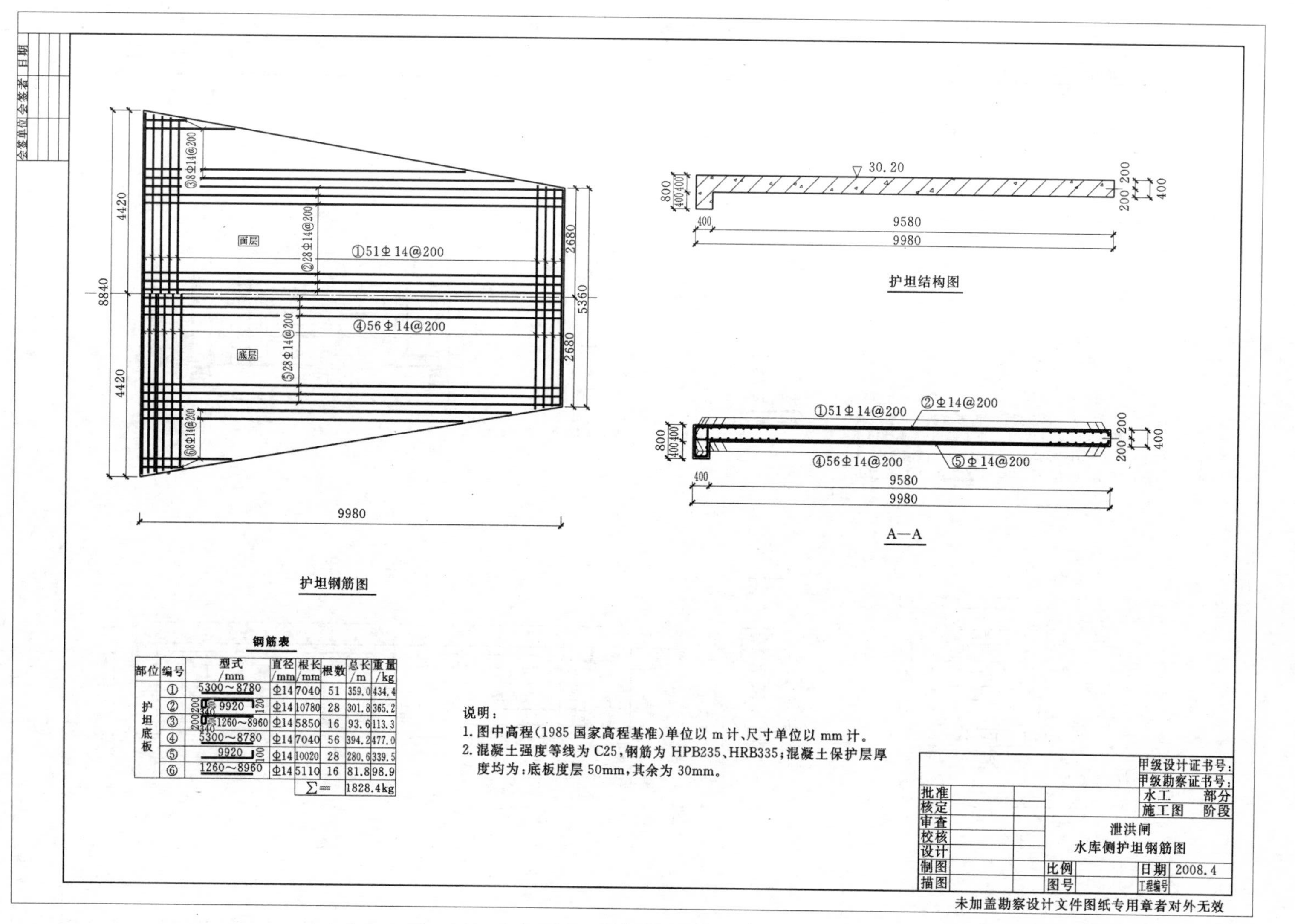

部位	编号	型式 /mm	直径 /mm	根长 /mm	根数	总长 /m	重量 /kg
护坦底板	①	5300～8780	Φ14	7040	51	359.0	434.4
	②	9920	Φ14	10780	28	301.8	365.2
	③	1260～8960	Φ14	5850	16	93.6	113.3
	④	5300～8780	Φ14	7040	56	394.2	477.0
	⑤	9920	Φ14	10020	28	280.6	339.5
	⑥	1260～8960	Φ14	5110	16	81.8	98.9
						∑＝	1828.4kg

图 9.9　泄洪闸钢筋图(九)

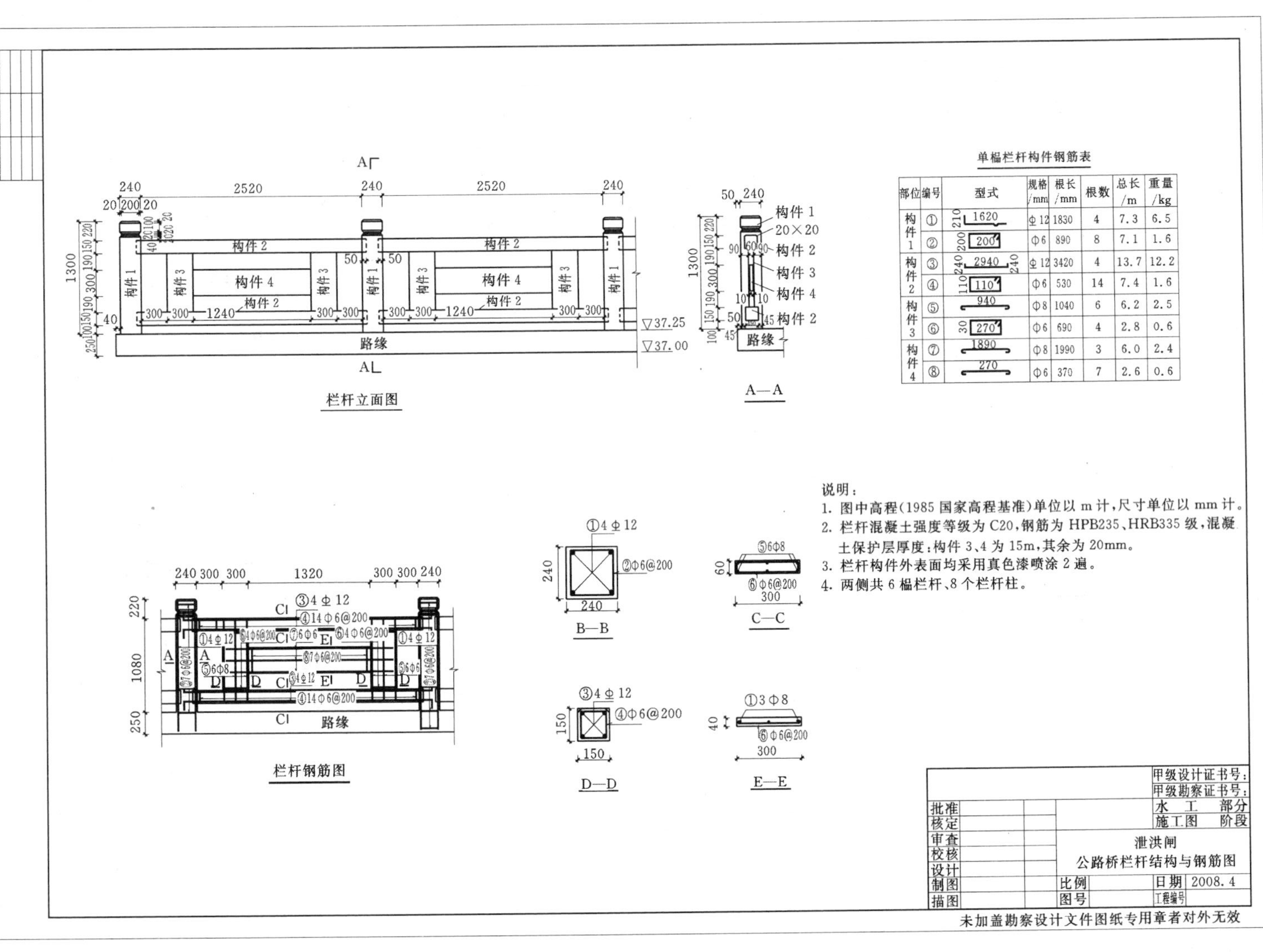

单榀栏杆构件钢筋表

部位	编号	型式	规格/mm	根长/mm	根数	总长/m	重量/kg
构件1	①	210, 1620	Φ12	1830	4	7.3	6.5
	②	200, 200	Φ6	890	8	7.1	1.6
构件2	③	240, 2940, 240	Φ12	3420	4	13.7	12.2
	④	110, 110	Φ6	530	14	7.4	1.6
构件3	⑤	940	Φ8	1040	6	6.2	2.5
	⑥	30, 270	Φ6	690	4	2.8	0.6
构件4	⑦	1890	Φ8	1990	3	6.0	2.4
	⑧	270	Φ6	370	7	2.6	0.6

图 9.10 泄洪闸钢筋图(十)

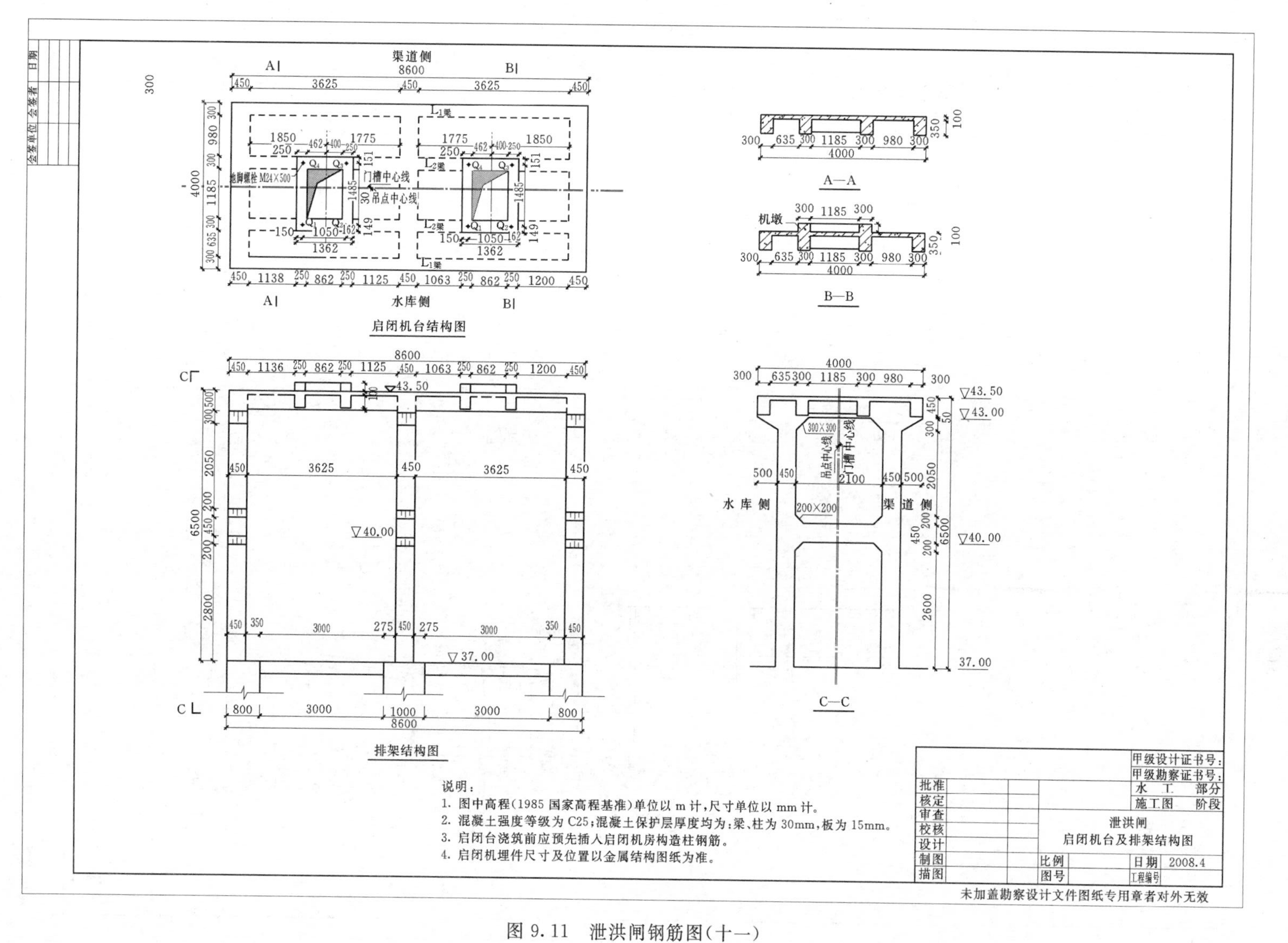

图 9.11　泄洪闸钢筋图(十一)

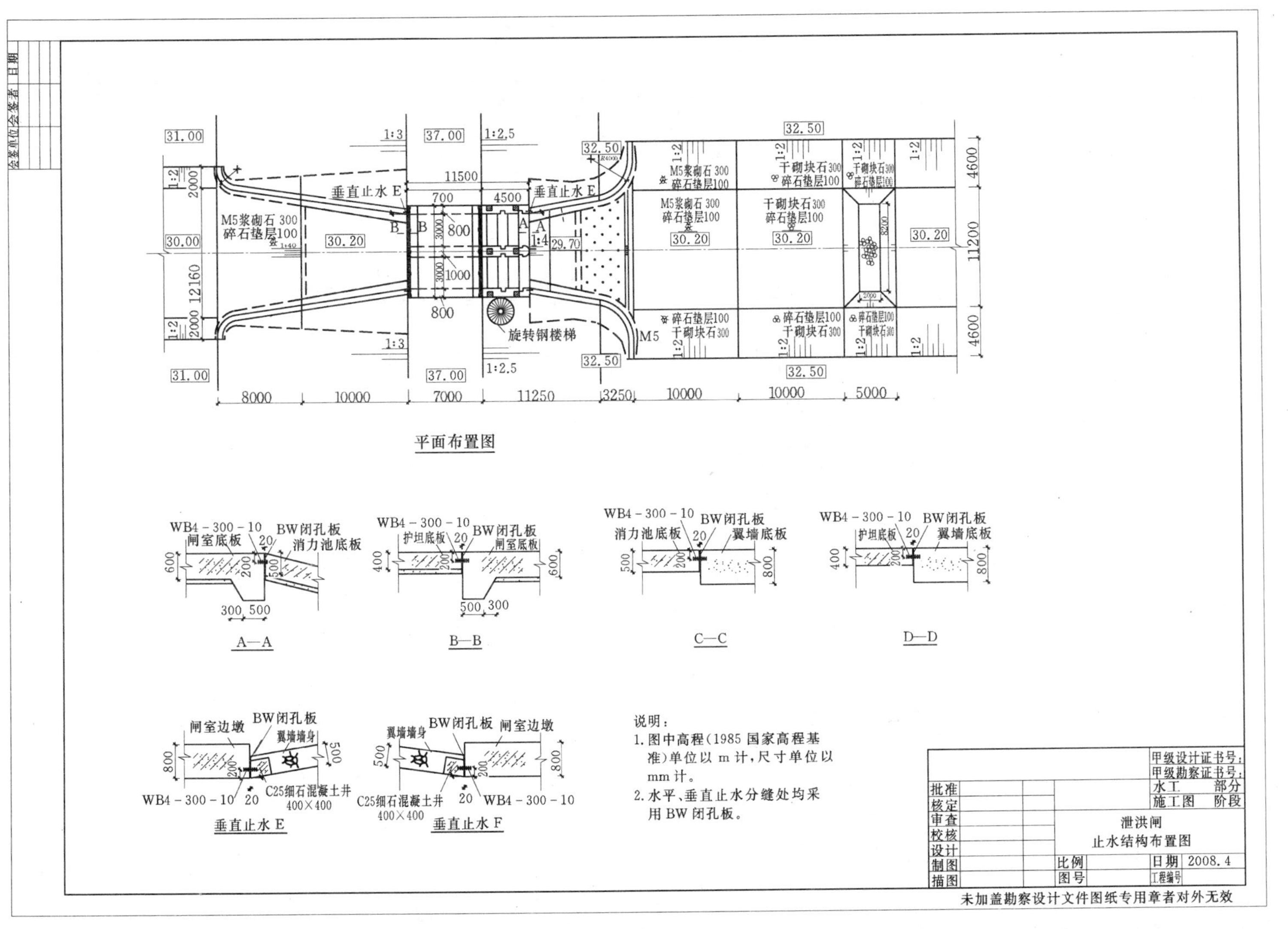

图 9.12　泄洪闸钢筋图(十二)

学习单元9.2　涵 闸 设 计 实 训

9.2.1　工程概况

本工程是位于长江干堤上一座小型泵站的出水箱涵，工程的主要作用是汛期通过泵站抽排工业园区因暴雨产生的内涝和工业园区内生产和生活的污水，非汛期通过自流涵闸排水，工程建成后具有防洪、排涝、排污作用。

泵站总装机容量465kW（3×155kW），设计最大排涝流量为$3m^3/s$，3台700ZLB－70立式轴流泵，穿堤建筑物设计洪水位采用此处江堤设计洪水位10.7m加0.5m，即11.2m。泵站设计内水位为：最低水位3.4m，最高水位6.5m；设计外水位为：最高水位10.7m，正常水位9.3m，设计扬程8.4m。

9.2.2　有关规划设计资料

江堤堤顶超设计洪水位2.0m，顶高程12.7m，顶宽8m，迎水侧堤坡1∶3，背水侧距堤顶以下3m设平台，平台宽4m，平台以上堤坡1∶3，以下1∶4.5。临江侧滩地宽30m，地面高程为6.5m，背水侧地面高程为6.0m。

防洪闸布置在江堤外侧，涵闸底板高程为4.5m。防洪和外排最高设计水位为10.7m。自流排水内水位为最低4.5m，最高6.5m，外江水位为6m以下。涵闸底板纵坡为1/1000，每节涵箱长度为10m，设一沉降缝。

9.2.3　光明沟涵设计标准

建筑物级别：江堤为2级堤防，防洪标准为50年一遇，主要建筑物为2级，次要建筑物为3级，临时建筑物为4级。

9.2.4　地形、地质资料

拟建建（构）筑物为排涝站及沿线箱涵紧临长江岸边，属长江漫滩地貌。

1. 堤身

为加高培厚的人工素填土，填土厚度一般7.0m左右，堤身土体主要由黏土、粉质黏土和粉质壤土构成，局部堤段夹砂壤土，粉细砂，各类土体在堤身土中呈混杂分布。平均含水量25%，平均干密度$1.45g/cm^3$，比重2.72，内摩擦角$\varphi=160°$。

2. 堤基

主要由粉质壤土、淤泥持粉质壤土及轻粉质壤土或粉细砂组成，堤基地基土共分为四大层，现自上而下描述如下。

（1）淤泥质粉质黏土夹淤泥粉土：灰色，饱和，流塑。含少量腐殖物及云母碎片，无摇振反应，稍有光泽，中低强度，中低韧性，高压缩性，层厚10m。

（2）粉砂：灰色，中密，夹薄层粉质黏土，含云母碎片少量贝壳碎屑，中低压缩性，层厚3m。

(3) 淤泥质粉质黏土夹粉砂：青灰一灰色，饱和，流塑，可见腐殖物及少量云母碎片，粉砂局部富集。高压缩性。该层全场分布，层厚4m。

(4) 粉砂：灰色，中密，夹薄层粉质黏土，局部富集，可见云母碎片及少量贝壳碎屑，中低压缩性，本次勘察本层未揭穿。

9.2.5 涵闸设计要求

1. 孔径计算

(1) 水力计算。根据高水位开机排水和低水位自流排水的不同水位，进行水力计算，确定孔口尺寸。

(2) 管理运用。本工程位于长江干堤上，是国家重点确保城市防洪圈堤的一部分，因此防洪安全是首要的，每年汛前、汛后都要对涵闸内部进行检查。因此在确定孔口尺寸时，必须考虑人能进入涵箱内部进行检查。

(3) 确定孔口尺寸。根据水力计算和运用管理的要求，最终确定孔口尺寸。

2. 结构计算

根据确定的孔口尺寸、壁厚，进行结构计算，绘弯矩、剪力、轴力图，并进行配筋计算。

完建期：指涵闸工程建设完成后，江堤恢复原状。运用期：指长江高水位时，泵站开机排水。外荷载为堤顶公路行车，按汽-10加重车计算。

3. 闸门设计和启闭力计算

按江堤设计最高洪水位11.2m和泵站设计内水位最高水位6.5m进行闸门结构设计。

根据上述水位组合进行闸门启闭力计算，选择启闭机。

4. 消能防冲设计

孔口出流为自由出流，上游水位5.7m，下游水位4.5m。

9.2.6 要求

1. 设计成果

(1) 设计计算书一份，章、节内容可参考设计任务指导书或由指导教师指导，要求书写清楚、语句通顺、简练，有必要的插图，能充分表达出设计思想。计算公式、参数选值及工程措施应注明来源和必要的分析。拟定之结构形式、尺寸应分析其技术上可行性和经济上合理性。

(2) 设计图2～3张2号图，总体图（平面布置及纵剖面），结构及钢筋图。要求：图面清晰美观，尺寸正确，图样正确，字体端正。

2. 设计规范

有关构造尺寸、计算方法、安全系数，材料强度等均应符合规范，若无规范，可由课本、参考书中引用或由指导教师指定。

9.2.7 参考书目

水工建筑物、水力学、土力学、结构力学、建筑结构、涵洞、水工钢筋混凝土规

范等。

9.2.8　参考：光明沟涵闸设计书

光明沟涵闸设计书见附录 2。

学习单元 9.3　水闸设计实训

9.3.1　龙河节制闸的规划概况

该闸修建在江苏省某城西南远郊龙河汇入米湖的入口处，为米湖控制线的配套工程之一，米湖控制线工程完成后的米湖大堤堤顶高程为 7.00m，湖内最高蓄洪水位为 5.50m，此刻该闸分洪 $90m^3/s$ 流量经龙河入江。

龙河流域局部暴雨时，圩区雨涝需抽排至龙河经该闸排入米湖。龙河流域圩区水位低需补水灌溉时，需开该闸引米湖水灌溉。以上知龙河节制闸的主要任务是分洪，兼有排涝及引水灌溉作用。

9.3.2　规划设计资料

（1）龙河断面尺寸。

底宽 25m；河底高程 －0.5m（现有的一期工程）；

边坡 1∶2.5；堤顶高程 5.0m。

（2）闸前、后水位组合。

最大挡水位：米湖 5.50m，龙河 3.0m。

分洪流量为 $90m^3/s$。

反向挡水位：米湖 2.17m，龙河 3.0m。

排涝水位：米湖 2.74m，龙河 2.85m。

该水位时排涝流量 $84m^3/s$。

（3）另建 6m 宽套闸一座通航与该闸配合使用。

（4）二期工程中龙河底高程将降至－1.00m，以利降低龙河流域田间地下水位，而不影响交通水深，设计龙河节制闸时应考虑这种情况。

9.3.3　设计标准

（1）该闸为 3 级水工建筑物。

（2）闸上公路桥：汽-10 级标准车，桥面高程不低于米湖大堤顶高程，桥面为单车道两侧设置安全带和栏杆。

9.3.4　地形，地质，气象资料

（1）米湖水位为 5.50m 时，吹程 1.5km，风速 V_{10}＝24m/s，平均水深 7m，水域宽阔。

（2）附闸址位置平面图（1∶1000）。

（3）附闸址处《地基勘探试验成果汇总表》。

（4）回填土标准：

设计干容重 $R_d=15\text{kN/m}^3$。

控制含水量 $w=25\%$。

$\varphi\approx11°$，$C\approx29\text{kN/m}^2$。

9.3.5 设计成果要求

（1）设计计算说明书一份，要求书写清楚，语句通顺，内容简要并能充分表达出设计思想。计算公式、参数选值及必要的工程措施等应注明其来源和必要的分析。拟定的结构型式、尺寸，应分析其技术上是否可行，经济上是否合理。

计算说明书的具体内容、章、节编排，按指导书或指导老师的指定方式写。

（2）设计图 3～4 张，要求图面正确、清晰，仿宋字，字体端正，图幅布局美观、整齐。

1）节制闸总体三视图一张。

2）结构图及钢筋 2～3 张（并附材料用量表）。

（3）编制概算等一份。

9.3.6 参考

毕业设计说明书见附录 3。

学习项目10　综　合　实　践

实训目的

(1) 巩固所学的基础理论知识和专业知识。并能实际运用于设计、施工中，培养独立分析和解决问题的能力。

(2) 紧密关注国家关于水利工程建设的相关政策和法律法规。

(3) 善于运用图表和文字表达设计意图，能运用有关参考书籍、手册和规范。

学习单元10.1　水利水电工程顶岗实习

10.1.1　顶岗实习报告编制说明

适用在建水利水电工程的施工、监理等顶岗实习，按15周计划任务进行，建议合理安排时间填写报告，避免前松后紧。另外本报告采取引导模式，根据报告内容提示结合实际工程，及时总结，形成成果。

每部分结束都安排有思考题，涉及在校期间学习的专业基础课和专业课，思考时请先判断属于哪门课程领域，查阅相关资料规范，依据所学理论知识并结合工程。避免直接从网络搜索答案抄袭。

提交报告时，只需提交统一编制印刷总结报告，无需另外提交其他文本，若报告中预留的空白处不够，可以在相应位置粘贴上增加的内容，所有内容均手写手绘，谢绝任何形式的复制（如从资料上剪下粘贴）。

报告只涉及水利工程施工准备、导流、主体工程施工，不包括机组、电气、金属结构安装等工作。

如在实习期间，有些分部工程已经结束、未进行或未接触，请参考项目部资料或其他项目的资料进行填写。

10.1.2　实习单位的基本情况

单位名称，所在地，有哪些专业资质和资质等级，能够承揽项目的规模和类别，公司有哪些部门，自己所处部门的工作职责是什么等，此处约200字。

☆思考：本单位的企业文化是什么，对新员工的业务培训有哪些独到之处？

单位的质量方针和宣传口号、标语及其内涵；业务培训包括外出学习、继续教育以及单位内部如何传帮带，突出独到或有效。此处约200字。

10.1.3　实习岗位描述

我们经常说的“五大员”施工员、质检员、安全员、资料员、造价员指的是工作岗位上的人，岗位描述包括基本要求、工作内容等。此处约300字。

☆思考：本岗位对应的初级、中级、高级执业资格证书分别是什么，如何获取？

比如施工员，初级对应的是施工员证书，中级对应的是二级建造师证书，高级对应的是一级建造师证书。此处约50字。

10.1.4　工程概况

工程位置、交通情况、规模、工程范围、现状、水文、工程地质、工程任务和规模、工程造价等。此处约1000字。

☆思考：水利水电工程等级如何划分？水工建筑物级别如何划分？

专业常识。此处约100字。

10.1.5　施工条件

1. 水文气象

流域概况、流域面积、气象、径流、施工期洪水等，此处约100字。

2. 工程地质

____

3. 对外交通及供水供电条件

____

☆思考：请分析地质条件对本工程的不利影响有哪些，应采取哪些处理措施？

提示：例渠道工程中，如遇到河流冲积——洪积层、冰川沉积层等，或人工土石层，未经压实固结，孔隙很大，极易透水，渠道如建于其上，则必然漏水。应采取防渗措施，如混凝土板、干砌石沿渠植柳等多种防渗措施。

10.1.6　施工准备及施工组织机构

1. 准备工作

(1) 施工调查。进场即收集当地水文、气象、地方材料价格及货源等有关资料。

(2) 技术准备。监理工程师提供设计图纸后，即组织技术人员和相关班组学习图纸，编制施工组织设计，做好技术与质量、安全交底工作。并编制专项工程的施工方案，指导工程施工。

根据监理工程师提供的测量基准资料和现场测量标志，对坐标、高程进行核测；复核结果符合规范要求后，即建立施工控制网。

2. 项目组织机构

绘制本项目组织机构图

3. 项目管理、技术人员岗位职责

例：项目经理岗位职责

(1) 建立健全项目施工管理网络体系。

(2) 对本项目的进度、安全、质量工作负主要领导责任。

(3) 合理控制成本，对项目的生产经营活动负责。

(4) 检查、监督各部门的工作，确保工程顺利进行。

(5) 全力支持配合地方政府各部门做好工作。

(6) 积极配合建设单位搞好与地方关系，减少施工扰民。

(7) 执行企业法人代表赋予的其他职责。

施工员、质检员、安全员、试验员岗位职责（请择其一进行描述）

______

______

☆思考：工作中，如遇到骨料中含泥量超标等质量问题，应向哪一级管理者及时反映？

______

10.1.7 施工总体平面布置

1. 施工总平面布置

______

______

2. 施工道路

(1) 对外交通道路。______

______

______

(2) 场内交通。______

______

______

3. 混凝土拌和系统

______

______

4. 钢筋加工厂

______

______

5. 模板加工厂

______

______

6. 临时房屋

______

______

☆思考：施工平面布置图的设计原则？

______

______

10.1.8 施工进度计划及工期保证措施

10.1.8.1 总工期和控制性工期

根据招标文件规定，总工期和控制性工期如下：

施工工期：______。

计划开工日期：______。

具备防洪条件：______。

完工日期：______。

10.1.8.2 工期保证措施

1. 资源保证（可参考附件1～4）

劳动力：

（1）确保高峰期及春节劳动力的需求。根据施工进度的需要，将提前准备，及时调整工地劳动力，确保施工高峰期及春节期间劳动力的数量，确保施工正常进行。

（2）本工程中的土方开挖、基础处理、泵房钢筋混凝土工程等均是关键性工程，直接影响工程进度，施工过程中安排充足的劳动力，确保各个工程能按网络计划完工。

材料和设备：

（1）加强施工机械的维护保养，提高机械完好率，配备充足的机务人员和维修人员，配备充足的配件和易损件。

（2）严格按计划组织物资供应，确保各种物资运输工作提前进行，尽早到场，做好各种物资的合理调配，以满足连续施工要求。

（3）本工程使用一次性模板的项目多，所需的模板数量很大，为加快工程进度，根据本工程的施工方法和施工进度计划，提前备足材料，保证进度不受影响。

2. 控制措施

（1）及时进驻工地，尽快完成施工准备工作，为投入主体工程施工创造有利条件。

（2）配备足够的周转性材料，增加模板套数，减少周转次数，确保混凝土能连续施工。

（3）优化施工程序，加强现场调度，发挥机械效率，充分利用人、财、物等资源，尽量缩短工期。

（4）做好进度控制，合理划分施工流水段，按照施工总进度计划进行控制，安排好月、旬、日计划，按流水作业施工。

（5）加强各方面的协调工作，使各个环节密切配合，减少施工干扰，提高施工效率。

（6）节假日照常施工，假期实行轮休制。

（7）抓住关键性线路进行施工。

10.1.8.3 关键性工期控制

（1）开工日期：______。

（2）主体工程段地基处理完成日期：______。

（3）完成主体工程施工日期：________________。

（4）投入使用阶段验收日期：________________。

（5）竣工验收日期：________________。

☆思考：何为关键线路？指出图10.1中的关键线路和计划工期。

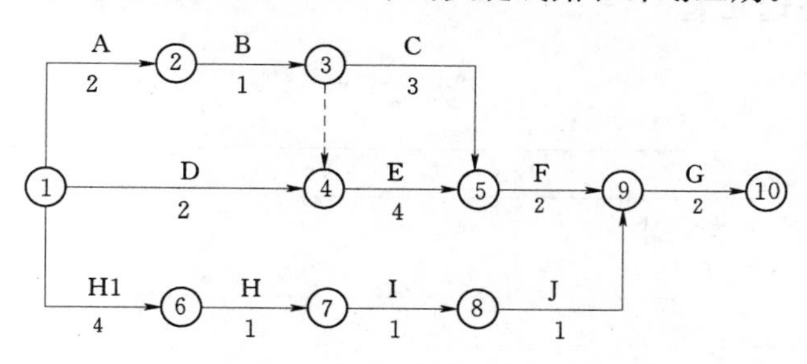

图10.1 技术线路图

____

____

10.1.9 施工导流

1. 施工导流标准

____

____

2. 导流方式

____

____

3. 挡水围堰断面设计

____

____

4. 围堰填筑

____

____

5. 围堰拆除

____

____

6. 基坑降、排水

（1）基坑明排水。________________

____

____

（2）人工降低地下水位。________________

____

____

☆思考：施工导流的基本方式有哪两种？截流基本方式有哪两种？

10.1.10 地基处理工程

1 工程地质情况

2. 工程对地基的基本要求

3. 采取的地基处理措施

小贴士：结合工程实际谈1～2种地基处理措施，包括施工程序、技术要点、质量控制、主要机械设备。

☆思考：何为地基、基础？地基处理的目的有哪些？

10.1.11 土方工程施工

1. 土方工程概况

2. 土方开挖

3. 土方填筑

4. 主要土方机械数量确定

（1）铲运机数量确定。根据土方平衡表：下游基坑开挖强度为 238500÷153＝1558（m^3/d）；上游基坑及引河开挖强度为 302800÷202＝1499（m^3/d）；计划开挖强度取：1558 m^3/d，铲运机按每天1个台班计，每月按21天/(工作日）计。

$$1558\div120\div0.7=18\text{（台）}$$

实际配备20部铲运机。

（2）挖掘机、自卸汽车配备数量。

5. 土方平衡

土方挖填工作量大，土方平衡显得很关键。

土方平衡的方案：

____

____

____

____

绘制土方平衡图

☆思考：(1) 土方压实参数有哪些？压实标准主要以哪两个指标来控制？

____

(2) 请简述土石方平衡调配原则。

____

10.1.12 混凝土工程施工

1. 钢筋混凝土工程施工主要项目

____

2. ________主体结构施工

____

____

☆思考：(1) 混凝土入仓铺料的主要方法有哪三种？

____

(2) 混凝土表面有露筋，请分析原因。

____

10.1.13 砌石工程施工

1. 砌石工程施工程序

砌石工程施工程序：砌石工程是先护底后护坡，砌石护坡采取自下而上逐层砌筑的顺序。

2. 浆砌石施工

浆砌石施工包括原材料、砌筑、水泥砂浆勾缝。________________________

____

3. 干砌石施工

(1) 干砌石所用石料不得使用一边厚一边薄和石块边口很薄而未修整掉的石料，块石料最小边厚度不小于15cm，用于塞缝的片石用量不宜超过该处砌体的10%，石料表面清除干净。

(2) 在夯实的碎石垫层上以错缝锁结方式铺砌，垫层与干砌石采用随铺随砌。

(3) 干砌石表面砌缝的宽度小于25mm，砌石边缘顺直、整齐牢固，其外露面必须选用较整齐的石块砌筑平整。所有前后的明缝均用小片石料填塞紧密。

(4) 干砌石场内运输采用方便灵活的机动翻斗车和胶轮车相结合的方式。

☆思考：砂浆强度等级 M5.0 含义是什么？

____

____

10.1.14 季节性施工措施

1. 防雨施工措施

(1) 土方填筑防雨施工措施。______________________________

____

(2) 混凝土施工防雨措施。准确掌握天气预报，避免在大雨时浇筑混凝土。做好砂石堆料场排水与水泥仓库的防雨工作。

雨天浇筑混凝土时，应有防雨措施，并应通过试验调减混凝土的用水量，防止外水入仓，仓内及时排水，并不得带走灰浆。必要时，适当加大水泥量。同时，仓面要用雨布覆盖。

2. 冬季施工措施

(1) 土方工程冬季施工措施。负温下施工，压实土料的温度必须在-1℃以上。填土中杜绝含有冰雪和冻土块。复工前须将表面积雪清理干净，经监理验收合格后方可施工。

(2) 混凝土工程冬季施工措施。______________________________

____

3. 夏季施工措施

(1) 土方工程夏季施工措施。______________________________

____

(2) 混凝土工程夏季施工措施。______________________________

____

☆思考：基坑开挖时，往往会预留 10cm 的保护层，待浇筑混凝土垫层时，进行人工开挖，为什么要预留该 10cm 保护层？

小贴士：请从雨季和夏季两个角度考虑。

____

10.1.15 质量控制措施

1. 施工过程质量检验

(1) 单元工程质量检验（工序）。______________________________

____

(2) 分部工程验收。______________________________

____

(3) 阶段验收。______________________________

____

（4）单位工程验收。

2. 工程项目划分

（1）工程项目划分的依据。①《水利水电工程施工质量评定规程》（SL 176—2007）。②《水利水电建设工程验收规程》（SL223—2008）。③《水利水电基本建设工程单元工程质量评定标准》（SL 239—1999）。④土建施工及安装招标文件。⑤工程施工图纸。

（2）工程项目划分情况说明（表10.1）。

表10.1 工程项目划分表

单位工程名称及编码	分部工程名称	分部工程编码	单元工程划分原则说明

注 表中名称前标有“△”符号者为主要分部工程。

☆思考：单元工程质量评定标准是什么，即合格和优良条件是什么？单位工程质量优良的条件是什么？

参考《水利工程质量事故处理暂行规定》（水利部第9号令）。

10.1.16 安全保证措施

1. 安全管理目标

（1）无重伤及以上安全事故，轻伤负伤频率不大于1.5‰。

（2）全员安全教育率100%；项目经理、安全员、特种作业人员持证上岗率为100%。

2. 危险性较大的分部分项工程辨识

根据住房和城乡建设部〔2009〕87号文，危险性较大的分部分项工程辨识见表10.2、表10.3。

表10.2 危险性较大的分部分项工程辨识一览表

序号	分项工程名称	现场施工特征	危险性辨识结果	处理措施	备注
1					
2					

表 10.3 填写样表

序号	分项工程名称	现场施工特征	危险性辨识结果	处理措施	备注
1	基坑土方开挖	开挖深度 12m。	超过一定规模的危险性较大的分部分项工程	编制专项方案报批并经专家论证后实施	必须按照专家论证意见修改
2	汇水箱模板工程	模板支撑高度 8.1m，搭设跨度 2.5m，施工总荷载 $4kN/m^2$，集中线荷载 5kN/m	超过一定规模的危险性较大的分部分项工程	编制专项方案报批并经专家论证后实施	必须按照专家论证意见修改
3	原泵站拆除		危险性较大的分部分项工程	编制专项方案报批后实施	
4	水泵及闸门吊装	单件起吊重量 150kN	危险性较大的分部分项工程	编制专项方案报批后实施	

☆思考：(1) 高空作业的标准有哪四级？

(2)“三宝四口”指的是什么？

10.1.17 实习总结及体会

小贴士：这是精华，篇幅不少于 2500 字。要求条理清楚、逻辑性强；着重写出对实习内容的总结、体会和感受，特别是自己所学的专业理论与实践的差距和今后应努力的方向。此处约 1000 字。

10.1.18 感谢

小贴士：顶岗实习中，对帮助过自己的领导、师傅、同事、同学、朋友、老师，应由衷的表示自己的感谢。此处约 500 字。

附件 1：主要施工设备表

序号	设备名称	型号及规格	数量	国别产地	制造年份	额定功率/kW	生产能力	用于施工部位	备注
1	反铲挖掘机	$1.0m^3$	2 台	中国合肥	2007 年	160	$1.0m^3$	基坑开挖	
2	……								

附件 2：测量和试验仪器表

序号	仪器设备名称	型号规格	数量	国别产地	制造年份	已使用台时数	用途	备注
1	水准仪	S_3	2 台	中国北京	2005	4000	施工测量	
2	混凝土试模	15×15×15	6 组	中国北京	2008	500	混凝土强度试验	
3	……							

附件3：劳动力计划表 单位：人

工种	20____—20____年												
	月	月	月	月	月	月	月	月	月	月	月	月	月
管理干部													
技术人员													
测量员													
试验员													
资料员													
木工													
钢筋工													
电焊工													
混凝土工													
机械工													
机械操作工													
司机													
起重工													
钳工													
电工													
砌石工													
瓦工													
桩基工													
安装工													
其他工种													
普工													
合计													

附件4：施工进度计划表（双代号网络图）

提示：复杂庞大，可选取其一单位工程，编制网络计划，至少20个工作。

学习单元10.2 土石坝毕业综合设计实训

10.2.1 基本资料

10.2.1.1 工程概况及工程目的

ZF水库位于QH河干流上，控制面积4990km^2总库容5.05亿m^3。该工程以灌溉发电为主，结合防洪，可引水灌溉农田7.12万亩，远期可发展到10.4万亩。灌溉区由一个引水流量为45m^3/s的总干渠和四条分干渠组成，在总干渠渠首及下游24km处分别修建枢纽电站和HZ电站，总装机容量31.45MW，年发电量11290万kW·h。水库建成后，除为市区居民生活和工业提供给水外，还可使城市防洪能力得到有效的提高。水库防洪标准为百年设计，万年校核。枢纽工程由挡水坝、溢洪道和输水洞、灌溉发电洞及枢纽电站组成。

10.2.1.2 基本资料

1. 特征水位及流量

挡水坝、溢洪道、输水洞的特征水位及流量见表10.4。

表10.4 ZF水库工程特征值

序号	名　称	单位	数量	备　注
1	设计洪水时最大泄流量	m^3/s	2000	其中溢洪道815
	相应下游水位		700.55	
2	校核洪水时最大泄流量	m^3/s	6830	其中溢洪道5600
	相应下游水位	m	705.6	
3	水库水位			
	校核洪水位（P=0.1%）	m	770.4	
	设计洪水位（P=1%）	m	768.1	
	兴利水位	m	767.2	
	汛限水位	m	760.7	
	死水位	m	737.0	
4	水库容积			
	总库容（校核洪水位以下库容）	万m^3	50500	
	防洪库容（防洪高水位至汛期限制水位）	万m^3	13600	（P=2%）
	防洪库容（防洪高水位至汛期限制水位）	万m^3	1237	（P=5%）
	兴利库容	万m^3	35100	
	其中共用库容	万m^3	11000	
	死库容	万m^3	10500	
5	库容系数		50.50%	
6	调解特征		多年	
7	导流泄洪洞			
	形式		明流隧洞	工作阀门前为有压
	隧洞直径	m	8	
	消能方式		挑流	
	最大泄量（P=0.01%）	m^3/s	1230	
	最大流速	m/s	23.1	
	闸门尺寸	m^2	7×6.50	
	启闭机	t	300	
	检修门	m^2	8×9.00	
	进口底部高程	m	703.35	

续表

序号	名　　称	单位	数量	备　注
8	灌溉发电隧洞			
	形式		压力钢管	
	内径	m	5.40	
	灌溉支洞内径	m	3.00	
	最大流量	m^3/s	45.00	
	进口底部高程	m	731.46	
9	枢纽电站			
	形式		引水式	
	厂房面积	m^2	39×16.2	
	装机容量	kW	5×1250	
	每台机组过水能力	m^3/s	8.05	

2. 气象

气象资料见表10.5。

表10.5 　　**气象资料表**

项　　目	单位	数量	备注
多年平均气温	℃	4～12	
SW、SSW、S、SSE、SE向多年平均	m/s	17.0	7月、8月、9月、10月
最大风速	m/s	34.0	
相应设计水位库面吹程	km	1.15	
相应校核水位库面吹程	km	1.37	

3. 地质

(1) 坝址区工程地质条件。ZF水库的右岸较陡，坡度为30°左右，大部分基岩出露高程为770.00～810.00m。主河槽在右岸，河宽100m左右；左岸为堆积岸，左岸台地宽200m左右，山岭高程在775.00m左右，岸坡较平缓，大都为土层覆盖。水库枢纽处施工场地狭窄，枢纽建筑物全部布置在左岸，施工布置较为困难。

坝区为上二叠系石千峰组的紫红色、紫灰色细砂岩，间夹同色砾岩及砂质页岩等岩层。右岸全部为基岩，河床砂卵石层总厚度约50m，覆盖层厚度约5m。高漫滩表层亚砂土厚5～15m，左岸728.00m高程以下为基岩。基岩面向下游逐渐降低，土层增厚。砂卵石层透水性不会很强，施工开挖排水作业估计不会很困难。

(2) 溢洪道工程地质条件。上坝线路方案溢洪道堰顶高程757.00m，沿建筑物轴线岩层倾向下游。岩性主要为坚硬的细砂岩，其中软弱层多为透镜体，溢洪道各部分的抗滑稳定条件是好的。下坝线溢洪道高程750m。基础以下10m左右为砂质页岩及夹泥层，且单薄分水岭岩层风化严重，透水性大，对建筑安全不利。

10.2.2 枢纽布置

10.2.2.1 坝轴线选择

选择坝址时，应根据地形、地址、工程规模及施工条件，经过经济和技术的综合分析比较来选定。

应尽量选在河谷的狭窄段。这样坝轴线短，工程量小，但必须与施工场地和泄水建筑物的布置情况以及运用上的要求等同时考虑对于两岸坝段要有足够的高程和厚度。坝基和两岸山体应无大的不利地质构成问题。岩石应较完整，并应将坝基置于透水性小的坚实地层或厚度不大的透水地基上。坝址附近要有足够数量符合设计要求的土、砂、石料且便于开采运输。

通过以上分析，ZF水库坝轴线的选择，在地形上，应尽量选在河谷狭窄段。由地形图上可知，上游坡坝轴线、坝轴线以及和下游坝轴线三者的比见地形图，下游的坝轴线最符合。因为它是河谷的狭窄段，这样坝轴线短，工程量小，可减少投资，库容较大，淹没少。

10.2.2.2 枢纽布置

枢纽布置应做到安全可靠，经济合理，施工互不干扰，管理运用方便。

高中坝和地震区的坝，不得采用布置在非岩石地基上的坝下埋管型式，低坝采用非岩石地基上的坝下埋管时，必须对埋管周围填土的压实方法，可能达到的压实密度及其抵抗渗透破坏的能力能否满足要求进行保证。枢纽布置应考虑建筑物开挖料的应用。土石坝枢纽通常包括拦河坝、溢洪道、泄洪洞输水或引水洞及水电站等，应通过地形地质条件以及经济和技术等方面来确定。

坝址应选在地形地质有利的地方，使坝轴线较短，库容较大，淹没少。附近有丰富的筑坝材料，便于布置泄水建筑物。在高山深谷区常将坝址选在弯曲河段，把坝布置在弯道上，利用凸岸山脊抗滑稳定和渗透稳定，并采取排水灌浆等相应加固措施，应尽量避免将坝址选在工程地质条件不良的地段。如活断层含形成整体滑动的软弱夹层，以及粉细砂、软黏土和淤泥等软弱地基上。坝轴线一般宜顺直，如布置成折线，转折处山曲线连接。如坝轴平面形成弧形，最好试凸向上游，如受地形限制，不得凸向下游，曲度应小些，防渗体不要过薄，以免蓄水后防渗体产生拉力而出现顺水流方向的裂缝。

根据枢纽布置原则，枢纽中的泄水建筑物应做到安全可靠、经济合理、施工互不干扰、管理运用方便。枢纽布置应满足以下原则：

枢纽中的泄水建筑物应满足设计规范的运用条件和要求。选择泄洪建筑物形式时，宜优先考虑采用开敞式溢洪道为主要泄洪建筑物，并经经济比较确定。泄水引水建筑物进口附近的岸坡应有可靠的防护措施，当有平行坝坡方向的水流可能会冲刷坝坡时，坝坡也应有防护措施。应确保泄水建筑物进口附近的岸坡的整体稳定性和局部稳定性。当泄水建筑物出口消能后的水流从刷下游坝坡时，应比较调整尾水渠和采取工程措施保护坝坡脚的可靠性和经济性，可采取其中一种措施，也可同时采用两种措施。对于多泥沙河流，应考虑布置排沙建筑物，并在进水口采取放淤措施。

溢洪道应选择在地形开阔、岸坡稳定、岩土坚实和地下水位较低的地点，宜选用地质

条件好良好的天然地基。壤土、中砂、粗砂、砂砾石适于作为水闸地基，尽量避免淤泥质土和粉砂、细砂地基，必要时应采取妥善处理措施。从地质地形图可知坝体右岸有天然的垭口，地质条件好，且有天然的石料厂，上下游均有较缓的滩地，两岸岩体较陡，岩体条件好，施工起来更快捷更经济合理。

因此，溢洪道修建于QH右岸山坡上，紧邻右坝肩。由于闸址段地形条件好，所以采用正槽式溢洪道。

10.2.3 坝工设计

10.2.3.1 坝型确定

根据所给资料，选择大坝型式，还应根据地形、地质、建筑材料、工程量以及施工条件等综合方面确定坝型。

水库处于平原地区。由基本资料可知，库区土料丰富，料场距坝址较近，运输条件良好。施工简便，地质条件合理，造价低。通过以上几方面的综合分析比较，所以选用土石坝方案。

10.2.3.2 挡水坝体断面设计

1. 坝顶高程的确定

（1）风区长度。由题目已知该流域多年平均最大风速为9m/s，水位768.1m时水库吹程为5.5km。

（2）坝顶高程计算。

2. 坝顶宽度

坝顶宽度根据构造、施工等因素确定，由《碾压式土石坝设计规范》(SL 274—2001)高坝选用10～15 m，中低坝可选用5～10 m，根据所给资料，初步拟定坝体断面，坝顶宽度为8m如图10.2所示。

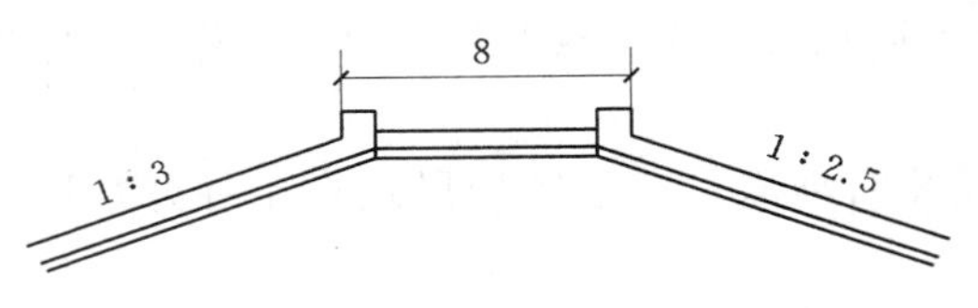

图10.2　坝顶结构图（单位：m）

3. 上下游边坡比

上下游边坡比见表10.6。

表10.6　上下游边坡比

坝高/m	上游	下游
<10	1:2～1:2.5	1:1.5～1:2
10～20	1:2.25～1:2.75	1:2～1:2.5
20～30	1:2.5～1:3	1:2.25～1:2.75
>30	1:3～1:3.5	1:2.5～1:3

根据资料，大坝为中低坝，故定上游坝坡1:3.0，下游坝坡1:2.5。

4. 马道

为了拦截雨水，防止坝面被冲刷，同时便于交通、检测和观测，并且利于坝坡稳定，下游常沿高程每隔10～30m设置一条马道，其宽度不小于1.5m，马道一般设在坡度变化处，均质坝上游不宜或少设马道，故本坝不设马道。

10.2.3.3 坝体渗流计算

渗流计算方法采用有限深透水地基上设灌浆帷幕的土石坝渗流，帷幕灌浆的防渗作用可以用相当于不透水地基的等效长度代替。

渗流分三种情况：上游为设计洪水位、校核洪水位、正常蓄水位和相应的下游水位如图10.3所示。

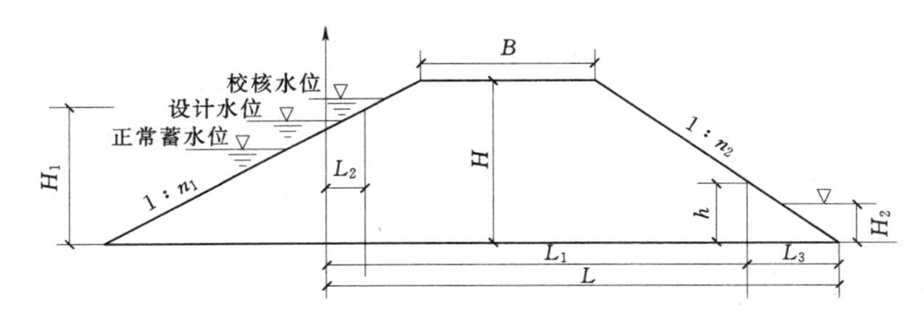

图10.3　各水位示意图

H—坝高；H_1—上游水深；H_2—下游水深；$h-H_2$—逸出高度；B—坝顶宽度；L_3—上游水位下三角形的等效矩形的宽度

另附纸

10.2.3.4 土坝稳定计算

提示：坝坡稳定计算采用计及条块间作用力的简化毕肖普法公式。

另附纸

10.2.3.5 细部构造

1. 护坡

因坝的上游坡面受波浪淘刷，下游坡面受雨水冲刷，坝的上下游坡面需设置护坡，本方案为砌石护坡，厚0.3m。

上下游护坡需设碎石或砾石垫层，本方案为碎石垫层厚0.2m。

下游坡面上要设置表面排水系统，纵横向排水沟及坝坡与岸坡连接处的排水沟。此外，还应布置阶梯等通行道路。

2. 反滤层设计

既要求把坝体渗水排除坝外，又要求不产生土壤的渗透破坏，在渗流的出口或进入排水处。由于水力坡降往往很大，流速较高，土壤易发生管涌破坏，为了防止这种渗透破坏，在这些地方应设置反滤层。

反滤层一般由1～3层级配均匀，耐风化的砂、砾、卵石或碎石构成，每层粒径随渗流方向而增大，水平反滤层的最小厚度可采用0.3m，垂直或倾斜反滤层的最小厚度可采用0.5m（反滤层应有足够的尺寸以适应可能发生的不均匀变形，同时避免与周围土层混掺）。其作用是防止衬砌的护坡石陷入坝身体中，在上游坡避免冲刷并在库水位降落时把坝体的水排出去又不带走坝体土料。因土坝为均质坝，所以采用反滤层位于被保护土的上部，渗流方向主要由下向上如图 10.4 所示。

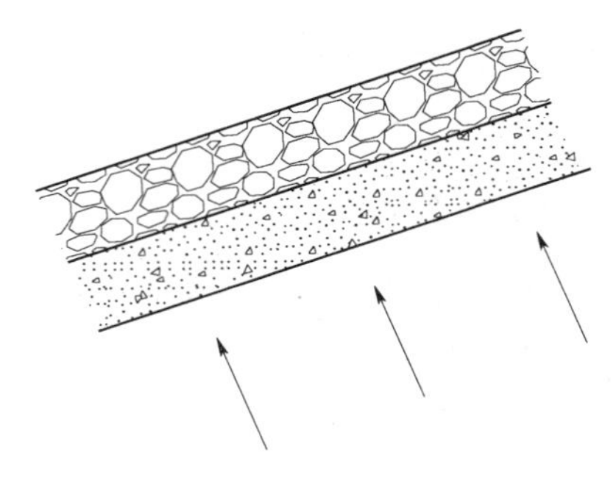

图 10.4 反滤层示意图

3. 防渗体的土料要求

防渗体要具有足够的不透水性和塑性，要求防渗体的渗透系数比坝主体至少小 100～1000 倍，且其透水系数不宜大于 10^{-5} cm/s，防渗体要有足够的塑性。这样，防渗体能适应坝基和坝体的沉陷和不均匀变形，从而不致断裂。长期的筑坝经验告诉我们，黏粒含量为 15%～30%或塑性指数为 10～17 的中壤土、重壤土黏粒含量为 35%～40%或塑性指数为 17～20 的黏土都是填筑防渗体的合适土料。黏性土的天然含水量最好，稍高于塑限含水量，使土料处于硬塑状态。

4. 排水结构

选用棱体排水，是在下游坝脚处用块石堆成棱体，顶部高程应超出下游最高水位，超出高度应大于波浪沿坡面的爬高。大坝为 3 级，不应小于 0.5m，并使坝体浸润距坝坡的距离大于冰冻深度。堆石棱体内坡一般为 1∶1.25～1∶1.5，外坡为 1∶1.5～1∶2.0 或更缓，应避免棱体排水上游坡脚出现锐角，顶宽应根据施工条件及检查观测需要确定，但不得小于 1.0m。棱体排水结构图如图 10.5 所示。

为了有效地降低坝内浸润线，在均质坝内设置垂直的、向上游或向下游倾斜的竖式排水是控制渗流的一种有效型式。这种排水顶部可伸到坝面附近，厚度由施工条件确定，但不小于 1.0m，底部用水平排水带或褥垫排水将渗水引出坝外。

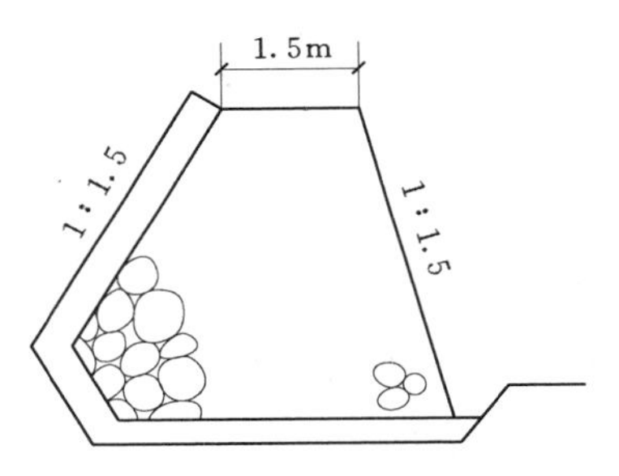

图 10.5 棱体排水结构示意图

对于由黏性土材料填筑的均质坝，为了加速坝壳内空隙水压力的消散，降低浸润线，以增加坝的稳定，可在不同高程处设置坝内水平排水层，其位置、层数和厚度可根据计算确定，但其厚度不宜小于 0.3m。多数情况下，伸入坝体内的长度一般不超过各层坝宽的 1/3。

10.2.4 溢洪道设计

10.2.4.1 溢洪道地形资料

库区两岸分水岭高程均在 750.00m 以上。库区外围断裂较发育，在库内被第四系及第三系玄武岩覆盖。库区地下水类型有两种，第四系松散层孔隙潜水和前第四系基岩裂隙水。水库不存在永久性渗漏问题，库岸稳定性较好，水库蓄水后，局部地段可能产生浸没，但浸没面积甚小，库区两岸居民及耕地分散，库区范围内无矿点分布，库区无水库淤积问题，水库蓄水后不致产生构造性诱发地震。

10.2.4.2 溢洪道地质资料

溢洪道地基为晚元古代第三期侵入混合花岗岩，灰白色—肉红色，岩体风化程度均为

弱风化带，地下水类型为基岩裂隙水，对混凝土无腐蚀性；溢洪道部位断层规模均较小，以陡倾角为主，完整性及强度与两侧岩体相差较小；闸室段基础岩体中等透水性，完整性较差，应进行浅层固结和深部帷幕灌浆防渗处理。

10.2.4.3 溢洪道的位置选择

溢洪道在水利枢纽中位置的选择，关系的工程的总体布置，影响到工程的安全、工程量、投资、施工进度和运用管理，原则上应通过拟定各种可能方案，全面考虑，则优选定。一般应考虑以下因素：

溢洪道应位于路线短和土石方开挖量少的地方。坝址附近有高程合适的马鞍形垭口，则往往是布置溢洪道较理想之处。拦河坝两岸顺河谷方向的缓坡台地也适合布置溢洪道。溢洪道应力争位于较坚硬的岩基上。位于好岩基上的溢洪道可以节省工程量，甚至不衬砌。应避免在可能坍塌的地带修建溢洪道。溢洪道开挖出渣路线及弃渣场所应能合理安排，是开挖量的有效利用更具有经济意义。此外还要解决与相邻建筑物的施工干扰问题。综上所述，本枢纽溢洪道应选上坝线方案。

10.2.4.4 溢洪道布置

1. 引水渠

引水渠进口布置应因地制宜，体形简单。当进口布置在坝肩时，靠坝的一侧应设置顺应水流的曲面导水墙，靠山一侧应开挖或衬砌规则曲面；当进口布置在垭口面临水库时，宜布置成对称或基本对称的喇叭口型式。

初拟引水渠段长103m，底宽14m，底高程730m，边坡1∶1，引水渠首端为32.5m的直线段，其后接一半径为80m的圆心角为50°的圆弧段。引水渠进口段剖面如图10.6所示。

引水渠的布置应遵循以下原则：

(1) 选择有利的地形、地质条件。

(2) 引水渠轴线方向，应有利于进水，在平面上最好布置成直线，以减小水头损失，增加其泄水能力。

(3) 引水渠较长时，宜在控制段之前设置渐变段，其长度应据流速等条件确定，不宜小于2倍堰上水深。

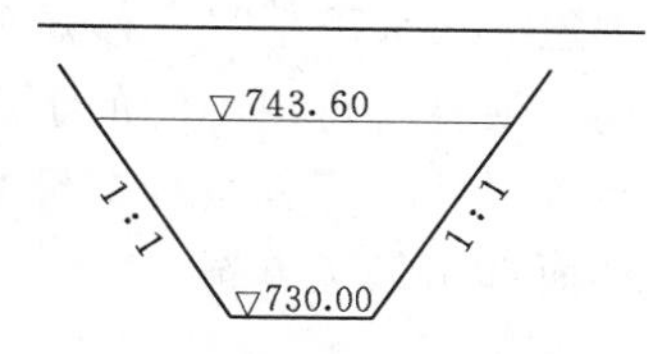

图10.6 引水渠进口段的剖面图

(4) 若受地形、地质条件限制，引水渠必须转弯时，其弯曲半径不宜小于4倍的渠底宽。

(5) 弯道至控制堰之间宜设计直线段，其长度不小于2倍堰上水头。

(6) 引水渠底宽顺水流方向收缩时，其首、末端底宽之比宜在1.5～3之间。

引水渠的横断面应有足够大的尺寸，以降低流速，减少水头损失。渠内设计流速大于悬移质不淤流速，小于渠道不冲流速，且水头损失小，一般采用3～5m/s。横断面的侧坡根据稳定要求确定。为了减小糙率和防止冲刷，引水渠宜做衬砌。

石基上的引水渠如能开挖整齐，也可以不做衬砌。纵断面应做成平底或底坡不大的逆坡当溢流堰为实用堰时，渠底在溢流堰处宜低于堰顶至少$0.5H_d$，以保证堰顶水流稳定和具有较大的流量系数。

2. 控制段

控制段设计，包括溢流堰和两侧连接建筑物。溢流堰的位置是溢洪道纵断面的最高点，其堰顶高程与工程量的关系很大，所以控制堰轴线的选定应满足下列要求。

(1) 统筹考虑进水渠、泄槽、消能防冲设施及出水渠的总体布置要求。

(2) 建筑物对地基的强度、稳定性、抗渗性及耐久性的要求。

(3) 便于对外交通和两侧建筑物的布置。

(4) 当控制堰靠近坝肩时，应与大坝布置协调一致。

(5) 便于防渗系统布置，堰与两岸的止水、防渗排水应形成整体。

控制堰的型式、基本尺寸和布置方式是溢洪道泄流能力的决定性因素。由于随着泄流能力的不同，洪水期可能出现的最高水库洪水位也不同，即坝高也要不同。所以控制堰的合理设计，归结为拟定不同方案，进行调洪演算，对包括拦河坝和溢洪道在内的枢纽总体的技术经济条件加以比较，从而选定。

设置控制堰段要解决的主要问题包括选择溢流堰断面型式、决定堰顶是否设闸门控制、通过调洪演算选定堰顶高程和孔口尺寸、选定闸门型式以及与控制堰有关的结构的平面和剖面布置等。

溢流堰型式应根据地形、地质、水力条件、运用要求和技术经济指标等因素，经综合比较选定。堰型可选用开敞式型式，但与溢流坝相比，其堰体高度很低；与泄水闸相比，其闸后落差较大。溢流堰体型设计的要求是尽量增大流量系数，在泄流时不产生空蚀或诱发振动的负压。

溢流堰前缘长度和孔口尺寸的拟定以及单宽流量的选择，可参考重力坝的有关内容。选定调洪起始水位和泄水建筑物的运用方式，然后进行调洪演算，得出水库的设计洪水位和溢洪道的最大下泄量。满足条件后，在此基础上，通过分析研究在拟定若干方案，分别进行调洪演算，得出不同的水库设计洪水位和最大下泄量，并相应定出枢纽中各主要建筑物的布置尺寸、工程量和造价。最后，从安全、经济以及管理运用等方面进行综合分析论证，从而选出最优方案。

3. 泄槽段

洪水经溢流堰后，多用泄水槽与消能设施连接。为不影响溢流堰的泄洪能力，此段纵坡常做成大于临界底坡的陡坡。坡陡、流急是泄水槽的特点。槽内水流速度往往超过16～20m/s。所以，防止和减小高速水流所引起的掺气、空蚀、冲击波和脉动等是泄槽段设计的关键。

泄槽在平面上宜尽量成直线、等宽、对称布置，使水流平顺，避免产生冲击波等不良现象。但实际工程中受地形、地质条件的限制，有时泄槽很长，为减少开挖量或避开地质软弱带等，往往做成带收缩段和弯曲段的型式。

泄槽段水流属于急流，如必须设置收缩段时，其收缩角也不宜太大。当收缩角较大时，必须进行冲击波计算，并应通过水工模型实验验证。收缩段最大冲击波波高由总偏转角大小决定，而与边墙偏转过程无关。因此，为了减小冲击波高度，采用直线形收缩段比圆弧形收缩段为好。

泄槽段如设置弯道，由于离心力及弯道冲击波作用，将造成弯道内外侧横向水面

差，流态不利。要设置弯道时，宜满足下列要求：横断面内流速分布均匀，冲击波对水流扰动影响小，在直线段和弯曲段之间，可设置缓和过渡段，为降低边墙高度和调整水流，宜在弯道设缓和过渡段渠底设置横向坡，矩形断面弯道的弯曲半径宜采用6～10倍泄槽宽度。

泄槽纵剖面设计主要是决定纵坡，其根据自然条件及水力条件确定。

水流通过控制段后为急流，为了不在泄槽段上产生水跃，泄槽纵坡应大于水流的临界坡，在地质条件许可的情况下，尽量使开挖和衬砌工程量最省。同时纵坡还要考虑泄槽底板和边墙结构的自身稳定及施工方便等因素。泄槽纵坡以一次坡为好，当受地形条件限制或为了节省工程量而需变坡度时也宜先缓后陡，因为水流经过控制段入泄槽时，流速不大；当接近消能设施时，加大底坡以便与消能设施相连接，此段长度较短，防空蚀措施比较好解决。但为防止水流脱离槽底产生负压，在变坡处宜采用符合水流轨迹的抛物线连接。

如采用先陡后缓的变坡方式，泄槽易被动水压力破坏，连接必须采用反弧曲线，反弧半径应不小于3～6倍的变坡方式。反弧半径越小，离心力越大，压力变化值越大，故除了采用较大反弧半径外，还应比较周密地考虑底板的分缝、分块及止水、排水的设置，以消除高速水流离心力在底板下形成的高水头的扬压力，保持泄槽底板的稳定。

泄槽底部衬砌的表面若不平整，特别是横向接缝处下游有生坎，接缝止水不良，施工质量差；地基处理不好，衬砌与地基接触较差；衬砌底板下排水不畅等原因，将导致底板下产生较大扬压力和动水压力，甚至使底板被掀起。因此，必须重视衬砌分缝、止水及排水等，以做到平整光滑、止水可靠和排水通畅。表面平整光滑可以防止负压和空蚀，底板下排水可以减小扬压力，接缝止水可以避免高速水流侵入底板产生脉动压力，在寒冷地区对衬砌材料有一定的抗冻要求。

4. 出口消能和尾水渠

根据地形条件和地质情况，选用挑流消能，它适用于较好的岩基或挑流冲刷坑对建筑物安全无影响时，可设置挑流鼻坎。挑坎末端做一道深齿墙，可以保护地基不被冲刷，其底部高程应位于冲刷坑可能影响的高程以下。为了防止小流量时产生贴流而冲刷挑坎底角，可在挑坎下游做一段护坦。挑坎上还常设置通气孔和排水孔，通气孔向水舌下补充空气，以免形成真空，影响挑距和造成结构空蚀。坎上排水孔排除反弧段积水；坎下排水孔排除渗流，降低齿墙后的渗透能力。

当溢洪道下泄水流消能后不能直接泄入河道而造成危害时，应设置尾水渠，其作用是将消能后的水流安全送入下游河道。对挑流消能，也只有掌握下游尾水情况，才能正确估算下游冲刷坑的大小和深度，定出挑坎齿墙的埋置深度和结构尺寸。尾水渠应尽量利用天然冲刷沟或河沟使出口水流能平稳地归入原河道。

10.2.5 地基处理

土石坝地基处理应力求做到技术上可靠，经济上合理。筑坝前要完全清除表层的腐殖土，以及可能发生集中渗流和滑动的表层土。

1. 坝基清理

大坝基础至坝脚线外10m范围内的树林、树根、耕植土、垃圾、工厂废料、地表孤石、梯田硬石及田边块石、河床底的淤泥、砂壤土等应清理，地质勘探的钻孔、试坑、平洞井等均应回填。坝基清理后，应平整密实，无明显陡坎和台阶，坡度一般不陡于1：1.5，为避免土坝与岸坡的接触面产生裂缝现象，坝体岸坡应削成斜面或接触面，不应成台阶状，反坡或突然变坡。应对坝基进行平整，振动碾压或夯板夯实。

2. 土石坝的防渗处理

学习过的坝基防渗措施有截水槽，板铺盖，混凝土防渗墙，帷幕灌浆，化学材料灌浆等。渗流控制的原则是“上游堵，下游排”。由于本坝址基岩为闪云斜长花岗岩，属怪硬岩石类。故本设计采用截水槽与帷幕灌浆相结合。

3. 土石坝与坝基的连接

由于坝体是建基岩上的所以本坝在坝底做混凝土齿墙与坝基连接。

4. 土石坝与岸坡的连接

土石坝的岸坡应清理成缓慢的坡度，不应为阶梯状或反坡。对不宜消除的反坡用贴补混凝土修整，填补凹坑，当岸坡上缓下陡时，变坡角应小于20°。开挖坡度不宜太陡，岩石岸坡不陡于1∶0.5或1∶0.75；土岸坡不陡于1∶1.5；砂砾坝壳部位的岸坡以维持岸坡自身稳定为原则。为延长渗径，黏土心墙在岸坡结合处应适当加宽，心墙一般加宽1/4～1/3。

学习单元10.3　土石坝设计与施工实训

10.3.1　任务书

10.3.1.1　实训场内土坝设计资料

1. 工程设计要求（工程目的）

拟建土坝（命名为龙塘土坝），属南淝河流域中游。水库集水面积2.44km^2，总库容约10.85万m^3。

龙塘水库是一座以农业灌溉为主，兼防洪、养殖等综合利用的小（2）型水库。其承担的主要任务是：

（1）灌溉效益，龙塘水库主要灌溉龙塘村及范岗村部分村民组。水库灌区设计灌溉面积0.06万亩。

（2）防洪效益，水库下游为龙塘村、范岗村数个村民组，以及合裕公路和几条重要的通信光缆，水库下游保护耕地0.2万亩，人口0.23万。龙塘水库防洪任务十分重要，通过滞洪削峰作用，可以适当减轻南淝河河防洪压力。

水库枢纽工程拟由大坝、正常溢洪道和北边一座放水涵洞等组成。

龙塘水库除灌溉等作用外，其土坝和涵洞等建筑物可作为学生的现场教学及实训的场所。为了适应土坝设计与施工课程及实训项目的教学要求，在设计要求、水文、地质和规模等方面做了适当的调整，与实际情况有一定的偏差，特此说明。

2. 地形、地质资料

(1) 龙塘水库坝址地形。河槽偏右岸，在河流的右岸山坡有一山凹口。

(2) 龙塘水库坝址地质条件如下。勘察所揭示坝基由，主河槽表面有 0.9m 厚的砂砾石覆盖层。

1) 层重粉质壤土（Q_4^{al}），局部夹杂中粉质壤土，灰—青灰色，软塑—软可塑，湿—饱和，属中偏高压缩性土，主要分布在老河道附近，层厚 0.9～3.0m，平均厚度 1.45 m；层底分布高程 80.64～84.49m。

2) 层重粉质壤土（Q_3^{al}），局部夹杂粉质黏土或中粉质壤土，含铁锰质、钙质结核，灰黄色—棕黄色，可塑—硬可塑，湿；属低压缩性土。本层分布较广，底部有一层砾质黏土层，主要含砾砂、砾石、铁锰质、钙质结核，从上到下含量逐渐变大，最高含量达30%以上，最大粒径达 30mm 左右，灰黄—棕黄色，硬塑，湿，属低压缩性土。厚度不等，一般 0.3～0.5m。

3) 层中生界白垩系上统响导铺组（K_2X^2）细砂岩，上部全风化，棕褐、棕黄色，呈土夹碎石状，新鲜岩石属硬质岩石。

除右岸山坡局部有 3m 风化漏水岩层外坝基不存在特殊土引起的工程地质问题，工程地质条件较好。

3. 水文、气象资料

龙塘水库地处北亚热带湿润季风气候，气候较温和，无霜期长，雨量适中，梅雨季节明显，日照充足，四季分明，严冬期短，气候条件较优越。历年最高气温 41℃，最低气温－14.6℃，多年平均气温 14.8℃，1 月份最低月平均气温为 1.9℃，7 月、8 月最高，月平均为 27.8℃。

龙塘水库建库前后均无任何实测径流资料，参考附近流域水库资料根据水量平衡推算的年径流深成果，求得龙塘水库多年平均年径流深为 175mm，多年平均年径流系数为 0.2，多年平均年径流量为 35 万 m^3。

由于龙塘水库无实测洪水资料，附近也没有可引用的实测的洪水资料，现根据《水利水电设计洪水计算规范》(SL 44—2006) 的有关规定，采用暴雨资料间接推求设计洪水。

龙塘水库设计洪水标准采用主要建筑物为 50 年一遇洪水设计、500 年一遇洪水校核，消能防冲设施为 20 年一遇洪水设计。水库正常蓄水位为 22.20m，设计洪水位为 22.61m，校核洪水位为 23.03m（表 10.7）。

表 10.7　　　　水库工程特征值表

水　　位	数值	单位	对应下泄流量	备　　注
校核洪水位	23.03	m		在校核洪水位和设计洪水位时波浪爬高与风壅水高的和分别是 0.6m 和 0.75m
设计洪水位	22.61	m	6.8m^3/s	
兴利水位	22.20	m		
死水位	19.50	m		
坝址河床高程	19.00	m		
下游最高洪水位	19.40	m		

4. 建筑材料

距坝址 1km 范围内，壤土储量丰富，土料的渗透系数为 4.26×10^{-5} cm/s；砂砾料和块石可从市场购买，交通方便。

5. 相关建筑材料的市场价格

相关建筑材料的市场价格由建设方在编制预算时提供。

10.3.1.2 设计任务及基本要求

1. 设计任务

(1) 根据已知基本资料选择坝型。①工程规模确定；②坝型选择；③枢纽布置。

(2) 坝工设计。①坝体横断面设计；②坝体渗流与稳定分析；③细部构造设计；④地基处理等。

(3) 坝体填筑质量确定。

(4) 筑坝土料开采与运输。

(5) 坝体的填筑。

(6) 施工组织设计。

2. 设计要求

(1) 设计者必须独立完成任务。

(2) 设计成果：设计说明书一份；设计图纸 5～8 张（二号图纸：平面布置图、立面图、横剖面图和细部构造图等）。

(3) 设计成果要字迹工整，图面整洁；公式要说明出处及字母含义；布置和构造的确定要有相应的示意图。

施工实训成果要求。

10.3.2 指导书

10.3.2.1 训练一：资料收集与分析

主要列出工程的设计要求（工程目的）和地形地质、水文及材料等有关资料。分析设计要求及相关资料对土坝设计与施工的作用。

(1) 设计要求决定工程的规模。

(2) 水文资料决定土坝的高程及溢洪道尺寸。

(3) 地质及筑坝土料决定坝的类型。

成果：工程等别及洪水标准的确定

1. 枢纽工程设计标准

龙塘水库总库容 10.85 万 m^3，水库灌区设计灌溉面积 0.06 万亩，最大坝高 4.5m 左右。根据《防洪标准》（GB 20201—94）和《水利水电工程等级划分及洪水标准》（表 2-1、表 2-2），龙塘水库属小（2）型水库，工程等别为Ⅴ等，主要永久建筑物级别为 5 级。龙塘水库设计标准采用 50 年一遇洪水标准设计、500 年一遇洪水标准校核。

2. 消能防冲设计标准

根据《水利水电工程等级划分及洪水标准》（SL 252—2000），龙塘水库溢洪道消能防冲建筑物的洪水标准按 20 年一遇洪水设计。

10.3.2.2 训练二：坝型选择

根据所给出的基本资料（地质和建筑材料），大坝坝型宜选用土石坝。根据防渗结构的类型，常见土石坝的型式有：心墙土石坝、斜墙土石坝、均质坝等。根据地形、地质、建筑材料、施工情况、工程量、投资等方面，综合比较选定坝型。建议按表10.8进行对比说明（建议选均质坝）。

表10.8　坝型对比表

因素＼方案	土质防渗心墙	土质防渗斜墙	均质坝
地形条件			
地质条件			
建筑材料			
施工条件			
运行管理			

根据资料确定枢纽工程的等级及建筑物等级。

成果：龙塘水库坝址与坝型的选择、枢纽布置。

1. 坝址的选择

根据龙塘水库的地形与地质资料，初拟的坝轴线地质条件较好，坝轴线短，右岸的山凹口有利于溢洪道的布置，取水建筑物可采用坝下涵管布置在左右岸，施工场地开阔，交通条件好，是理想的坝轴线。

2. 坝型的选择

坝轴线上，除右岸山坡局部有3m风化漏水岩层外坝基不存在特殊土引起的工程地质问题，工程地质条件较好；坝址1km范围内壤土储量丰富，土料渗透系数为4.26×10^{-5} cm/s；砂砾料和块石可从右岸山坡开采，可以建均质土坝；另外，均质土坝结构简单、施工方便、工期短，运行可靠，管理方便。确定采用均质土坝。

3. 枢纽布置

龙塘水库的正常溢洪道位于大坝南端（右岸）的山凹口处，采用开敞式正槽溢洪道工程量较小；放水涵位于大坝南端，坐落于原状土基上，底板高程在死水位以下0.1m；灌溉左右岸农田。枢纽建筑物之间相互不影响且相对集中。

10.3.2.3 训练三：建筑物设计（坝工设计）

1. 挡水坝体断面设计

确定最高坝段断面尺寸及平面布置。根据规范要求，参照已建工程并考虑本工程的具体情况，确定坝坡、坝顶高程、坝顶宽度、防渗体和排水体尺寸。绘出坝的剖面及平面布置图（图10.7）。

（1）确定坝顶高程时，应考虑正常蓄水情况和校核洪水情况，分别计算出所要求的坝顶高程，取其最大值作为坝顶高程。∇顶$=\nabla$静$+Y$，$Y=R+e+A$。

（2）坝顶宽度应满足运行、施工、构造、交通等方面的要求，一般高坝的最小宽度为

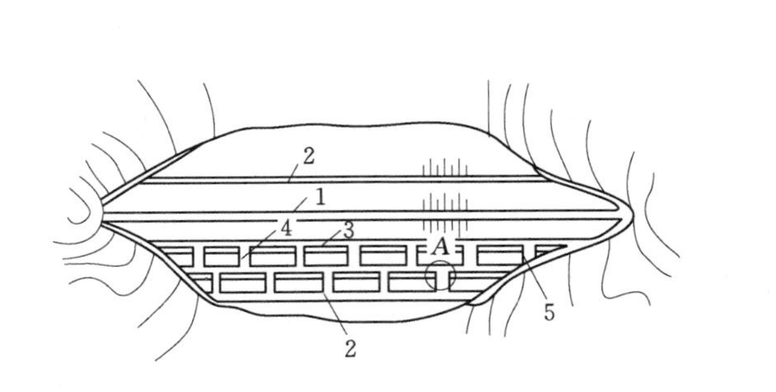

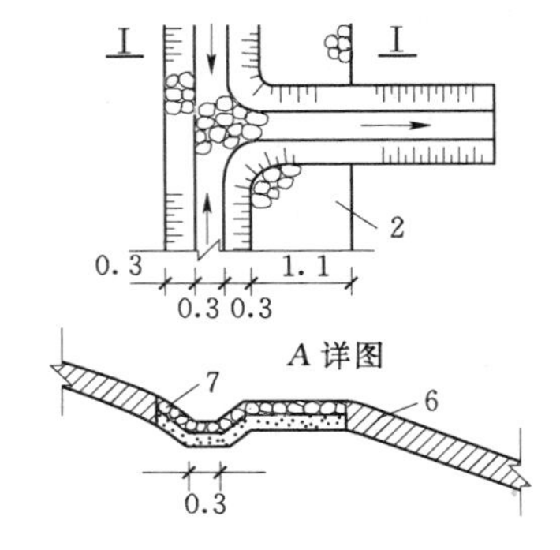

图 10.7　土坝平面示意图（单位：m）

1—坝顶道路；2—马道；3—排水沟；4—踏步；5、6—护坡；7—排水沟浆砌石衬砌

10～15m，中低坝为 5～10m（$H/10$），坝高很小的顶宽也不能小于 3m。

（3）坝坡的选择是一个非常重要的问题，因为坝坡的取值不仅关系到工程量，还关系到坝体的稳定。选择坝坡时应考虑下面的因素：上游坝坡长期处于水下，呈饱和状态，且水库水位有可能骤降，因此上游边坡较缓；坝坡可以分段设置，每段 10～20m，从上而下逐段放缓，相邻坡率差值取 0.25 或 0.5。

（4）碾压式土坝的下游边坡常沿高程每隔 10～15m 设置一条宽 1.5～2.0m 的马道，以拦截坝坡雨水，防止冲刷坝面，同时兼作交通、检修、观测之用。马道常设在坝坡变化处。碾压式土坝的上游边坡一般有较好的护坡，最多设置 1～2 条马道。

（5）坝面排水。坝面排水范围包括：坝顶、坝坡、坝端及坝下游等部位的集水、截水和排水措施。

成果：龙塘水库土坝剖面设计

（1）坝顶高程计算。根据《小型水利水电工程碾压式土石坝设计导则》（SL 189—96），坝顶超高按下式计算：

$$Y=R+A$$

式中　Y——坝顶在静水位以上的超高，m；

R——风浪沿着坝坡的最大爬高；

A——安全加高，4 级建筑物正常运行情况和非常运行情况分别为 0.50m 和 0.30m。

1）坝顶超高 Y 值。

设计工况条件下坝顶超高，$Y=0.6+0.5=1.1$m；

校核工况条件下坝顶超高，$Y=0.75+0.3=1.05$m。

2）坝顶高程值。

设计洪水位加正常运用情况的坝顶超高，$Y=22.61+1.1=23.71$m；

校核洪水位加非常运用情况的坝顶超高，$Y=23.03+1.05=24.08$m。

取以上条件的最大值，坝顶高程为 24.10m。

（2）坝顶宽度确定。龙塘水库大坝属于 5 级建筑物，坝顶宽度最小可为 5m。由于无特殊要求且满足防汛要求，又坝高较小，确定坝顶宽度为 3m。

（3）坝坡拟定。龙塘水库大坝最大高度只有 5m，为均质土坝。根据坝坡拟定规律和

表3－7坝坡经验尺寸，大坝不设马道，上游坝坡系数1：2.5，下游坝坡系数1：2.25。

(4) 由于下游坝坡有一便道经过，在便道的内测设截水沟，并设横向排水沟。

2. 细部构造设计

包括坝顶构造、护坡、坝体排水、反滤。

(1) 坝顶构造，坝顶上游侧一般需设置防浪墙，防浪墙可用浆砌石或钢筋混凝土筑成，防浪墙高度一般按高出坝顶面1.2m设计，防浪墙宽度可取为0.6m。为了排除雨水、坝顶面应向两侧或一侧倾斜，倾斜坡度为2%～3%（图10.8）。

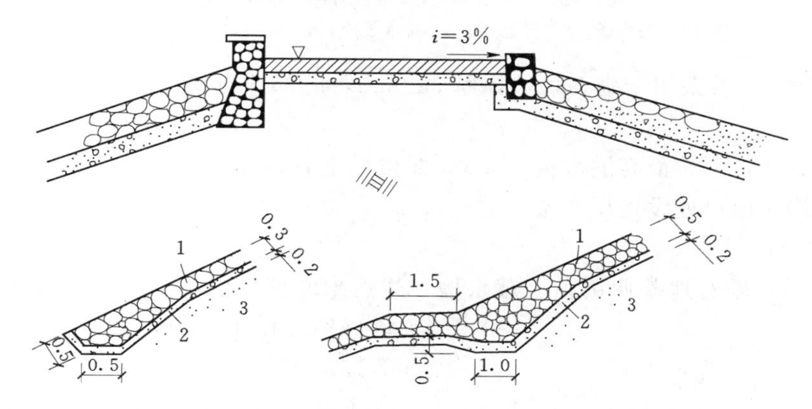

图10.8 坝顶结构图（单位：m）

1—干砌石；2—碎石垫层；3—砾石垫层

(2) 护坡。土石坝的上下游面一般均需设置护坡，上游护坡的常用形式为砌石或堆石，护坡下面应按反滤原则设置碎石或砾石垫层。

下游坝面除排水棱体外需全部护坡，通常采用草皮、干砌石（厚约0.4m)、碎石或砾石护坡。

(3) 坝体排水和反滤，排水设施应具有充分的排水能力，以保证自由地向下游排出全部渗水；同时能有效地控制渗流，避免坝体和坝基发生渗流破坏。此外，还要便于观测和检修。常用的坝体排水型式有：

1) 棱体排水。是一种可靠的、应用广泛的排水型式，可以降低浸润线，保护下游坡角，增加坝体稳定性，但石料用量大，费用高，与坝体施工有干扰（图10.9）。

2) 贴坡排水。构造简单，用料省，施工方便，易于检修，但不能降低浸润线，且易因冰冻而失效。

设计中应根据当地气候、土料、心墙型式等选择排水型式，也可以将几种不同的排水型式组合在一起，形成综合式排水。(建议河槽部分用棱体排水、其他用贴坡排水)

反滤层一般由1～3层级配均匀，耐风化的砂、砾、卵石或碎石构成，每层粒径随渗流方向而增大。反滤层一般只设两层，较少用三层。

成果：龙塘水库土坝剖面拟定

(1) 坝顶，由于水库水面很小，风浪也小，不设防浪墙；为了便于交通，坝顶采用浆砌石护面，厚300mm，底部碎石垫层100mm；坝顶上下游设缘石；坝顶排水坡度1.5%，分别排向上下游。

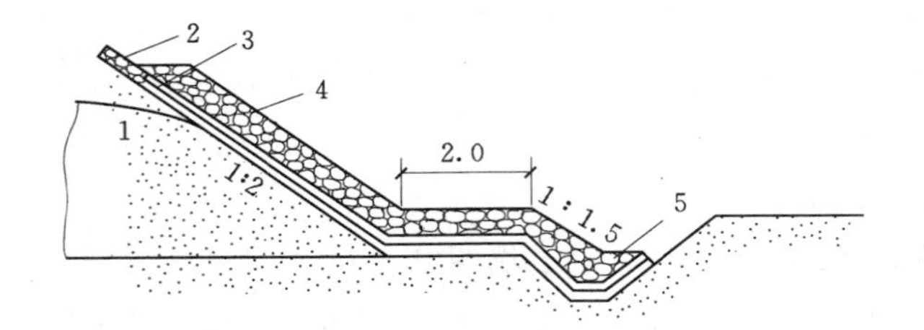

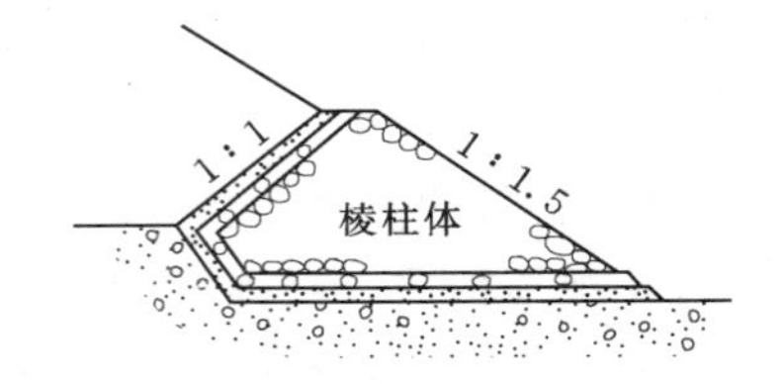

图 10.9 排水设施（单位：m）

1—浸润线；2—反滤层；3—排水设施；4—堆石；5—排水沟

(2) 护坡，上游采用干砌石护坡，厚 300mm，底部碎石垫层 100mm；下游采用草皮护坡；

(3) 排水体，下游最高洪水位＋0.5m 部位设堆石棱体排水，其他设贴坡排水，在所有排水体的渗流出口处设置反滤层。

3. 地基处理

对于浅层砂砾石地基使用黏土截水槽；岩石地基使用混凝土结合槽。要确定黏土截水槽（图 10.10）的构造和尺寸，如最小厚度等。

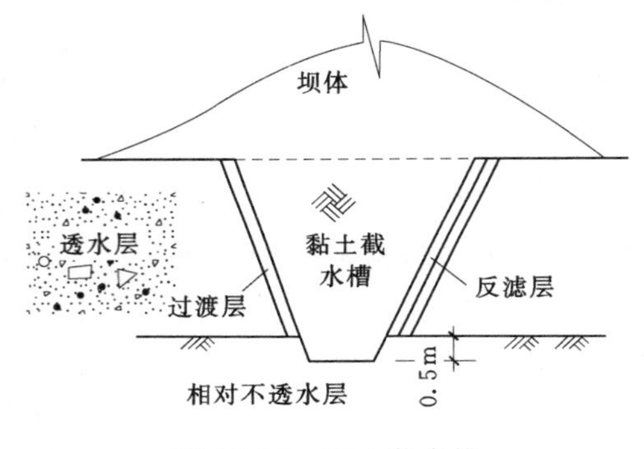

图 10.10 黏土截水槽

成果：龙塘水库土坝地基处理

(1) 对于浅层砂砾石透水地基，采用黏土截水槽防渗。

(2) 截水槽厚度 $\delta = H_{max}/[J]$，约 1.2m。

(3) 在截水槽上游设中粗砂过渡层，下游设反滤层。

(4) 截水槽下游坝体于砂砾石地基接触面设反滤层。

10.3.2.4 训练四：坝体填筑质量确定

根据工程等级确定建筑物级别，查出土料的压实度 P，由公式 $\gamma_d = P\overline{\gamma}_{dmax}$ 算出坝体的设计干重度。

成果：龙塘水库土坝填筑质量确定

(1) 由于本土石坝为 5 级建筑物，查规范得压实度 $P = 0.96$ 。

(2) 本地土料标准平均最大干重度 $\gamma_{dmax} = 16.8\text{kN/m}^3$ 。

(3) 土坝填筑质量 $\gamma_d = P\gamma_{dmax} = 16.13\text{kN/m}^3$ 。

10.3.2.5 训练五：土料的开采与运输

1. 坝料开采

在施工过程当中，对于不同的储备料场不同的开采时间和方式，对施工工期和施工成本费用影响颇为重要，因此，在施工组织设计中，为了缩短施工工期，降低施工费用，料场的开采时应注意。

(1) 料场开采尽量不要占用或者尽可能少占用耕地、林地以及房屋，减少补偿费用，

节约施工费用；对于有环境保护和水土保持要求的，应该积极满足并做好相关保护和恢复工作；有复耕要求的，要积极的予以复耕。

(2) 施工开始之前，应该根据所在地区的水文、气象、地形以及现有交通的情况，研究开采料场的施工道路的布置，使得料场开采顺序合理并选择合适的开采开挖、运输设备，以便满足高峰时期的施工强度要求。

(3) 根据料场的储料物理力学特性天然含水量等条件，确定主次料场，制定合理的分期、分区开采计划，力求原料能连续均衡开采使用；如果料场比较分散，上游料场应该在前期使用，近距离料场则适宜作为调剂高峰施工时采用。

(4) 容易受到洪水或者冰冻的料场应该有备用储料，以便在洪水季节或冬季使用，并有相应的开采措施。

(5) 在施工过程中，力求开采应使用料以及弃料的总量最小，做到开采使用相对平衡，并且弃料无隐患，满足环境保护和水土保持的要求。

在坝料的开采过程当中，还要注意排水以及辅助系统的布置等问题。如果坝料在含水率方面需要调整，一般情况下，也在料场进行干燥或者加水。总之，在料场的规划和开采中，考虑的因素很多而且又很灵活。对拟定的规划、供料方案，在施工过程中，遇到不合适的及时进行调整，以便取得最佳的技术经济效果。

土料开采主要分为立面开采和平面开采。其施工特点以及适用条件，见表10.9。

表10.9　　土料开采方式比较

开采方式	立 面 开 采	平 面 开 采
料场条件	土层较厚，料层分布不均	地形平坦，适应薄层开挖
含水率	损失小	损失大，适用于有降低含水率要求的土料
冬季施工	土温散热小	土温易散失，不易在负温下施工
雨季施工	不利因素影响小	不利因素影响大
适用机械	正铲、反铲、装载机	推土机、铲运机或推土机配合装载机

2. 坝料运输

筑坝材料运输有很多种方式，在选择运输方案与运输机具时，应考虑坝体工程量、坝料性质和上坝强度、坝区地形、料场分布等因素，运输设备与开采、填筑设备、施工条件相配套。在20世纪六七十年代前后，国内外有的大坝填筑材料的运输还采用带式输送机或者挖掘机和带式输送机对坝料进行运输。当今，随着时代的进步以及机械制造业的发展，汽车运输的优越性愈加明显，目前，国内外土石坝施工的运输方式大部分是自卸汽车运输坝料直接上坝方式。工程中根据坝料的性质和上坝强度采用不同吨位的自卸汽车。如小浪底土石坝采用60t自卸汽车上坝，天生桥一级混凝土面板堆石坝采用32t自卸汽车上坝。以下我们主要讲述汽车运输道路的布置以及技术标准。有关其他运输机具的特点见土方工程章节相关内容。

(1) 坝区运输道路布置原则以及要求。运输道路的规划和使用，一般结合运输机械类型、车辆吨级及行车密度等进行，主要考虑以下几点。

1) 根据各施工阶段工程进展情况及时调整运输路线，使其与坝面填筑及料场开采情况相适应。施工期场内道路规划宜自成体系，并尽量与永久道路相结合。（永久道路应该在坝体填筑施工前完成），另外运输道路不宜通过居民点或者与工作区，尽量与公路分离。

2）根据施工工程量大小、筑坝强度计划，结合地形条件、枢纽布置、施工机械等，合理安排线路运输任务。必要时，应该采用科学的方法对运输网络优化。

3）宜充分利用坝内堆石体的斜坡道作为上坝道路，以减少岸坡公路的修建。连接坝体上、下游交通的主要干线，应该布置在坝体轮廓线以外。干线与不同高程的上坝公路相连接，应避免穿越坝肩岸坡，避免干扰坝体填筑施工。

4）运输道路应尽量采用环形线路，减少平面交叉，交叉路口、急弯等处应设置安全装置。坝体内的道路应该结合坝体分期填筑规划统一布置，在平面与立面上协调好不同高程的进坝道路的连接。

5）道路的运输标准应该符合施工机械的行进要求，用以降低机械的维修费用以及提高生产率；为了施工机械和人员的安全，应该有较好的排水设施，同时还可以并避免雨天运输机械将路面的泥土等带入坝面，影响施工质量；此外道路还应该有比较完善的照明设施，保证夜间施工时机械行车安全，一般路面照明容量不少于3kW/km。

6）运输道路应该经常维护和保养，及时清除路面散落的石块等杂物，并经常洒水，以减少施工机械的磨损。

（2）上坝道路布置。坝区坝料运输道路布置方式有岸坡式、坝坡式以及混合式三种，其线路进入坝体轮廓线内，与坝体临时道路相连接，组成直达报料填筑区的运输体系。

上坝道路单车环形线路比往复双车线路行车效率高、更安全，坝区以及料场应该尽可能采用单车环形线路。一般情况下，干线多采用双车道，尽量做到会车不减速。

岸坡上坝道路宜布置在地形比较平缓的坡面，以减少开挖工程量，路的“级差”一般为20～30m。

在岸坡陡峭的狭窄施工区域，根据地形条件，可以采用平洞作为施工交通之用。必要时，可采用竖井卸料来连接不同高程的道路。

10.3.2.6　训练六：土料的填筑

土方回填采用铲运机运输为主，运距300～400m左右，利用河道挖土可利用土方，围堰拆除土方运至填筑工作面，120kW推土机平整，土料碾压采用凸块碾，采用超宽铺法，多余铲除；和建筑物接触用2.8kW蛙式夯机补夯边角部位。

建筑物四周回填时，先排除积水，清除杂物，在结构填土部位刷黏土浆，并保持其湿润，随刷随填。

1. 现场填筑试验

取土来源自上引河、基坑开挖土方，不足部分从工地外2.5km处调土。取土料场周围设截、排水沟，并利用推土机清表，进行现场试验，确定填筑的最佳含水量和填筑参数，如果含水量高出规定范围，采取挖掘机翻晒等措施进行调整。

2. 施工措施

（1）土方填筑在基础处理、隐蔽工程和基坑清理等验收合格后才能进行，验收合格的堤基及时填筑，以防雨水浸泡。

(2) 根据填筑部位的不同，采用不同的压实方法，确保回填土方达到设计要求。填筑采用120kW推土机整平，凸块碾碾压；建筑物周边的回填土用人工和小型机具夯压密实。上下游导流堤压实后干重度不小于16.0kN/m³，同时压实度不小于92%，建筑物周边的回填土压实后干重度不小于16.0kN/m³。

(3) 土方填筑，采用接近最优含水量的土料，且土料的含水量控制在最优含水量范围内，如果超出，采取措施，如明沟排水、翻晒等，使其含水量满足要求后，再进行填筑。

(4) 分段填筑时，各段土层之间设立标志，以防漏压、欠压和过压，上下层分段位置错开。

(5) 严格控制铺土厚度及土块粒径。人工夯实每层松铺厚度不超过20cm，土块粒径不大于5cm；机械压实每层松铺厚度不超过30cm，土块粒径不大于8cm；每层压实后经自检并经监理工程师验收合格后方可铺筑上层土料。

(6) 对由于气候、施工等原因暂停施工的回填工作面加以保护，复工时必须仔细处理，经监理工程师验收合格后，方可填土，并做记录备查。

(7) 如填土出现“弹簧”、层间中空，松土层或剪力破坏现象时，局部挖除，并经监理工程师检验合格后，方可进行下一道工序。

(8) 雨前碾压注意保持填筑面平整，以防雨水下渗和避免积水。下雨或雨后不允许践踏填筑面，雨后填筑面晾晒或处理，并经监理工程师检验合格后才继续施工。

(9) 负温下施工，压实土料的温度必须在0℃以上，但风速大于10m/s时停止施工。

(10) 填土中杜绝含有冰雪和冻土块。如因冰雪停工，复工前须将表面积雪清理干净，并经监理工程师检验合格后才继续施工。

(11) 严格按照《堤防工程施工规范》(SL 260—2014) 中的有关要求施工。

10.3.2.7 训练七：土料的压实质量检测

(1) 做好质量管理工作，实行初检、复检、终检制度。

(2) 对填筑部位的质量控制，执行《堤防工程施工规范》(SL 260—2014) 及《堤防工程施工质量评定与验收规程》(试行) (SL 634—2012) 的有关规定。

(3) 质量检查小组对所有取样检查部位的平面位置、高程和检验结果等均如实记录，并逐班逐日填写质量报表并报送监理工程师。

(4) 现场填筑土体含水量采用烘干法测定，以此来测定干密度。另外取样时注意避免操作上的偏差。如有怀疑，立即重新取样。测定密度时取至压实层的底部，并测量压实层的厚度。

(5) 取样试验所测定的干密度，其合格率不得小于90%，且不合格的样品不得集中，不合格干密度不得低于设计干密度的98%。

10.3.2.8 训练八：施工组织设计

1. 土方开挖

土方开挖范围包括上引河开挖、基坑开挖、上下游左右岸导流堤清基及其他排水沟、齿槽开挖部位的施工。

(1) 场地清理。场地清理包括植被清理和表土清除，清除厚度约为50cm，工程范围包括主体工程、取土场、临时堆土区、弃土场及临时生产、生活区。

施工中按施工总体布置，利用120kW推土机清除地表的树根、杂草、垃圾、废渣及表层有机土壤等，主体工程的植被清理范围延伸到施工开挖边线或填筑边线外侧20m以上，弃土运至右岸弃土场堆放。

（2）基坑开挖。采用铲运机为主、挖掘机为辅的施工方案，基坑开挖过程中结合开挖出土，填筑左右岸导流堤。

基坑开挖前，按设计断面及高程进行测量放样。开挖边坡按设计控制，在基坑上部四周挖截水沟一道，使基坑以外的降水和生产弃水能集中外排，在基坑底部每边预留工作面2.0m，在基坑边缘外1.0m挖1m×1m的排水沟，在排水沟适当位置挖集水坑，作为集水排水处，用水泵将水排向围堰外，集水坑尺寸视基坑排水量大小而定。为防止雨水冲刷坡面，在坡面及平台处设置排水沟。

开挖过程中，开挖坡面若有不安全因素，采取相应的防护措施，如加强明沟排水、使用木桩结合挡板支护等措施。如坡面渗水量不大，则做砂石反滤把水引入排水沟，如出现裂缝、滑动迹象和流沙涌泥等无法继续施工时，立即暂停施工和采取应急抢救措施，根据具体情况修正施工方案和采取相应措施，必要时将采用轻型井点等降低地下水位。

可利用土料与弃置废料分别堆放，用推土机适度平整，保持土料堆放的边坡稳定，并有良好的排水措施，可利用土料为保持土料的含水率，在堆土区四周设置排水沟向区外排水，土料堆面保持中部向外的泛水坡，并由内向外布置适当的排水沟。

2. 主要土方机械数量确定

（1）铲运机数量确定。

1）根据土方平衡表：下游基坑开挖强度为238500÷153＝1558(m^3/d)；

上游基坑及引河开挖强度为302800÷202＝1499(m^3/d)。

2）计划开挖强度取：1558 m^3/d，铲运机按每天1个台班计，每月按21d工作日。

1558÷120÷0.7＝18（台）实际配备20部铲运机。

（2）压路机、推土机。由前述围堰施工方案中计算知：在18部铲运机运土回填条件下，配120型推土机和T－2.5凸块碾各5部，即可满足填筑整平、压实要求。

（3）挖掘机、自卸汽车配备数量：

1）按从2.5km外调土200000m^3回填导堤计算，工期为62天，调土强度200000÷62＝3225(m^3/d)；

挖掘机台班产量为，395m^3/台班，10t自卸汽车台班产量为57 m^3/台班。

2）每天按1.5个台班计，每月按规定21天有效工作日。挖掘机，3225÷395÷1.5÷0.7＝7.7(部)；10t自卸汽车，3225÷57÷1.5÷0.7＝53(部)；实际配备挖掘机8部，10t自卸汽车60部。

3. 土方平衡

本工程土方挖填工作量大，土方平衡显得很关键。

为便于施工安排，减少成本，根据本工程特点及地质情况，围堰土源来自基坑开挖土方，基坑开挖多余土方全部用于导流堤填筑，围堰拆除土方亦回填导流堤，另外土方压实方与自然方的比例按1∶1.08考虑，回填所缺土方由2.5km外运至施工作业面。

4. 土方填筑工艺流程

土方填筑工艺流程如图 10.11 所示。

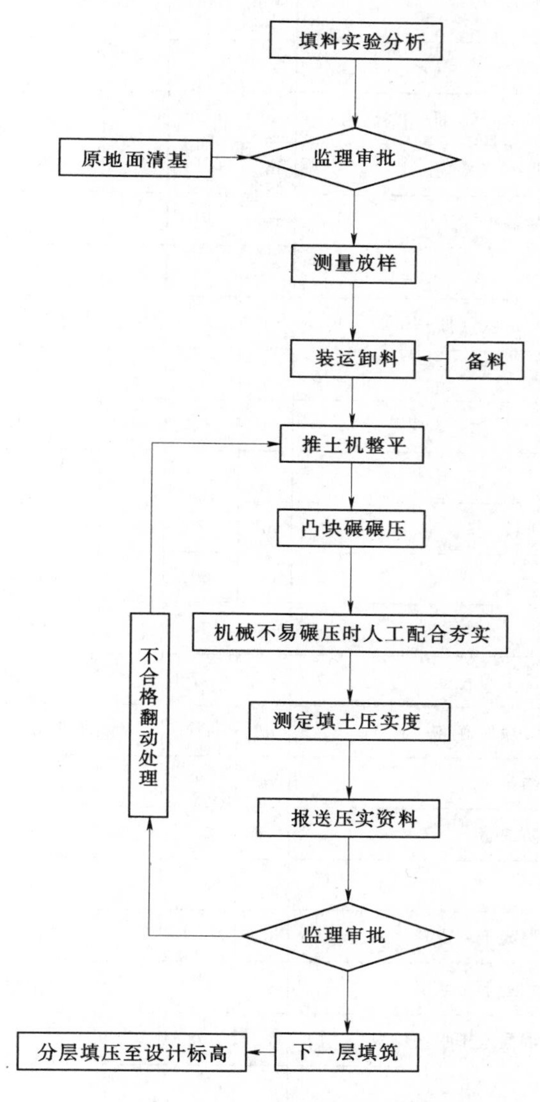

图 10.11 土方填筑工艺流程图

10.3.2.9 训练九：土坝造价分析

1. 工程量清单

工程量清单见表 10.10。

表 10.10 工 程 量 清 单

序号	项目名称	单位	工程量	合计/元	备 注
1.1	大坝加固工程				

续表

序号	项目名称	单位	工程量	合计/元	备　　注
1.1.1	土方开挖工程				
1.1.1.1	坝坡原土层清理厚 20cm（Ⅲ-200m 内）	m^2	10400		
1.1.1.2	坝坡土方挖运（Ⅲ-200m 内）	m^2	1010		
1.1.1.3	排水沟、渠道、齿墙土方开挖	m^3	510		
1.1.2	土方填筑工程				
1.1.2.1	坝坡加培土方回填压实（Ⅲ-1000m 内）	m^3	18059		挖运、压实、整坡、料场清表等
1.1.3	钻孔和灌浆工程				
1.1.3.1	黏土井柱桩	m^3	4216		孔径 1.2m，成墙厚度 80cm
1.1.4	混凝土工程				
1.1.4.1	C20 现浇混凝土护坡	m^3	120		含整坡、分缝、排水孔费用
1.1.4.2	C20 压顶	m^3	60		含分缝
1.1.4.3	C20 混凝土隔梗	m^3	35		含分缝
1.1.4.4	C20 混凝土现浇排水沟底板	m^3	47		含分缝
1.1.4.5	C30 混凝土路面（坝顶道路）	m^3	420		含分缝、路面压纹等
1.1.4.6	C20 混凝土现浇踏步	m^3	3		
1.1.4.7	C20 混凝土现浇防浪墙	m^3	230		含分缝
1.1.5	预制混凝土工程				
1.1.5.1	C20 混凝土预制混凝土草皮砖（六边形）	m^2	2900		不含草皮，厚 10cm，边宽 8cm
1.1.5.2	C20 混凝土预制六边形贴坡反滤板	m^3	80		采用塑料模具
1.1.5.3	C20 混凝土预制混凝土排水沟侧板	m^3	95		
1.1.6	其他建筑工程				
1.1.6.1	级配碎石基层	m^3	492		含整理路基、路肩土方
1.1.6.2	贴坡反滤碎石层	m^3	160		
1.1.6.3	贴坡反滤粗砂层	m^3	160		
1.1.6.4	贴坡反滤土工布层	m^2	830		含坡面人工整理
1.1.6.5	草皮护坡	m^2	10752		马尼拉草皮，铺 80%。含坡面清理、1 年管护费用

2. 建筑工程单价分析

建筑工程单价分析见表10.11和表10.12。

表10.11 **1m³ 挖掘机挖土自卸汽车运输-Ⅲ单价分析表**

定额编号：部2002概10622调　　定额单位：100m³

施工方法：挖装、运输、卸除、空回（松土）-10t自卸汽车-1.5km。

序号	名称及规格	单位	数量	单价	合计
1	直接工程费				896.41
(1)	直接费				841.70
1)	人工费				12.55
	初级工	工时	5.95	2.11	12.55
2)	材料费				32.37
	零星材料费	%	4.0	809.33	32.37
3)	施工机械使用费				796.78
	挖掘机液压1m³	台时	0.88	125.87	110.77
	推土机59kW	台时	0.52	63.00	32.76
	自卸汽车10t	台时	7.13	91.62	653.25
(2)	其他直接费	%	2.50	841.70	21.04
(3)	现场经费	%	4.00	841.70	33.67
2	间接费	%	4.00	896.41	35.86
3	企业利润	%	7.00	932.27	65.26
4	税金	%	3.22	997.53	32.12
合计					1029.65

表10.12 **拖拉机压实土料单价分析表**

定额编号：部2002概30075　　定额单位：100m³

施工方法：推平、刨毛、压实、削坡、洒水、补夯边及各种辅助工作不大于16.67kN/m³，土料运输距离1.5km。

序号	名称及规格	单位	数量	单价/元	合计/元
1	直接工程费				1404.70
(1)	直接费				1318.97
1)	人工费				46.00
	初级工	工时	21.80	2.11	46.00
2)	材料费				27.12
	零星材料费	%	10.0	271.15	27.12
3)	机械使用费				1245.85
	拖拉机74kW	台时	2.06	65.51	134.95
	推土机74kW	台时	0.55	89.06	48.98

续表

序号	名称及规格	单位	数量	单价/元	合计/元
	蛙式打夯机 2.8kW	台时	1.09	12.50	13.63
	刨毛机	台时	0.55	46.10	25.36
	其他机械费	%	1.00	222.92	2.23
	土料运输	m^3	118.00	8.65	1020.70
(2)	其他直接费	%	2.50	1318.97	32.97
(3)	现场经费	%	4.00	1318.97	52.76
2	间接费	%	4.00	1404.70	56.19
3	企业利润	%	7.00	1460.89	102.26
4	税金	%	3.22	1563.15	50.33
合计					1613.48

附　　录　1

安徽省铜都市国家现代农业示范区2013年
农田水利建设项目

招　标　文　件

招标编号：2014－GC－Z－Z－008

招　　标　　人：安徽省普济圩农场　　（盖章）

招标代理机构：合肥顺泓水利水电工程咨询有限公司　（盖章）

日　　　　期：2014年1月

总 目 录

上篇 专 用 部 分

下篇 通用部分（摘录）

上篇　专　用　部　分

第一章　招　标　公　告

招标编号：2014-GC-Z-Z-008

发布日期：2014 年 1 月 28 日

一、招标条件

（1）工程名称：安徽省铜都市国家现代农业示范区 2013 年旱涝保收标准农田建设项目。

（2）项目审批机关名称：安徽省农业委员会。

（3）招标人：安徽省普济圩农场。

（4）资金来源：财政拨款，已落实。

二、工程概况与招标范围

（1）工程实施地点：安徽省普圩济圩农场。

（2）建设规模：一标段：新建道路（4m 宽砂石路 5.5km，3.5m 宽砂石路 0.15km）；灌溉站 1 座；衬砌渠道（衬砌农渠 1.96km，衬砌斗渠 0.15km）；沟渠建筑物（3m 跨桥，ϕ600 过路涵）；放水口；分渠护坡 2.2km，二标段：分渠护坡 4km。总投资额约 612 万元；主要内容：具体详见工程量清单。

（3）计划工期：120 个日历天。

（4）招标范围：施工图纸、招标文件及工程量清单中所载明内容。

（5）标段划分：二个标段。

三、投标人资格要求

（1）投标人资质要求。①企业要求：具备水利水电工程施工总承包叁级及以上资质。②项目负责人（建造师）要求：具备水利水电工程（专业）贰级及以上资格，并有安全生产考核合格证书（B 类），并提供开标前半年该单位连续三个月的社保缴纳证明。③项目管理人员要求：投标单位提供五大员（预算员、施工员、质检员、安全员、材料员）在开标前半年该单位连续三个月的社保缴纳证明及岗位证书。

（2）本次招标不接受联合体投标，资格审查采取后审方式进行。

（3）在安徽省内受到市级及以上招投标主管部门限制投标处罚的，至公告发布之日仍在处罚期内的投标人不得参与投标。

（4）投标人需提供《检察机关查询行贿犯罪档案结果告知函》，该函由铜都市人民检察院（本地企业）出具，外地企业由企业注册所在地县级以上人民检察院出具。

四、招标文件的获取方式

（1）所有招标内容均以铜都市公共资源交易网上公布的该工程招标公告、附件、答疑为准，投标人自行下载，其他任何形式的内容不作为招标投标以及开标评标的依据。请各投标人注意该网站中建设工程“招标公告”“变更公告”“答疑”信息栏内的信息发布内容，如因投标人自身原因未了解公告、答疑等信息的，责任自负。

（2）招标文件及有关招标资料工本费为500元/份（不分标段收取），在开标当天由招标代理机构人员现场收取。

（3）投标人根据招标要求，可自行下载相关资料，于公告规定截止时间前携带相应材料至指定地点投标。

五、投标截止时间和地点

（1）投标文件递交截止时间（开标时间）为：2014年2月24日上午9：00整。

（2）投标文件递送的地点（开标地点）为：铜都市公共资源交易中心（投资大厦）三楼开标四室。

（3）逾期送达的或者未送达指定地点的投标文件，招标人不予受理。

六、联系方式

招　标　人：安徽省普济圩农场　　地址：普济圩农场总场

联　系　人：刘科长　　电话：

招标代理人：合肥顺泓水利水电工程咨询有限公司　　地址：铜都市双星国际北楼1602号

联　系　人：张工　　电话：

七、保证金账户

账户名	铜都市公共资源交易中心
账号	3400166860805999999
开户银行	建行城中支行

八、附件

1. 招标文件

2. 工程量清单及招标控制价［人民币：一标段控制价：（小写）￥3536539元，具体见工程量清单］

3. 施工图纸

第二章　投　标　须　知

投标须知见附表1.1～附表1.3。

附表1.1　　**投标须知（一）**

序号	序列名称	序列内容
1	工程名称	安徽省铜都市国家现代农业示范区2013年旱涝保收标准农田建设项目
2	建设地点	普济圩农场场内
3	招标人	安徽省普济圩农场
4	工程设计/勘察单位	安徽省农业工程设计院有限公司
5	建设规模	新建道路；灌溉站；衬砌渠道；沟渠建筑物；放水口；分渠护坡；总投资额约612万元。主要内容：具体详见工程量清单

续表

序号	序列名称	序　列　内　容
6	招标范围	图纸设计范围 其他说明：招标文件，工程量清单及补充答疑文件全部内容
7	标段划分	贰 个标段，标段范围划分如下： 一标段：新建道路（4m宽砂石路5.5km，3.5m宽砂石路0.15km）；灌溉站1座；衬砌渠道（衬砌农渠1.96km，衬砌斗渠0.15km）；沟渠建筑物（3m跨桥，ϕ600过路涵）；放水口；分渠护坡2.2km； 二标段：分渠护坡4km
8	承包方式	施工总承包
9	是否允许联合体投标	否
10	资金来源	财政拨款，已落实
11	计价方式	采用 工程量清单 报价法
12	工程工期	合同工期 120 个日历天 预计开竣工日期（具体开工时间以业主开工令为准）
13	质量标准要求	合格
14	预留金	本工程预留金详见清单控制价，投标人必须将该费用列入投标报价中，不计规费和税金
15	评标、定标办法	详见评标办法
16	资格审查方式	资格后审
17	投标人资质等级要求	具备水利水电工程施工总承包叁级及以上资质
18	投标人建造师资格要求	具备水利水电工程（专业）贰级及以上资格，并有安全生产考核合格证书（B类）和在开标日期前半年内在该单位连续3个月的社保缴纳证明。其他要求：必须是投标人本单位工作人员，不能有其他在建工程，否则取消该投标人中标资格，并按提供虚假资料谋取中标依法处罚。市公共资源交易监督管理局将记入不良信用档案，予以曝光，并依照相关规定进行处罚
19	五大员（预算员、施工员、质检员、安全员、材料员）	项目管理人员：五大员（预算员、施工员、质检员、安全员、材料员） 1. 开标截止时间前半年在该单位连续3个月的社保缴纳证明； 2. 各人员的相关上岗证书

附表1.2　　**投标须知（二）**

序号	序　列　名　称	序　列　内　容
20	投标人替代方案	无
21	投标文件	一份正本，二份副本（中标单位在领取中标通知书时另提供 叁 份原样副本及商务标电子版）
22	投标有效期	投标文件提交截止时间后：30天内有效
23	投标保证金	人民币：一标段7万元，二标段5万元，于开标截止时间前，由投标企业基本账户汇达：铜都市公共资源交易中心，开户银行：建行城中支行，账号：34001668608053001884否则视为放弃投标

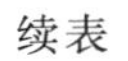

续表

序号	序 列 名 称	序 列 内 容
24	中标人履约担保	中标人提供的履约保证金为合同价款的10%（不含预留金及甲供材）
25	安全文明要求	必须确保安全文明施工，执行国家现行相关规定及铜都市住房和城乡建设委员会建政〔2008〕99号文
26	总包及分包规定	投标人不得在中标后将工程转包给其他施工单位。如需专业分包，分包项目、内容、分包商资质及分包项目价格须经监理单位及招标人同意和认可，否则将不同意
27	主要材料要求	关于承包人采购材料、设备的特别约定：承包人采购的所有用于本工程的主要材料、设备等，在进场前必须由承包人提供样品，经监理、业主代表及设计人员认可以达到设计要求后，方准予进场使用
28	现场条件	暂无
29	招标人提供的招标文件、图纸及其他资料	招标文件/清单文本一份/施工全图
30	投标文件递交截止及开标时间	具体见公告
31	开标地点	具体见公告
32	开标注意事项	投标人参加开标大会时须携带以下资料： 法人授权委托书、授权委托人有效身份证件、参见评标办法附则

附表 1.3　　招 标 人 要 求 一 览 表

序号	序列名称	序 列 内 容
33	人员到岗及履约要求	1. 投标人一旦中标，资格审查申请书所报的本项目的建造师、施工现场技术负责人在整个项目施工期内必须在位，且每周出勤不少于5天。否则招标人有权终止合同。由此造成的损失，中标人自行承担，并赔偿可能给招标人造成的损失； 2. 中标人不得擅自更换资格审查和投标时所报建造师及项目部主要管理人员。确需更换时，须报经招标人同意，更换后人员不得低于中标人投标时所报人员资质和技术水平； 3. 中标人未能按照承诺到岗尽职的，招标人将视情况严重程度对其作出相应处理，给予警告并发出整改通知。如仍未及时整改，招标人有权责令其停工整改、直至终止合同
34	材料要求	1. 中标人自行采购的材料应满足设计和规范要求的质量等级，并须按有关技术规范要求对材料质量进行检验。中标人选定的材料供应厂家和价格须经招标人和监理单位认可。如招标人和监理单位对某种或某些材料的质量有异议，有权提出停止使用的要求。若该材料经权威检验部门鉴定确有质量问题，由此而发生的一切费用由中标人自负； 2. 因中标人自行采购的材料质量引起的工程质量问题由中标人承担所造成的一切损失； 3. 如招标人对工程质量有特殊需求的，对主要设备及材料应提供不少于3个的参考品牌，供招标人选定； 对于影响工程主体结构安全和建筑物外部观感的重要材料，招标人可指定品牌，并在颁发中标通知书前双方确认。在招标时，预留金及甲供材在工程项目投标总价表中单列，投标人应不计规费和税金列入投标总报价

续表

序号	序列名称	序　列　内　容
35	工程内容（如有重点难点在此载明）	暂无
36	重要提示	1. 预中标候选人的投标保证金将在合同签订后五日内退还。非预中标候选人的投标保证金将在中标公示结束后5日内退还； 2. 招标答疑（若有）可在铜都公共资源交易网（http：//www.tdzbcg.com）上“建设工程答疑”栏内自行下载

第三章　需补充和改动的条款（略）

第四章　图纸、技术标准和要求（略）

第五章　工程量清单（略）

第六章　合 同 专 用 条 款

一、词语定义及合同文件

1. 词语定义及合同文件

2. 合同文件及解释顺序

合同文件组成及解释顺序：执行通用条款第2条。

3. 语言文字和适用法律、标准及规范

（1）本合同使用汉语。

（2）适用法律和法规。需要明示的法律、行政法规：《中华人民共和国合同法》《中华人民共和国建筑法》《中华人民共和国招投标法》。

（3）适用标准、规范。

适用标准、规范的名称：<u>　　　国家现行的建筑施工及验收规范　　　</u>

发包人提供标准、规范的时间：<u>　　　开工前5日　　　</u>

国内没有相应标准、规范时的约定：________________

4. 图纸

（1）发包人向承包人提供图纸日期和套数：<u>　　开工前3天，提供6套图纸　　</u>

（2）包人对图纸的保密要求：<u>　　　保密　　　</u>

（3）使用国外图纸的要求及费用承担：________________

二、双方一般权利和义务

1. 工程师

（1）监理单位委派的工程师

姓名：__________　职务：__________

发包人委托的职权：<u>　　详见监理合同　　</u>

需要取得发包人批准才能行使的职权：<u>　　设计变更、经济和工期签证　　</u>

（2）发包人派驻的工程师

姓名：______________ 职务：______________

职权：①对工程进度、质量、投资负责，抽查隐蔽工程现场和验收记录，按照规定程序办理经济签证；②负责协调外部关系，监督检查监理单位、施工单位工作。

（3）不实行监理的，工程师的职权：____

2. 项目经理

姓名：______________ 职务：______________

3. 发包人工作

（1）发包人应按约定的时间和要求完成以下工作

1）施工场地具备施工条件的要求及完成的时间：开工前＿7＿日内由发包人完成。

2）将施工所需的水、电、电讯线路接至施工场地的时间、地点和供应要求：施工所需的水、电、电讯线路开工前＿5＿日内由发包人接至施工现场，由发包人装表计量。

3）施工现场地与公共道路的通道开通时间和要求：开工前＿5＿日内由发包人完成。

4）工程地质和地下管线资料的提供时间：开工前＿15＿日内由发包人提供。

5）由发包人办理的施工所需证件、批件的名称和完成时间：由承包人配合发包人在开工前＿5＿日内完成。

6）水准点与坐标控制点交验要求：＿详见现行的建筑施工及验收规范＿

7）图纸会审和设计交底时间：______________________________

8）协调处理施工场地周围地下管线和邻近建筑物、构筑物（含文武保护建筑）、古树名木的保护工作：____________

9）双方约定发包人应做的其他工作：______________________

（2）发包人委托承包人办理的工作：______________________

4. 承包人工作

承包人应按约定时间和要求，完成以下工作：

（1）需要设计资质等级和业务范围允许的承包人完成的设计文件提交时间：＿无＿

（2）应提供计划、报表的名称及完成时间：每月25日提供当月完成工程量、工作量报表及下月计划报表（报表和计划表应包括质量、进度、安全、投资、材料计划等内容，并反映存在的问题和应对措施，一式叁份提交发包人。）

（3）承担施工安全保卫工作及非夜间施工照明的责任和要求：由承包人负责并承担相关费用。

（4）向发包人同工的办公和生活房屋及设施的要求：为监理单位免费提供足够的办公用房。

（5）需承包人办理的有关施工场地交通、环卫和施工噪音管理等手续：＿由承包人自行办理，费用自理。＿

（6）已完工程成品保护的特殊要求及费用承担：已完工工程但尚未交付给发包人之前所发生的相关费用由承包人承担。

(7) 施工场地周围地下管线和邻近建筑物、构筑物（含文物保护建筑）、古树名木的保护要求及费用承担：承包人负责施工场地及周围地上地下管线和邻近建筑物、构筑物（含文物保护建筑）、古树名木的保护，其费用由承包人在措施费中考虑。

(8) 施工场地清洁卫生的要求：符合本市对施工场地文明施工和清洁卫生的有关规定。

(9) 双方约定承包人应做的其他工作：＿＿＿＿＿＿＿＿＿＿

三、施工组织设计和工期

1. 施工组织设计和进度计划

(1) 承包人提供施工组织设计（施工方案）和进度计划的时间：开工前＿3＿日内承包人向发包人提供施工组织设计和总进度计划（含进度计划网络图、横道图）。

工程师确认的时间：收到后＿2＿日内工程师进行确认和提出修改意见。

(2) 群体工程中有关进度计划的要求：承包人合同段范围内的工程进度计划安排应服从和满足发包人对于整个项目群体工程总体进度计划的安排，并能根据总体进度计划的需要进行调整。

2. 工期

(1) 每提前竣工一天，发包人支付承包人＿500元/d＿的奖金；工程延期＿60＿日以上的，扣除全部工期履约保证金并按500元/天进行罚款。

(2) 双方约定工期顺延的其他情况：执行通用条款。

四、质量与验收

1. 隐蔽工程和中间验收

双方约定中间验收部位：＿按验收规范规定。＿

2. 工程试车

试车费用的承担：＿＿＿＿＿＿＿＿＿＿

五、安全施工

按国家、省（自治区、直辖市）有关建筑工程安全施工规定组织施工，要杜绝安全事故发生，否则责任由承包方自负。中标人必须实行安全生产，一切设备、水电线路和施工现场必须符合国家有关管理规定。中标人必须文明施工，使施工现场整齐规范；中标人必须接受招标人的现场管理。

六、合同价款与支付

1. 合同价款及调整

(1) 本合同价款采用＿第（1）种＿方式确定。采用固定价格合同，合同价款中包括的风险范围：

1) 本工程采用固定单价合同，投标人一旦中标，其投标清单综合单价不变。

2) 施工期间承包方自购的各类建材的市场风险、人工单价、机械台班价格浮动的风险和国家下发的政策性调整文件一律不予调整。

3) 图纸设计范围内内容的漏项和为完成图纸设计项目所必须实施的措施费用。

4) 其他项目清单计价表中招标人部分的金额为招标人完成本工程对不明确项目的估算金额，其是否动用及是否向承包人支付以及支付的数额由招标人决定。此部分费用为不可竞争费，一旦中标，招标人将在中标人的中标价中按招标文件规定的数额全额扣回。

（2）风险费用的计算方法：略。

（3）风险范围以外合同价款调整方法：

1）合同价款，中标单位的中标价作为合同价。

2）合同价款调整，工程量的增减、招标人提出的施工图纸修改、隐蔽工程洽商予以调整。

3）由于工程量的增减、变更和施工图纸修改、隐蔽工程洽商的，措施费不再调整。

4）由于变更和施工图纸修改、隐蔽工程洽商的项目结算，执行徽州省建设工程消耗量定额综合单价（材料价格执行投标价），管理费、利润、规费按投标费率计算，措施费及其他不再计取。乙方支付工程承包范围之外的费用以发包方实际签证结算。

5）由于工程量的增减，综合单价不作调整。结算时，执行投标清单综合单价。

6）未尽事宜按清单计价规范执行。

（4）采用固定单价合同，风险范围以内的综合单价不再调整，风险范围以外的综合单价及合同价款调整方法：______

（5）采用可调价格合同：可调价格包括可调综合单价和措施费等，合同价款调整方法：______

（6）采用成本加酬金合同，有关成本和酬金的预定：______

（7）双方预定合同价款的其他调整因素：______

发包人向承包人预付工程款的时间和金额或占合同价款总额的比例：______

扣回工程款的时间、比例：______

2. 工程款（进度款）支付

双方约定的工程款（进度款）支付的方式和时间。

按月完工工程量进度的60%支付进度款，工程竣工验收并取得备案文件后付至工程合同造价的85%；工程达到质量要求、竣工结算经审计后2个月内付至工程结算总造价的95%。工程保修金为工程结算总造价的5%。待工程保修期满后无质量问题一次性付清（不计利息）。

工程隐蔽增加的工程量或变更调整的价款，不作为中间支付进度款的依据，调整的价款进入总结算。招标人供应的材料价款结算，按工程进度抵付工程进度款。

3. 工程量确认

承包人向工程师提交已完工程量报告的时间：<u>每月的25日。</u>

七、材料设备供应

1. 发包人供应材料设备

（1）发包人供应的材料设备与一览表不符时，双方约定发包人承担责任如下。承包人采购材料、设备的约定：承包人采购的所有用于本工程的主要材料、设备等，在进场前必须由承包人提供样品，经监理、业主代表及设计人员认可以达到设计要求后，方准予进场使用。

（2）发包人供应材料设备的结算方法：<u>在同期进度款中全额扣回。</u>

2. 承包人采购材料设备

承包人采购材料设备的约定：______________________

八、工程变更

工程原则上不予变更，如因投标人原因需变更的，必须经招标人同意，且合同价款不予调整。

九、竣工验收与结算

1. 竣工验收

(1) 承包人提供竣工图的约定：__提供完整的竣工资料肆套（含竣工图）__。

(2) 中间交工工程的范围和竣工时间：__________。

2. 结算（略）

十、违约

1. 违约

工程质量一次验收达到"合格"，退还质量履约保证金；工程质量等级一次验收不合格者，必须返修至合格，没收质量履约保证金。其返修工期视同合同工期。

按合同工期竣工验收，返还工期履约保证金，每提前或延误一天，按 500 元/d 进行奖励或罚款，延误工期超过 60 天的，将扣除全部工期履约保证金并再按 500 元/d 进行罚款。

本工程要求严格按照施工程序和验收规范及有关要求整理资料，工程竣工并通过验收后之日向招标人提供完整的竣工资料四份（其中一份必须是原件）；中标人未按照本要求提供竣工资料或资料不符合要求的，扣 2%的工程款作为抵押，直至符合要求为止。

2. 争议

本合同在履行过程中发生的争议，由双方当事人协商解决；协商不成的，按下列__第（1）种__方式解决；

(1) 提交__铜都__仲裁委员会仲裁。

(2) 依法向铜官山区人民法院起诉。

十一、其他

1. 工程分包

本工程发包人同意承包人分包的工程：__无__。

分包施工单位为：__无__。

2. 不可抗力

双方关于不可抗力的约定：__执行通用条款__。

3. 保险

本工程双方约定投保内容如下。

(1) 发包人投保内容：__执行通用条款__。

发包人委托承包人办理的保险事项：__执行通用条款__。

(2) 承包人投保内容：__执行通用条款__。

4. 担保

本工程双方约定担保事项如下。

（1）发包人向承包人提供履约担保，担保方式为：________。担保合同作为本合同附件。

（2）承包人向发包人提供履约担保，担保方式为：________。担保合同作为本合同附件。

（3）双方约定的其他担保事项：________。

5. 合同份数

双方约定合同副本份数：____8份____。

6. 补充条款

建造师除不可抗力及意外事故外不得更换，建造师每周在施工现场不少于5d（更换建造师必须报发包方同意），否则发包方将扣履约保证金10%进行处罚，并有权解除承包合同，造成的损失由承包方承担。

备注：最终约定以实际签订的合同有关条款为准。

下篇　通用部分（摘录）

第一章　投　标　须　知

七、评标办法

本着坚持“公开、公平、公正”的原则，为维护招投标双方的合法权益，增加评标工作透明度，保证评标、定标的科学性、公正性和可操作性，根据《中华人民共和国建筑法》《中华人民共和国招标投标法》《工程建设项目施工招标投标办法（国家七部委30号令）》《房屋建筑和市政基础设施工程施工招标投标管理办法（建设部89令）》《评标委员会和评标办法暂行规定（七部委12号令）》以及《安徽省工程量清单评标办法》等法律法规的精神，并结合本工程实际制定本办法。

1. 评标程序

（1）评标委员会由招标人依法组建，成员人数为5人以上单数，由招标人及相关工作人员从市公共资源交易专家库中随机抽取产生，并依法进行监督。评标委员会成员名单在中标结果确定前应当保密。

（2）各投标人应将投标文件技术标、商务标分别签章密封。

（3）开标时，先启封技术标、再启封商务标（商务标开标顺序：先开1标段、再开2标段）。

（4）评标委员会成员先评投标文件的技术标部分，对技术标评审合格的单位，再进行商务标评审。

（5）评标委员会按评标办法，推荐有排序的预中标候选人。

注意： 对否定的投标文件，评委要提出充足的否定理由，并填写在评标记录上；对评审结果持有异议的，按照少数服从多数的原则由评委采取投票方式表决确定。所有原件在开标当天一并提交。

2. 技术标评审

技术标作符合性与完整性评审，未通过技术标评审的投标单位将不得进入商务标评审。

（1）资格审查部分若有一项不通过，则视为技术标不通过，该投标单位作废标处理，见附表1.4。

附表1.4　　**技术标资格审查合格条件**

序号	项　目　内　容	合　格　条　件
1	授权委托书	法定代表人授权的委托代理人有合法、有效的委托书，同时委托书按相应要求签字或盖章（原件必须装订在技术标文件内）
2	营业执照	具备年审合格的有效营业执照（复印件需装订在技术标文件内，原件审查）

续表

序号	项目内容	合格条件
3	资质等级证书	具备满足资质等级要求的资质等级证书（复印件需装订在技术标文件内，原件审查）
4	安全生产许可证	具备年审合格的有效安全生产许可证（复印件需装订在技术标文件内，原件审查）
5	建造师	提供符合资质要求注册建造师注册证书，注册单位必须是投标申请单位（复印件需装订在技术标文件内，原件审查）； 建造师安全生产考核合格证书（B类）（复印件需装订在技术标文件内，原件审查）； 提供在该单位截止开标日期前半年内，连续3个月的社保缴纳证明（复印件需装订在技术标文件内，原件审查）
6	五大员（预算员、施工员、质检员、安全员、材料员）	1. 提供各岗位相关人员的岗位证书（复印件需装订在技术标文件内，原件审查）； 2. 提供在开标截止时间前半年在该单位连续3个月的社保缴纳证明复印件（复印件需装订在技术标文件内，原件审查）
7	企业信誉	企业自报名到开标截止日期都未在被限制投标期间内（徽州省内市级及以上招投标管理部门限制投标的）并提供承诺（原件必须装订在技术标文件内）
		投标人需提供《检察机关查询行贿犯罪档案结果告知函》，该函由铜都市人民检察院（本地企业）出具，外地企业由企业注册所在地县级以上人民检察院出具（复印件需装订在技术标文件内，原件审查）
8	投标保证金	保证金具体可通过下述形式为本次投标提供担保： 按招标文件规定的金额、账号、账户、提交形式等要求从投标单位注册所在地基本账户转入投标保证金并在招标文件规定的截止时间前（本投标须知《前附表》规定时间）到达指定账户。（提供保证金转账〈电汇〉银行回单及投标企业开户许可证复印件，并加盖投标单位公章，同时将复印件装订在技术标文件内，否则视为未按要求提供，原件审查）
9	签章要求	应按本工程招标文件要求签字、盖章
10	相关人员到场情况	投标人法定代表人或其委托代理人（携带居民身份证）准时到开标现场
11	其他	详见第三章《需补充或改动的格式条款》规定

注 资格审查部分以原件为准，复印件需装入技术标文件中。

(2) 技术部分评标委员会对技术部分进行评审。评审结果为合格或者不合格。经评审合格的，可进入商务标评审；不合格的则不再进行商务标评审。评审内容如下。

1) 投标承诺的工期和质量。

2) 施工准备及现场平面布置（基本满足本工程要求的为合格）。

3) 主要劳动力分配情况、主要材料采购情况、主要施工设备。

4) 施工进度计划和保障措施。

5) 项目部班子组成情况。

6) 安全生产措施、文明施工措施、质量保证措施。

7) 新技术施工方法。

上述评审内容中，第1）～6）项中，如有一项及以上不合格，即为技术标不合格，不再开启其商务标。

由评标专家进行资格后审。评审结果为合格或者不合格。经评审合格的方可进入商务标评审；不合格的则不再进行商务标评审。

3. 废标条款（重大偏差）

（1）投标文件未按照招标文件的要求予以装订。

（2）投标文件封面、投标函、投标函附录、工程量清单报价表未在相应位置加盖投标人的企业印章、企业法定代表人或其授权的委托代理人签字或盖章的。

（3）投标人递交两份或多份内容不同的投标文件，或在一份投标文件中对同一招标项目报有两个或多个报价，且未声明哪一个有效的。按招标文件规定提交备选投标方案的除外。

（4）投标文件不符合招标文件规定工期、质量标准要求，或填报的工期、质量标准前后不符。

（5）未按规定的格式填写，实质性内容不全或关键字迹模糊、无法辨认的。

（6）投标文件商务标的工程量清单报价封面未加盖投标单位章和本单位造价人员资格章的［造价人员执业资格章上没有本单位名称的，须提供注册所在地建设主管部门（造价管理部门）出具该造价人员为本单位人员的证明］。

（7）投标报价高于招标控制价的。

（8）不可竞争费用中有其中一项修改计费标准或擅自修改不可竞争费用项目进行竞争。

（9）投标人对暂定价或工程量清单内容进行修改的。

（10）法律、法规规定的其他情形。

4. 商务标评审

商务标有效性审查。

（1）投标人的技术标评审结果为不合格者，不再开启其商务标。评审委员会将对进入商务标评审的各投标人的商务标有效性进行审查，经评审有效后，评审委员会将对商务标进行校核，看其是否有计算或表达上的错误，修正错误的原则如下：

1）如果数字表示的金额和用文字表示的金额不一致时，应以文字表示的金额为准。

2）当标出的单价或费率同数量的乘积与合价不一致时，以单价为准，除非评标委员会认为单价有明显的小数点错误，此时应以标出的合价为准，并修改单价。工程量清单报价表中综合单价与综合单价分析表中相对应的综合单价不一致时，以综合单价分析表中相对应的综合单价为准。

3）各项报价书中，细目价格、费用（合价或合计）金额累计不等于总计（合计或总计）金额时，应以各细目价格、费用（合价或合计）金额累计数为准，修正总价（合计或总计）金额。

按上述修正错误的原则及方法调整或修正投标文件的投标报价，投标人同意后，调整后的投标报价对投标人起约束作用。如果投标人不接受修正后的报价，则其投标将被拒绝并且其投标担保也将被没收，并不影响评标工作。

（2）商务标评审评标规则。

1）本次招标设招标控制价 A 值（在确定的开标日期 10 日之前，有超过 5 家及以上的投标单位对招标控制价提出异议，将由原招标控制价编制单位或重新选择有资质的单位对招标控制价进行重新编制）。

所有在 A 值以下（含 A 值）范围内的投标单位家数为 M。当 $M>5$ 时，M 家数范围内有效投标报价在去掉一个最高值及去掉一个最低值后取算术平均值为 B，（去掉的有效投标报价仅不参与 B 值得计算，但仍为有效投标报价）；当投标单位家数 $M\leqslant 5$ 时，则取所有有效投标报价的算术平均值为 B 值。取所有在 B 值的 93%～107%范围内（含 B 值的 93%值及 107%值）的有效投标报价的算术平均值为 C 值，当所有投标报价均在 B 值的 93%～107%范围以外时，则取 B 值为 C 值；最终评标基准值 $D=[C(1-N\%)]$，D 值以上（含 D 值）报价作合理范围内的报价，投标人合理范围内的投标报价按由低到高顺序排列，依次确定第一中标候选人、第二中标候选人，第三中标候选人。

2）N 值的取定：开标时在投标单位中选取两名代表随机从 2～6 的自然数中各抽取一个数，取其平均值（各标段采用相同的 N 值）。

3）如出现两家或两家以上投标单位排名相同且有效，则在相关监督部门的监督下，由投标人现场抽签确定预中标人。

4）投标人可对所有投标标段进行投标，但只能中一个标段，如投标单位同时为两个标段的第一中标候选人时只能选择投标价高的一个标段，其余标段报价为第二的为第一中标候选人（以此类推）。

5）评标委员会将评标结果形成评标意见，报招标人依法确定预中标人和预中标候选人。

5. 附则

（1）各投标人应将本企业的企业法人营业执照、企业资质证书、企业安全生产许可证、建造师注册证书、建造师安全生产考核证书（B 类）、建造师和五大员在该单位截止开标日期前半年内连续 3 个月的社保缴纳证明、《检察机关查询行贿犯罪档案结果告知函》、保证金转账〈电汇〉银行回单及投标企业开户许可证、委托代理人身份证等需证明的材料原件带到铜都市公共资源交易中心（开标现场），由评标专家进行审查。未提供有效原件的将不予评审。

（2）对评标结果如有异议，应在中标公示发布期间内提出质疑。若发现建造师有建工程的或投标人有弄虚作假行为等其他违法违规行为的，评为预中标人（或预中标候选人）的取消中标（或预中标候选）资格，但不影响已评审的排名结果。非中标候选人的，不影响已评审的排名结果。同时由市公共资源交易监督管理局依照相关法律法规进行处理，并记入不良行为纪录。

（3）投标人在安徽省内受到市级及以上招投标主管部门限制投标处罚的，至公告发布之日仍在处罚期内的投标人不得参与投标。若隐瞒上述情况的参加投标，评为预中标人（或预中标候选人）的取消中标（或预中标候选）资格，但不影响已评审的排名结果。非中标候选人的，不影响已评审的排名结果。同时由市公共资源交易监督管理局依照相关法律法规进行处理，并记入不良行为纪录。

八、合同的授予

1. 合同授予标准

本招标工程的施工合同将授予中标人。

2. 招标人拒绝投标的权力

招标人不承诺将合同授予报价最低的投标人。招标人在发出中标通知书前，有权依据评标委员会的评标报告拒绝不合格的投标。

3. 中标通知书

(1) 招标人将在发出中标通知书的同时，将中标结果以书面形式通知所有未中标的投标人。

(2) 预中标候选人的投标保证金将在合同签订后五日内退还。非预中标候选人的投标保证金将在中标公示结束后五日内退还。

4. 合同协议书的签订

(1) 招标人与中标人将于中标通知书发出之日起30日内，按照招标文件和中标人的投标文件订立书面工程施工合同，招标人和中标人不得再行订立背离合同实质性内容的其他协议。

(2) 中标人如不按本招标文件规定与招标人订立合同，则招标人将废除授标，投标担保不予退还，给招标人造成的损失超过投标担保数额的，还应当对超过部分予以赔偿，同时依法承担相应法律责任。

(3) 中标人应当按照合同约定履行义务，完成中标项目施工，不得将中标项目施工转让（转包）给他人。

5. 履约担保

(1) 合同协议书签署的同时，中标人应按本投标须知前附表1第20项规定的金额向招标人提交履约担保。

(2) 若中标人不能按投标须知中相关规定执行，招标人将有权解除合同，并没收其投标保证金，给招标人造成的损失超过投标担保数额的，还应当对超过部分予以赔偿。

6. 履约担保返还时限

履约担保返还时限由招标人和中标人自行协商，但最迟返还时限不得超过项目竣工验收后28d。

7. 支付担保

本工程是否实行工程款支付担保及有关规定见前附表规定，如实行，招标人最迟也将在签订合同的同时向中标人提交。

8. 支付担保的退还

风险保证金的退还根据工程进度同比例退还，具体在合同中明确。

第二章　合同通用条款

通用合同主要条款详见GF－1999－0201标准建筑工程施工合同范本（1999版本），其中实质性条款不能改变。

第三章　投 标 文 件 格 式

一、技术标投标文件

____________________工程施工招标

招标编号：

项目名称：______________________________

投标文件内容：　　技术标文件　　

投标人：　　　　　　（盖公章）　　

法定代表人或其委托代理人：（签字或盖章）

日　　期：______年______月______日

目　录

1. 法定代表人身份证明书
2. 授权委托书
3. 委托代理人身份证复印件
4. 企业营业执照复印件
5. 企业资质证书复印件
6. 企业安全生产许可证书复印件
7. 联合体投标的相关材料复印件（本工程不接受联合体投标）
8. 建造师注册证书复印件
9. 建造师安全考核证书（B类）复印件
10. 建造师在开标截止时间前半年在该单位连续3个月的社保缴纳证明复印件
11. 五大员（预算员、施工员、质检员、安全员、材料员）岗位证书复印件
12. 五大员（预算员、施工员、质检员、安全员、材料员）在开标截止时间前半年在该单位连续三个月的社保缴纳证明复印件
13. 承诺企业自报名到开标截止日期都未在被限制投标期间内（安徽省内市级及以上招投标管理部门限制投标的）的承诺函
14. 保证金缴纳情况表、保证金转账〈电汇〉银行回单及投标企业开户许可证复印件
15. 《检察机关查询行贿犯罪档案结果告知函》
16. 其他需要的资料（详见上篇第三章需补充或改动的条款规定）
17. 投标函
18. 投标函附录
19. 施工组织设计

（1）各分部分项工程的主要施工方案与技术措施。

（2）确保工程质量管理体系与措施。

（3）确保安全生产、文明施工管理体系与措施。

（4）工程进度计划与措施及施工网络图。

（5）确保工程进度计划及技术组织措施（附施工进度表或工期网络图）。

（6）资源配备计划。

1）工程投入的主要物资（材料）情况描述及进场计划（附拟投入的主要施工机械设备表）。

2）工程投入的主要施工机械设备情况、主要施工机械进场计划。

3）劳动力安排计划及劳动力计划表。

（7）施工总平面图及临时用地表。

（8）有必要说明的其他内容。

（9）拟分包情况表。

(10) 投标单位的业绩材料和投标人认为需要提供的其他资料。

20. 项目管理机构配备情况

(1) 项目管理机构配备情况表及特殊说明资料。

(2) 项目经理简历表、业绩表及证明材料。

(3) 项目技术负责人简历表、业绩表、职称证书(证书上必须为本单位人员)。

(4) 项目管理班子关键职位人员履历表及岗位证书(证书上必须为本单位人员)。

二、商务标投标文件

____________工程施工招标

投标文件

（　　）标段

招标编号：

项目名称：____________

投标文件内容：　商务标文件

投标人：　　　　（盖公章）

法定代表人或其委托代理人：　（签字或盖章）

日　　期：______年______月______日

目　　录

1. 封面
2. 总说明
3. 投标总价
4. 工程项目投标总价表
5. 已标价的工程量清单
6. 总价承包临时工程费用表
7. 工程单价汇总表
8. 工程单价分析表
9. 施工机械台时费汇总表
10. 主要材料、设备价格表
11. 计日工人工单价表
12. 计日工材料单价表
13. 计日工施工机械使用费单价表
14. 投标报价需要的其他材料

工 程 量 清 单

工程名称：×××××国家现代农业示范区 2013 年旱涝保收标准农田建设项目施工 1 标段

序号	分项工程名称	单位	数量	单价/元	合价/元	备注
1	新建道路					
1.1	4.0m 宽砂石路	m	5500			
1.1.1	原有路面整平夯实	m^2	25300			
1.1.2	15cm 厚大块碎石基层	m^2	24475			
1.1.3	15cm 厚泥结石路面层	m^2	22825			
1.1.4	3cm 厚干压碎石面层	m^2	22000			
1.1.5	路肩土方回填、压实	m^3	3300			
1.2	3.5m 宽砂石路	m	150			
1.2.1	原有路面整平夯实	m^2	615			
1.2.2	15cm 厚大块碎石基层	m^2	592.5			
1.2.3	15cm 厚泥结石路面层	m^2	615			
1.2.4	3cm 厚干压碎石面层	m^2	525			
1.2.5	路肩土方回填、压实	m^3	90			
2	灌溉站					
2.1	机械挖基础土方（三类土）	m^3	94.72			
2.2	机械回填、夯实土方	m^3	60			
2.3	人工开挖基础土方（三类土）	m^3	50.43			
2.4	人工回填、夯实土方	m^3	40			
2.5	M10 浆砌石底板	m^3	7.36			
2.6	M10 浆砌石挡土墙	m^3	27.39			
2.7	M10 浆砌石护坡	m^3	14.16			
2.8	C20 混凝土基础	m^3	9.94			
2.9	C20 混凝土泵基基础	m^3	1.15			
2.10	C20 混凝土压顶	m^3	1.55			
2.11	模板	m^2	26.5			
2.12	C20 混凝土出水池底板	m^3	1.01			
2.13	M10 浆砌砖出水池	m^3	8.35			
2.14	1∶2 水泥砂浆抹面	m^2	41.76			
2.15	C25 混凝土镇墩	m^3	0.48			
2.16	M10 浆砌石泵房基础	m^3	9.12			
2.17	泵房	m^2	23.55			
2.18	250HW－7 型混流泵购置	台	1			
2.19	250HW－7 型混流泵安装	台	1			
2.20	15kW Y180－6 电机购置	台	1			

续表

序号	分项工程名称	单位	数量	单价/元	合价/元	备注
2.21	15kW Y180－6 电机安装	台	1			
2.22	2.2kW 真空泵购置	台（套）	1			
2.23	2.2kW 真空泵安装	台（套）	1			
2.24	DN250 铸铁管（带法兰）	m	11			
2.25	S11－20kVA 10/0.4kV 电力变压器购置	台	1			
2.26	S11－20kVA 10/0.4kV 电力变压器安装	台	1			
2.27	RW4－10 50/20A 跌开式熔断器	组	1			
2.28	氧化锌避雷器 Y5W－12.7/42	组	1			
2.29	钢筋混凝土电杆 $\phi170$ $L=1200$	根	2			
2.30	电机控制箱 XJ01－40	台	1			
2.31	YJV22－4×10 铠装电缆	m	22			
2.32	YJV22－4×4 铠装电缆	m	22			
2.33	接地系统	项	1			
2.34	镀锌方钢变压器围栏	延长米	10			
3	衬砌渠道					
3.1	衬砌农渠	m	1960			
3.1.1	人工开挖沟槽土方（三类土）	m^3	729.7			
3.1.2	人工回填、夯实土方	m^3	1960			
3.1.3	粗砂垫层	m^3	177.6			
3.1.4	现浇 C20 混凝土护坡	m^3	439			
3.1.5	C20 混凝土压顶	m^3	98			
3.1.6	沥青麻丝沉降缝	m^2	87.8			
3.1.7	模板	m^2	784			
3.2	衬砌斗渠	m	150			
3.2.1	机械清除杂草	m^2	2400			
3.2.2	机械开挖沟渠土方	m^3	300			
3.2.3	人工开挖沟槽土方（三类土）	m^3	180			
3.2.4	人工回填、夯实土方	m^3	300			
3.2.5	M10 浆砌石护底	m^3	45			
3.2.6	粗砂垫层	m^3	32.9			
3.2.7	干砌混凝土预制块护坡	m^3	81.6			
3.2.8	现浇 C20 混凝土护坡	m^3	2.5			
3.2.9	C20 混凝土压顶	m^3	7.5			
3.2.10	模板	m^2	60			
3.2.11	二毡三油止水缝	m^2	9.1			

续表

序号	分项工程名称	单位	数量	单价/元	合价/元	备注
4	放水口	座	40			
4.1	人工开挖基础土方（三类土）	m^3	144			
4.2	人工回填、夯实土方	m^3	96			
4.3	M10 浆砌块石	m^3	40.7			
4.4	C20 混凝土外包	m^3	18			
4.5	ϕ20cm 预制混凝土涵管	m	45			
4.6	涵管安装	m^3	0.4			
4.7	模板	m^2	80			
5	分渠护坡	m	2200			
5.1	机械清除杂草	m^2	4136			
5.2	机械开挖沟渠土方	m^3	7700			
5.3	机械回填、夯实土方	m^3	4400			
5.4	M10 浆砌石护脚	m^3	880			
5.5	粗砂垫层	m^3	847			
5.6	干砌混凝土预制块护坡	m^3	1309.4			
5.7	C20 混凝土封边	m^3	1.3			
5.8	C25 混凝土压顶	m^3	110			
5.9	二毡三油分缝	m^2	165			
5.10	模板	m^2	880			
6	3m 跨桥	座	3			
6.1	机械挖基础土方（三类土）	m^3	1152			
6.2	机械回填、夯实土方	m^3	243			
6.3	人工开挖基础土方（三类土）	m^3	34.8			
6.4	C25 混凝土底板	m^3	62.7			
6.5	M10 浆砌石桥台	m^3	202.5			
6.6	C25 混凝土台帽	m^3	7.6			
6.7	C30 混凝土桥面板	m^3	15			
6.8	钢筋制作安装	t	6.2			
6.9	二毡三油分缝	m^2	16.5			
6.10	模板	m^2	129.9			
7	ϕ600 过路涵	座	10			
7.1	机械挖基础土方（三类土）	m^3	163.2			
7.2	机械回填、夯实土方	m^3	52.8			
7.3	人工开挖基础土方（三类土）	m^3	18			
7.4	M10 浆砌石挡土墙	m^3	67.7			

续表

序号	分项工程名称	单位	数量	单价/元	合价/元	备注
7.5	C15 混凝土垫层	m^3	9.1			
7.6	$\phi600$ 有筋混凝土预制涵管	m	50			
7.7	涵管安装	m^3	6.2			
7.8	模板	m^2	2			
合计						

附录2　光明沟涵闸设计书

根据光明沟涵闸的设计任务书的资料及要求，拟定本指示书，建议按下列章节编写毕业设计说明书。

第一章　工　程　概　况

一、基本资料

首先根据任务书提供的资料，熟悉建闸处的地形、地质、水文、水利、运用等有关情况，了解建闸缘由和设计任务，为便于以后设计，归纳列出主要的设计数据：如建筑物等级、水位、流量等规划资料数据等，其次对主要资料进行分析，确定穿堤建筑物形式、轴线及整体布置。

二、工程概况（可以最后写）

根据初步拟定的涵闸各部分结构、尺寸，进行水力、渗透、结构等计算，要符合设计要求。然后可将所选用的水闸各部分的型式、结构尺寸等，作一简要叙述（如涵闸各部分的形式、结构、尺寸、消能、防冲、防渗等设施，上下游翼墙形式、结构、尺寸等）。

第二章　工　程　布　置

一、洞身布置

在平面及堤防横断面上初步布置涵洞的轴线及高程相应位置关系。每节涵洞长 10m。进口高程 4.5m，可采用 5 节箱涵，1/1000 的纵向底坡，沉降缝设置。画示意图（附图 2.1）。

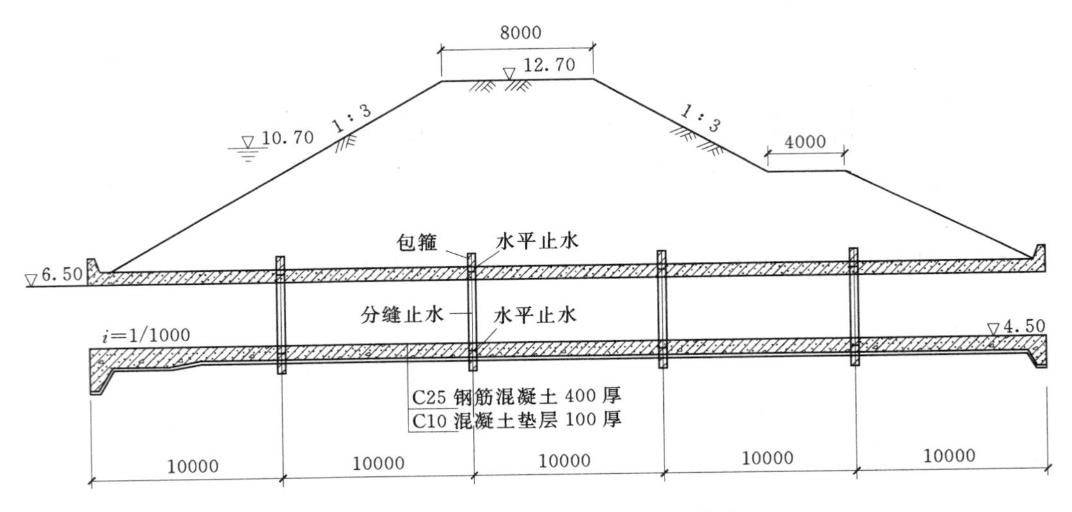

附图 2.1　箱涵沿堤防里面布置示意图（单位：mm）

二、闸室布置

闸室可分为下部结构（底板）、中部结构（闸墩、闸门等）、上部结构（工作桥）（附图 2.2）。

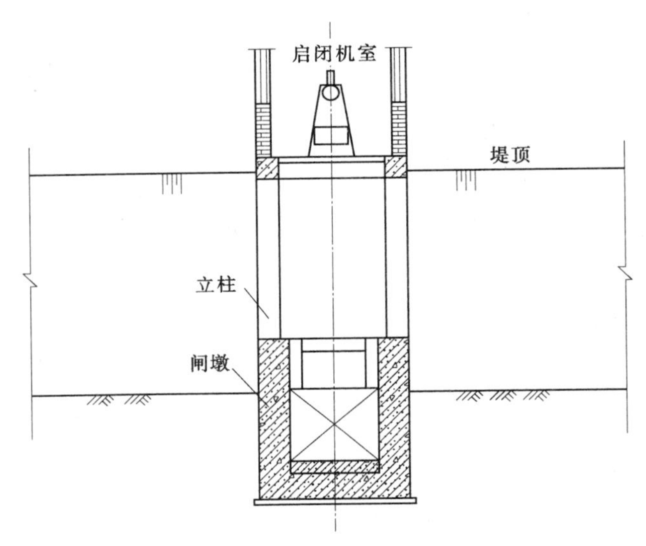

附图 2.2　闸室立面结构示意图

1. 下部结构

底板结合涵洞，高程和涵洞高程同高，平底堰型，其长度和厚度尺寸可参考类似工程进行拟定。底部设 C10 混凝土垫层厚 100mm，长宽每侧均超出底板 100mm（附图 2.3）。

2. 中部结构

(1) 闸墩。结合涵闸布置特点，闸墩由涵洞侧墙向上游廷伸，为了降低闸墩高度，顶部可设置排架，这样闸墩高程可与此处大堤边坡高程相同，闸墩长度应满足布置排架的需

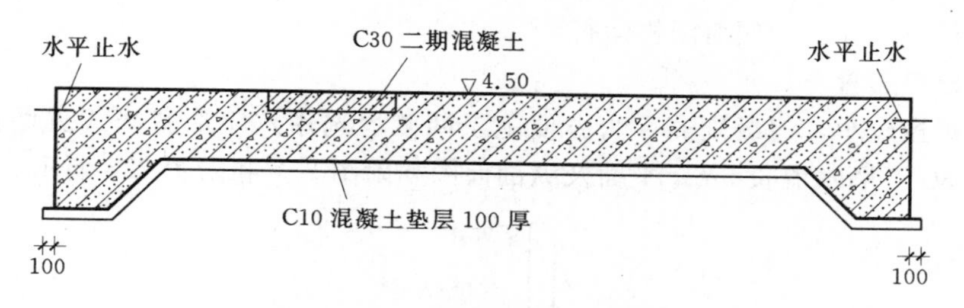

附图 2.3 闸室底板立面布置图

要（附图 2.4）。

（2）闸门与启闭机。因闸门挡水，运行期所承受的水头较低，孔跨较小，建议采用C20 钢筋混凝土平板门，以节省工程造价。启闭机采用螺杆式（附图 2.5）。

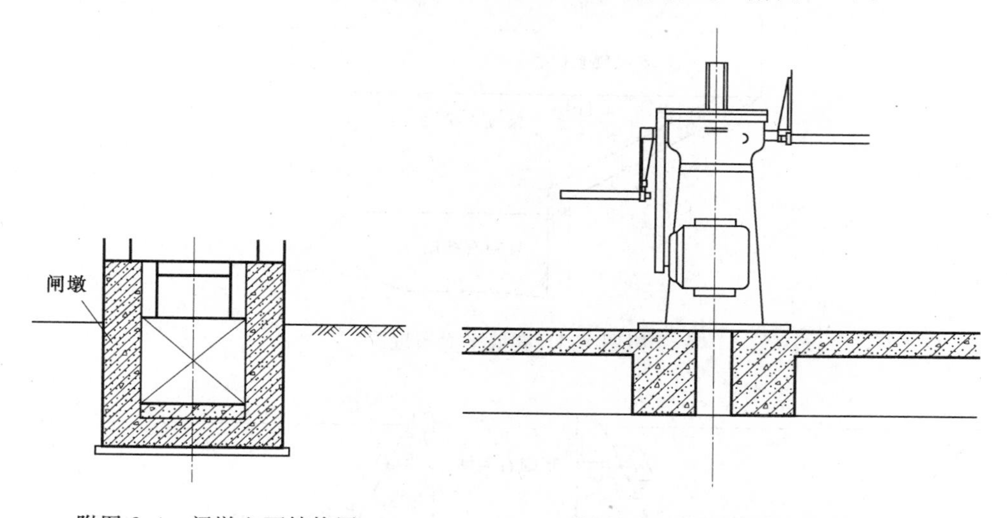

附图 2.4 闸墩立面结构图

附图 2.5 启闭机布置示意图

3. 上部结构

（1）工作桥结构型式：为保证质量，便于施工，拟采用 C20 钢筋混凝土板梁桥结构，现场预制吊装（附图 2.6）。

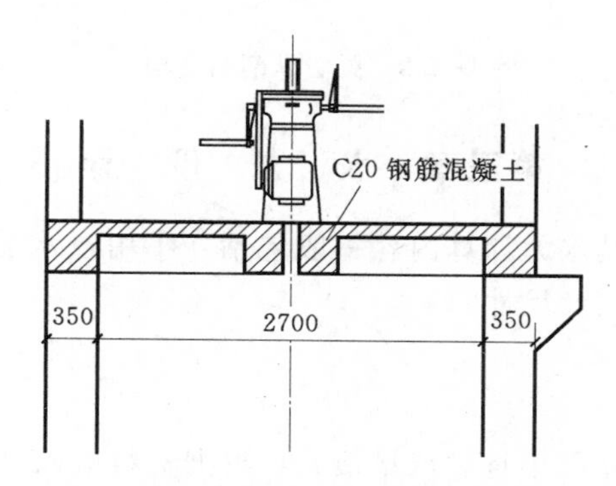

附图 2.6 工作桥立面布置图

(2) 工作桥尺寸：方便启闭机运行。

三、进出口布置

本工程规模较小，但级别高，为方便施工两侧均选用八字形斜降式翼墙在进出口布置。扩散角30°，顺水流长5m。平面及纵剖面图如附图2.7和附图2.8所示。

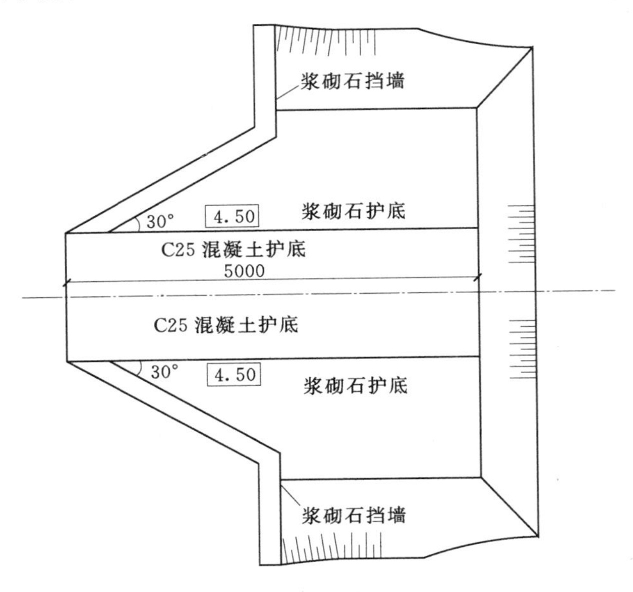

附图2.7 翼墙平面布置图

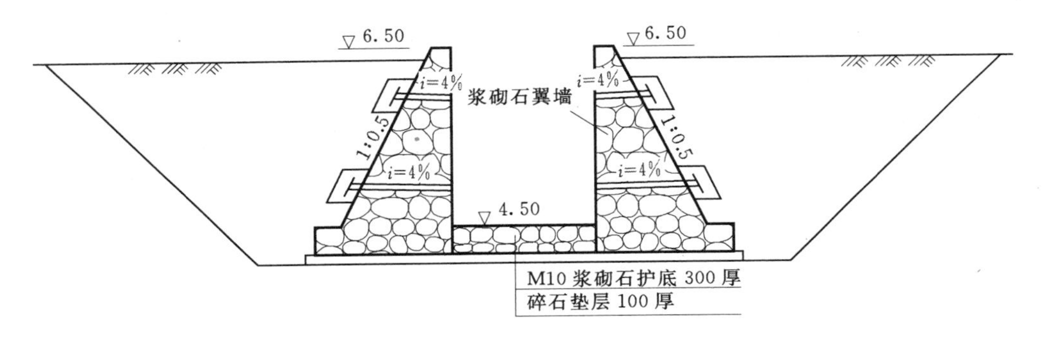

附图2.8 翼墙纵剖面结构图

第三章 水 力 设 计

依据水闸设计规范，其水力计算内容一般包括：①由过水能力计算确定闸孔口尺寸；②确定消能防冲设计的形式及尺寸。

一、孔口设计计算

1. 计算情况

控制条件是内外水位差最小且过流量最大，根据资料应以排涝流量$3m^3/s$，上游水位（工业园侧）为6.5 m，下游水位6.0m为控制条件。

2. 孔口尺寸计算

根据水利部2011年颁布并实施的《灌溉与排水渠系建筑物设计规范》（SL 482—2011），明确了涵洞不同流态的判别标准：

（1）涵洞进口水深 $H \leqslant 1.2a$ 时：当出口水深 $h_t < a$ 时，为无压流；当 $h_t \geqslant a$ 时为淹没压力流。

（2）$1.2a < H \leqslant 1.5a$ 时：当出口水深 $h_t < a$ 时，为半压力流；当 $h_t \geqslant a$ 时为淹没压力流。

（3）$H \geqslant 1.5a$ 时：当出口水深 $h_t < a$ 时，为半压力流；当 $h_t \geqslant a$ 时为淹没压力流。

H 为从进口洞底算起的进口上游水深，h_t 为从出口洞底算起的出口下游水深，a 为洞高或洞径，单位均为 m。

1）有压涵洞淹没出流的计算公式为 $Q = \mu_H \omega \sqrt{2g(H_0 + iL - h_t)}$

$$\mu_H = \frac{1}{\sqrt{\xi_z + \sum \xi + \frac{2gL}{C^2 R}}}$$

有压涵洞自由出流的计算公式为 $Q = \mu \omega \sqrt{2g(H_0 + iL - \eta a)}$

$$\mu = \frac{1}{\sqrt{1 + \sum \xi + \frac{2gL}{C^2 R}}}$$

式中 μ——流量系数；

ω——涵洞断面系数；

H_0——计入行进流速水头的上游水深，近似取 $H_0 = H$，m；

i——涵洞纵坡，$i = 1/1000$；

L——涵洞长度，m；

η——系数，一般取 0.85；

$\sum \xi$——进口、渐变段等阻力系数总和；

ξ_z——出口阻力系数；

C——谢才系数；

R——水力半径，m。

2）设计两侧引水断面尺寸。

3）定洞身尺寸及复核。

4）定断面尺寸并画示意图。

考虑水力计算、工程造价和受力特点，而且管理运用本工程位于长江干堤上，每年汛前、汛后都要对涵闸内部进行检查。最终确定孔口尺寸（底板和侧墙厚约为 1/10～1/6 倍洞宽，顶板厚约为 1/12～1/7 倍洞宽；加腋尺寸约为 0.08～0.1 倍洞宽）。

二、消能防冲设计

1. 设计情况选择

应以冲刷最严重的情况作为设计依据，排涝情况时，孔口出流为自由出流，上游水位 5.7m，下游水位 4.5m。

2. 消能设计

消能方式选择挖深式消力池。

$$d=\sigma_0 h''_c - h_s - \Delta Z$$

其中

$$h''_c=\frac{h_c}{2}\left(\sqrt{1+\frac{8\alpha q^2}{gh_c^3}}-1\right)\left(\frac{b_1}{b_2}\right)^{0.25}$$

$$h_c^3 - T_0 h_c^2 + \frac{\alpha q^2}{2g\varphi^2}=0$$

$$\Delta Z=\frac{\alpha q^2}{2g\varphi^2 h_s^2}-\frac{\alpha q^2}{2gh''^2_c}$$

$$L_j=6.9(h''_c - h_c)$$

验算水跃淹没度 $\sigma=1.05\sim1.10$。

3. 计算池长

按抗冲要求计算选择护坦厚度（不得小于 0.5m）、材料。建议用 C20 混凝土，钢筋二级。

$$t=k_1\sqrt{q\sqrt{T_0}}$$

k 可取 0.15～0.25：t 为首端厚，末端不得小于 $t/2$。

4. 防冲设计

海漫长度计算：

$$L_p=K_s\sqrt{q_s\sqrt{T_0}}$$

K 取 9。

5. 防冲槽尺寸设计、材料选择

$$d_m=1.1\frac{q_m}{[v_0]}-h_m$$

6. 各部分示意图

各部分示意图见前面各部分内容。

第四章　结　构　计　算

一、洞身结构计算

洞身荷载有垂直土压力、侧向水平土压力、外水压力、内水压力、汽车荷载、自重及地基反力等。

二、闸门结构计算

闸门结构计算：两侧门槽为简支支承，在下部取单宽（高度方向）按单跨简支梁计算，荷载为均匀水压力。

附　录　3

根据龙河闸设计任务书的资料及要求，拟定本指导书，建议按下列章节写毕业设计说明书。

第一章　工程概况

一、资料分析

二、工程概况

第二章　水闸的水力计算

一、孔口设计计算

二、消能防冲设计

三、闸门控制运用方式

第三章　水闸的防渗排水设计

一、概述

二、地下轮廓线设计

三、渗透计算

四、排水设施及止水

第四章　水闸的闸室布置及稳定计算

一、闸室的结构布置

二、闸室的稳定计算

第五章　水闸的结构设计

一、闸底板设计

二、闸墩设计

三、铰接板桥设计

四、边墩、翼墙设计

五、其他结构设计

第一章　工　程　概　况

一、资料分析

首先要根据任务提供的资料，熟悉建闸处的地形、地质、水文、水利、施工运用等有关情况，了解建闸缘由的设计任务，为便于以后设计，归纳出主要的设计数据，如建筑物等级、水位、流量等规划数据，运用条件等。

其次对主要资料要进行分析：如闸轴线和闸的整体布置，闸址地质条件，闸的设计运用特点（双向挡水），施工特点（滩地施工），今后发展要求（二期工程要求）等。

二、工程概况

根据初步拟定的水闸各部分的结构，尺寸，进行水力、渗透、稳定、结构等计算后，符合设计要求。

然后可将所选用的水闸各部分的型式、结构尺寸等，作一简要叙述（如闸室各部分的型式、结构、尺寸、消能、防冲、防渗等设施，上下游翼墙型式、结构、尺寸等，以及水闸的设计运用特点等）。

第二章　水闸的水力计算

根据水闸设计规范，水闸的水力设计内容一般包括以下内容：

（1）计算闸孔孔口尺寸。

（2）确定消能防冲设施。

（3）拟定闸门控制运用方式。

一、孔口设计计算

1. 设计资料

根据资料，应以排涝情况为孔口设计控制条件，即米湖水位 2.74m，龙河水位 2.85m，相应排涝流量 $84m^3/s$，上下游引河河道断面尺寸可参见任务书。

2. 孔口尺寸计算

（1）闸孔型式选择。根据龙河节制闸的运用要求，建议采用开敞式水闸，由于本闸水位变幅较大，挡水位较高，建议采用胸墙。

（2）底板堰型选择。本闸双向挡水，无挡沙要求，闸下地基较好，根据运用和水力条件，建议闸底板堰型选用宽顶堰底板。

（3）闸底板高程确定。应根据闸的级别、规模和水力、地质、施工、运用等条件，综合分析后选用适宜的底板顶部高程。建议底板顶部高程与引河河床底齐平，为－0.5m。

（4）选定上下游设计水位，见水闸上下游河道设计水深，闸前河道底高程（闸底板高程）、闸下游河道底高程。

（5）计算闸孔净宽。

1）判别流态。

2）闸孔总净宽，根据规范计算。

$$B_0 = Q/(m\sigma\varepsilon\sqrt{2g}H_0^{3/2})$$

3）单孔宽 b 用孔数 n 的确定，b 宜选用闸门规范中有的整数值，n 宜采用单数。

4）底板结构型式的选择：根据水闸规范关于土基底板分缝的要求，以及本闸的地质和运用、水力、闸室 B 等条件，建议采用整体式底板（具体尺寸由指导教师布置）。

（6）流量校核。根据所选孔径及闸室尺寸、水力和运用条件，验算所选闸孔通过流量，是否满足要求。

二、消能防冲设计

1. 设计资料

根据任务书，分洪消能水位：米湖 5.50m，龙河 3.80m，泄流量 $90m^3/s$。

2. 消能方式的选择

根据动用地质、水力，施工等条件，建议采用底流式消能方式。

3. 消力池设计

根据水闸规范，确定消力池的深度、长度和底板厚度，选定消力池的布置、构造。

4. 海漫设计

根据消能设计流量，求算消力池末单宽流量，再根据相应上下游水位差，河床土质和海漫的布置条件，按水闸规范公式计算海漫的长度和选定海漫的构造和布置。

5. 防冲槽设计

根据海漫末端的布置和水力条件，按水闸规范公式计算海漫末端河床冲刷深度，选定防溃槽的尺寸和布置。

$$d'=1.1q''/(v_0)-h_s'$$

三、闸门控制运用方式

闸门的控制调度，一般多孔闸闸门要在闸门运用管理方面，注意均匀齐步；或间隔对称等启闭原则。

第三章　水闸的防渗排水设计

一、概述

根据水闸规范，水闸的防渗排水设计内容一般包括。

(1) 闸下渗透压力的计算。

(2) 闸下渗流抗渗稳定性验算。

(3) 反滤设计。

(4) 选定水闸垂直和水平缝的止水设施的构造设计基本资料：

水位：米湖 5.50m，龙河 3.00m（正向挡水）

　　　米湖 2.17m，龙河 3.00m（反向挡水）

先根据上下游水位差、地质、运用等条件，拟定地下轮廓线，初选防渗排水设施，然后按上述基础项目进行计算，直至满足设计要求为止。

二、地下轮廓线设计

1. 地下轮廓线拟定

本闸为双向挡水，闸底板上下游可采用相同的消力池，海漫和防冲槽以防渗、排水布置、根据水闸规范，其防渗排水布置应以水位差较大的一面为主。

(1) 拟定地下轮廓时，建议可在底板两端和消力池末端，布置深度为 0.5m 的齿墙，内坡 1：1，底板厚度可采用 1/5b（闸孔净宽）。下游从护坦起点开始布置反滤层，在护坦末端设置排水孔（Φ10@100cm）。

(2) 地下轮廓包括底板长度的拟定，可根据闸基土质，上下游最大水位差和水力、运用等条件拟定：

1) 对壤土地基，底板长度约 (3～4) H（H 为上下游最大水位差），也可参考水工教材。

2) 根据闸室布置和运用要求拟定底板长度：初步选定工作桥宽度 3.0m，公路桥宽度 5.0m 检修便桥宽 1.3m，主门槽与检修门槽间距为 1.7m，从 (1)、(2) 两项中选取符合适用要求的合宜数据。

(3) 根据所选定的各部分尺寸，计算实际地下轮廓长度 $L_{实}$。

2. 地下轮廓线校核

根据水闸规范，按闸基土质条件和反滤层布置，所需闸基渗长度 L 需可按式［附(3.1)］计算

$$L_{需}=C'\Delta H \tag{附 3.1}$$

要求

$$L_{需}<L_{实}$$

否则应修改原地下轮廓布置，直至满足要求为止。侧向渗透计算可不进行，要求翼墙、边墩后的侧向防渗长度应不小于闸底的防渗长度。

三、渗透计算

1. 计算情况

正向挡水和反向挡水两种情况。

2. 计算方法

建议用改进阻力系数法计算闸下各控制点渗透压力，按水闸规范规定对进口、出口段水头损失值应进行修正，具体计算参见水工建筑物教材，并由水闸规范的公式，验算闸基的抗渗稳定性［地基类别可选用（黏）壤土］。

3. 计算步骤

(1) 简化地下轮廓。

(2) 计算地基有效深度 T_e。

(3) 计算各段阻力系数 ξ 和水头损失 h_j。

(4) 进出口水头的损失计算与修正。

(5) 计算闸底各控制点的渗压水头。

(6) 渗透稳定校核。

四、排水设施及止水

1. 排水设施

建议在护坦下布置反滤层、护坦末端布置冒水孔，反滤层可采用三层（砂、砂砾、砾石），为满足施工要求，最小层厚度宜大于 15cm，反滤层的级配应符合水闸规范要求（见规范）。

2. 止水设施

在水闸防渗范围内的温度沉陷缝，需布置止水设备，根据止水设备的布置部位，有水平和垂直止水，止水的布置在水闸平面和纵剖面图中应有反映，止水的材料可自行选择，止水的构造和布置应符合规范的要求。

第四章　水闸的闸室布置及稳定计算

一、闸室的结构布置

闸室的布置应符合水闸规范第三章第一节闸室布置的要求。闸室可分为下部结构（闸底板等），中部结构（闸墩、边墩、胸墙、闸门等），上部结构（工作桥及其排架、公路桥、检修便桥等）。现将各部分布置要点叙述如下。

1. 下部结构、底板

(1) 底板的功用：参见水工教材。

(2) 底板的型式：在第二章水力计算部分已选定为整体式宽顶堰平底板。

(3) 基本尺寸：底板的长度、厚度、齿墙深度及其尺寸可采用第三章防渗计算中地下轮廓拟定时所用的数值。

(4) 构造：闸底板与上下游护坦连接处，宜设置温度沉陷缝，缝宽可采用1～2cm，缝内应设止水设备。

(5) 材料：底板建议采用C20混凝土结构。

2. 中部结构

(1) 闸墩。

1) 闸墩的功用：参见水工教材。

2) 型式：考虑水力、施工、运用等条件，闸墩型式建议采用附图3.1所示。

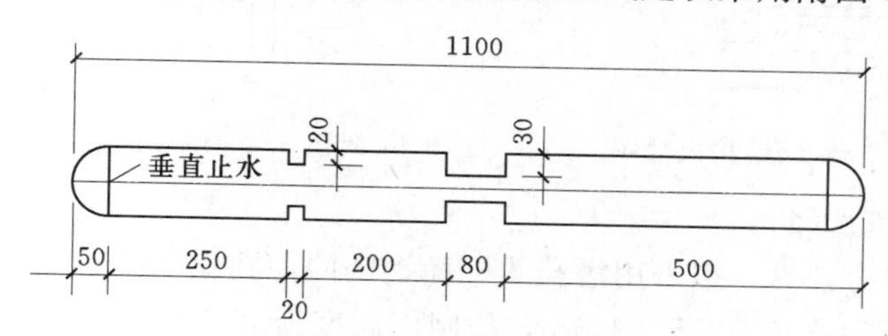

附图3.1　闸墩结构型式（单位：mm）

3) 尺寸：

a. 闸墩的长度一般与底板长度相同，应满足上部结构布置的需要。建议采用11.0m。

b. 主门槽与检修门槽的尺寸、间距，建议按上图布置，根据水闸规范，闸墩主门槽处最小厚度，不宜小于0.5m。

c. 闸墩顶高程，上下游闸墩顶高程都应高于相应的上下游最高水位，并有一定的安全超高，由设计任务书知米湖大堤，堤顶高程为7.00m，下游闸墩顶高程采用6.50m（扣除铰接板厚0.5m）。

4) 材料：闸墩材料建设采用C15混凝土。

(2) 边墩：边墩的材料、墩顶高程和长度与闸墩相同，具体型式、尺寸如附图3.2所示，边墩与上下游翼墙之间应设温度沉陷缝，并布置垂直止水。

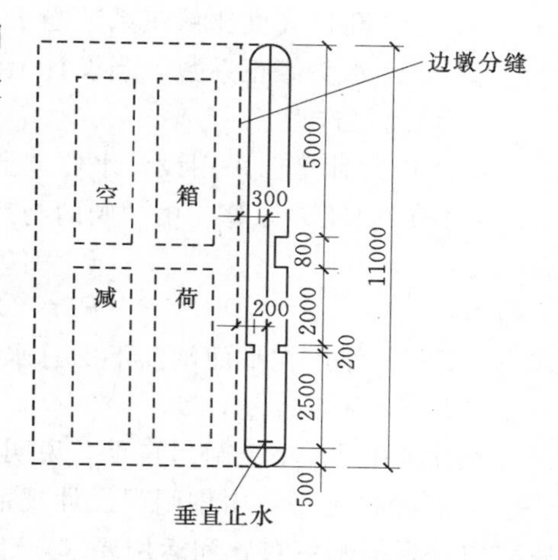

附图3.2　边墩平面布置图

(3) 胸墙：由前水力计算在闸门上游侧（米湖一侧）布置有胸墙，胸墙底部高程以不影响泄流为原则，根据水位资料及胸墙构造建议采用3.0m，胸墙顶部高程应与上游侧闸墩顶相平，采用7.0m，故胸墙高度为7－3＝4.0m，胸墙的型式和尺寸，建议可按附图3.3和附图3.4采用。胸墙材料可采用C15混凝土，建议采用简支结构，其长度为5m，为使水流平顺地进入闸孔，胸墙底部迎水面宜做成圆弧形。

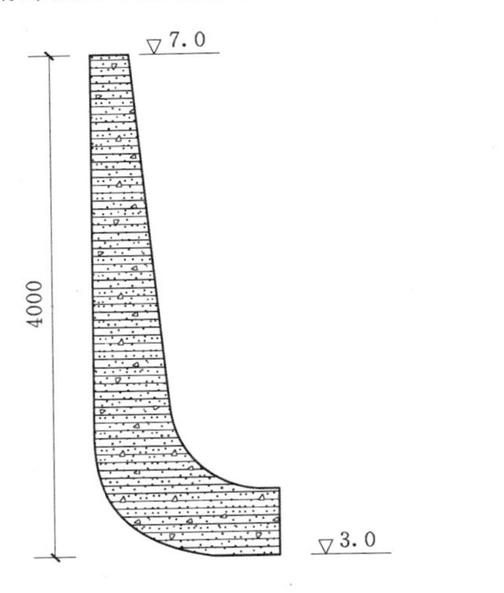

附图3.3 胸墙结构尺寸图

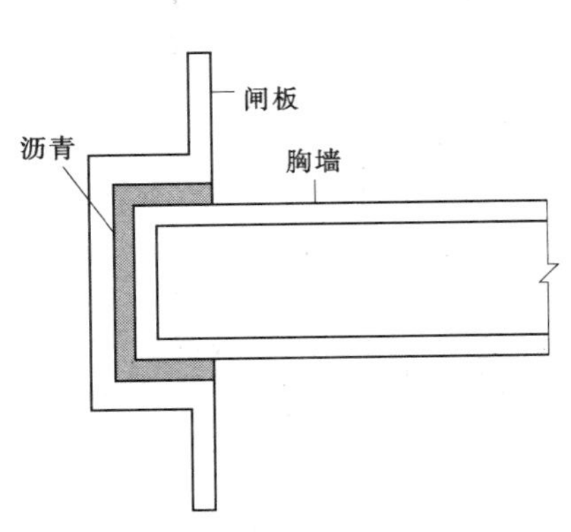

附图3.4 胸墙简支结构图

（4）主门启闭机选择。

1）闸门：由水力计算，拟采用潜孔式平面钢闸门，孔宽 $b=5.0$m，闸门门顶高程＝下游水位＋安全超高＝3.0＋0.5＝3.5m，故闸门高度为3.5＋0.5＝4.0m，闸门尺寸宽×高为5m×4m。

闸门重量估算，根据钢闸门设计规范附录五，对于潜孔式平面滚轮闸门自重。

$$G=K_1K_2K_3 0.073A^{0.93}H_s^{0.79}$$

式中 A——孔口面积，m^2；

K_1——闸门工作性质系数，对工作闸门 $K_1=1.0$；

K_2——孔口高度比修正系数当 $H/B<1.0$ 时，$K_2=1.1$；

K_3——水头修正系数，当设计上游水深<60m时，$K_3=1.0$。

2）启闭机选型。

a. 水压力计算。采用设计水位，上游米湖水位5.5m，下游龙河水位为3.0m。

b. 闸门启闭力计算。由“闸门与启闭机”中平面滚轮闸门可查得

启闭力：
$$F_o=(0.1\sim0.12)P+1.2G$$

闭门力：
$$F_w=(0.1\sim0.12)P-0.9G$$

式中 P——作用在平面闸门下的总水压力，N；

G——闸门重量，N。

若计算出 F_w 小于闸门自重，说明闭门时靠门自重就可放下，无需另加闭门力。

c. 启闭机选型，由钢闸门设计规范150条、152条，选用启闭机容量应不小于计算的启闭力，根据闸室布置和运用要求，建议布置为一机一门型式，可选用双吊点的固定卷扬式启闭机。启闭机型号可参见制造厂家的说明书选用。

3. 上部结构

（1）工作桥。

1）工作桥的功用可参见规范。

2）工作桥结构型式：为保证质量，便于施工，拟采用钢筋板梁桥结构，现场预制吊装。

3）工作桥的尺寸。

a. 宽度 B。

$$B=启闭机底座宽+2\times操作宽+2\times栏宽$$

式中：启闭机底座宽可由厂家产品目录中查相应启闭机型号的基础尺寸，结合我们设计可采用1.2m；操作宽一般为0.6～1.2m，可取0.8m；栏杆截面可采用0.1m×0.1m，高度1.0m，间距2.0m。

b. 高度 h，根据水工教材，工作桥纵梁高度 $h=(1/8\sim1/12)h$ 取0.6m，工作桥纵梁宽度 $B=(1/2.5\sim1/4)h$，但不小于25cm，取0.3m，纵梁间距可采用1.0m。工作桥横梁高度一般为纵梁高度的2/3～3/4，取0.4m。横梁宽度取0.2m。

c. 材料：采用C200钢筋混凝土。

（2）排架设计。为减小闸墩高度，为支承工作桥，可在闸墩上加设C150钢筋混凝土排架，采用实体结构，排架上可安装活动门档，以免闸门晃支和便于闸门的字装与检修。

1）排架宽度，可用下式计算

$$B=G+b_0+(0.1\sim0.2)\times2$$

式中　G——工作桥纵梁间距，$G=1.0$m；

b_0——工作桥纵梁宽度，$b_0=0.3$m。

2）排架高度：采用排架顶高程为闸门高度加富裕超高=4.0+0.5=4.5m，故排架顶高程为：7+4.5=11.5m。

3）排架厚度 t。由于采用活动门档，为便于闸门启闭，一般排架厚度可取等于门槽处闸墩厚度，即 $t=1.0-2\times0.25=0.5$m。

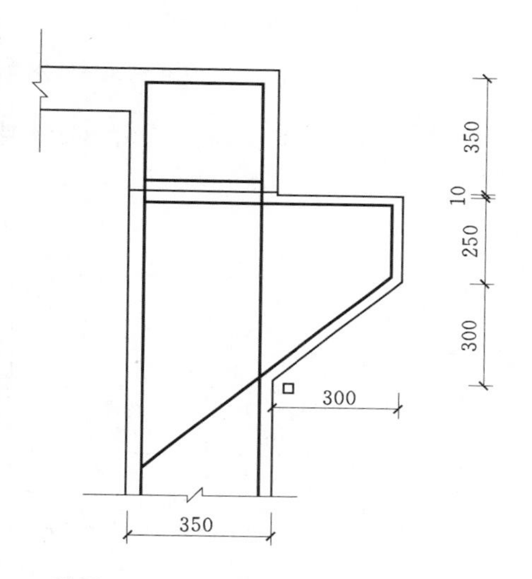

附图3.5　牛腿结构图（单位：mm）

4）牛腿。为便于检修闸门启闭，在排架上游侧布置牛腿，其上可安装起吊设备轨道，牛腿材料采用C150钢筋混凝土，具体尺寸见附图3.5。

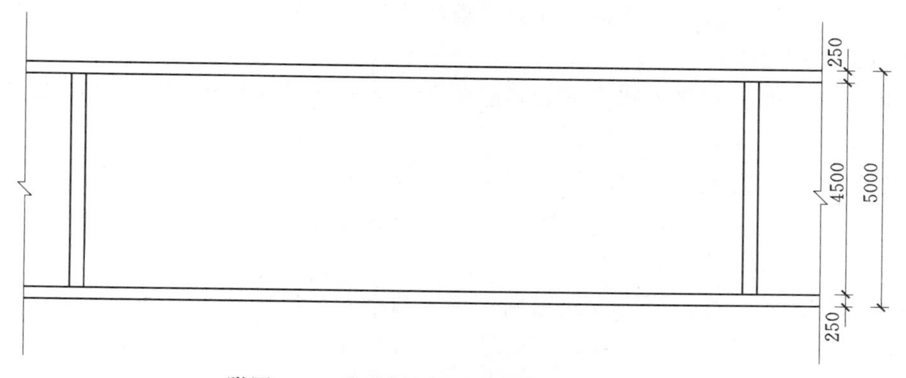

附图3.6　公路桥平面布置图（单位：mm）

(3) 公路桥。为联系两岸交通，在闸下游侧闸墩上布置公路桥，按单车道汽车－10级标准设计，桥面为铰接板，采用C20混凝土，预制吊装桥面总宽为5.0m，净宽为4.5m，两侧安全带与栏杆宽为2×0.25m，具体尺寸见附图3.6和附图3.7。

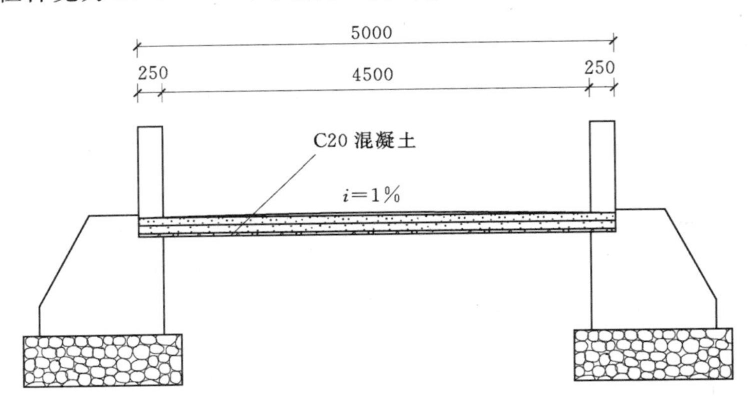

附图3.7　公路桥立面结构图（单位：mm）

(4) 上游检修便桥：采用C20混凝土预制装配式结构，尺寸见附图3.8和附图3.9。

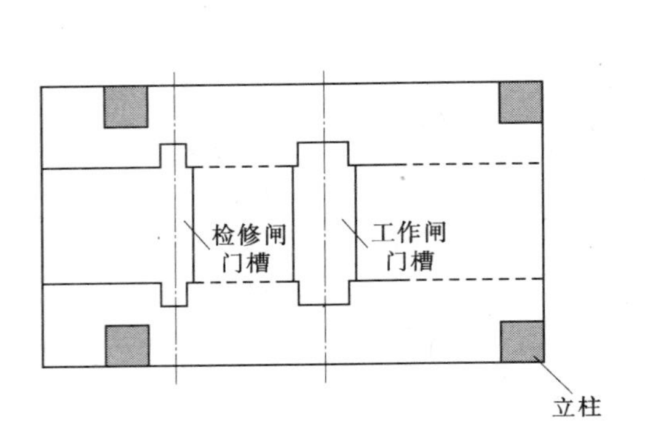

附图3.8　检修便桥平面布置图

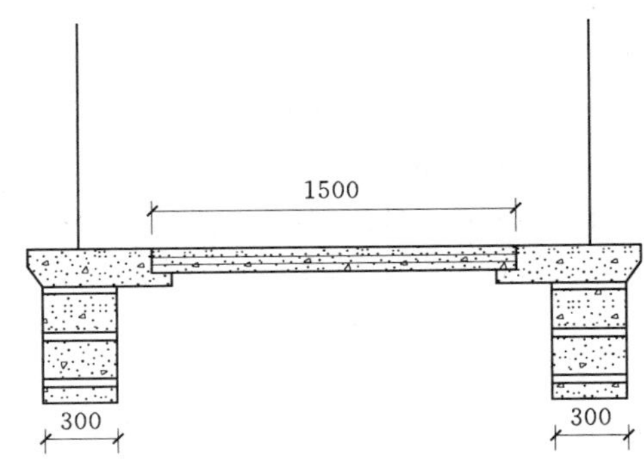

附图3.9　检修便桥立面结构图（单位：mm）

二、闸室的稳定计算

闸室的稳定计算，是水闸结构设计的重要组成部分。根据水闸规范，土基上闸室的稳定计算应满足下列要求：

(1) 各种计算情况下要求闸室平均基底压力不大于地基容许承载力，闸地基容许承载力(R)采用200kN/m^2。

(2) 基底压力的最大值与最小值之比不大于规定的容许值，见水闸规范。

(3) 抗滑稳定安全系数，不小于水闸规范规定的容许值。

1. 闸室基底压力的计算

闸室基底压力的计算，可分为完建期，正向挡水期及反向挡水三种情况分别计算，可按闸室布置及不同计算情况，计算作用荷载并进行组合，对于结构布置及受力情况对称的闸孔可按下式计算闸底压力。

$$P_{\min}^{\max}=\sum G/A\pm\sum M/W(\mathrm{kPa})$$

公式说明见水工教材，计算出的各种情况的 $P_{\min}^{\max}$ 值，应满足前述（1）、（2）两项要求，并要求 $P_{\min}>0$（不允许出现拉应力）。

求算各项用荷载和相应 M 时，各种情况可分别列表计算，对一些细节补充说明如下。

（1）完建时期。主要荷载的结构自重和边墩后回填土重，没有水平力，也不考虑扬压力，砼容重可采用 2.5t/m³，回填土可采用自然容重 1.875t/m³。

（2）正向挡水期。此时上游水位 5.5m，下游水位 3.0m，此时荷载除完建期考虑的以外，还需计入上下游压力、水重、浪压力、闸底浮托力和渗透压力，可绘计算简图。

1）计算上游水压力时，上游消力池底板与闸底板之间设有温度沉陷缝，缝中嵌以金属止水片，位于高程－0.80m 处止水片以上，以下的水压力可分别计算（参见水工教材）。

2）浪压力的计算，根据已知资料可先计算浪高和波长，然后计算浪压力（参见水闸设计规范或水工教材）。

3）闸基下的渗透压力可参见第三章防渗计算成果。

4）闸基的浮托力，可根据相应下游水位计算（参见水工教材）。

（3）反向挡水期米湖水位 2.17m，龙河水位 3.00m，可不考虑浪压力，其他计算荷载与情况 2 类似，也可绘计算简图。

2. 闸室抗滑稳定校核

（1）判别可能发生的滑动形式。

$$P_{kp}=ArB_t\tan\varphi+2C\ (1+\tan\varphi)$$

式中 P_{kp}——临界荷载，t/m³；

r——地基土浮容重，0.99t/m³；

B_t——底板顺水流向长度，11.0m；

φ——地基土的内摩擦角，18°；

C——地基土的单位黏聚力，6kN/m²（见地基土壤资料）；

A——系数 1.75～4.0，一般取消 2.5。

如由前各种计算情况算出的 $P_{\max}$ 小于 P_{kp}，则闸室不会产生深层滑动，否则需验算深层滑动的可能性。

（2）闸室沿基础底面的抗滑稳定性校核。

由于闸基为壤土，闸底与地基之间存在凝聚力 C，故可用水闸规范公式计算

$$K_C=(\tan\varphi_0\sum G+C_0\times A)/\sum H$$

式中 φ_0——基础底面与地基土的摩擦角，(°)（φ_0 值选择可参见水闸规范说明近似可采用时 90%×18°＝16.2°）；

C_0——基础底面与地基土之间的凝聚力，kN/m²（C_0 值选择也参见水闸规范第 57 页三项说明）近似可采用 20%×6＝1.2kN/m²；

$\sum G$，$\sum H$——应按正向和反向挡水两种计算情况，分别求出作用于闸室的垂直力和水平力的总和；

A——闸底板与地基土之间的接触面积（11×18.8）m²。

正向与反向挡水两种计算情况求得的K_C值应大于K_C才满足抗滑稳定要求（K_C可见本节开始说明）。若K_C值不满足要求，可参见水工教材的措施以提高闸室的抗滑稳定性。

第五章　水闸的结构设计

水闸室各组成部分的结构型式和尺寸，已在前一章中初步确定，本章要进一步通过结构计算来验算构件强度，并根据需要进行配筋计算和抗裂校核。

本章结构设计的内容包括闸底板、闸墩、公路桥、胸墙、边墩翼墙等，具体计算方法、步骤、要求说明于后。

一、闸底板设计

由前本闸采用整体式平底板，由于水闸为3级建筑物，规模较小，属于中小型工程，底板计算方法一般采用倒置梁法和截面法，前者虽计算较简单，但计算成果常与实际情况出入较大，而后者虽同样假定基底反力为均匀分布，不够合理，但计算也较简单，且在一定程度上考虑了闸室的整体性，故建议采用截面法。

截面法的计算方法和步骤可参见“水闸”规范和水工教材。

1. 选定计算情况

一般有施工期、完建期，结合我们的设计，可选用完建期，正面挡水和反面挡水三种情况。

2. 计算三种情况闸底的地基反力

可用第四章二、闸室的稳定计算第一项的计算成果。

3. 计算不平衡剪力及剪力分配值

（1）不平衡剪力的计算。常以闸门与胸墙的连接面为界，将闸室分成上下游两段，可参照水工教材公式分别求出三种不同计算情况的不平衡剪力。可列表求算。

（2）不平衡剪力分配。闸段的不平衡剪力由各段的底板和闸墩共同承担，二者各分配多少，可按水工教材中公式计算。

以Q表示闸段的不平衡剪力：

$$Q=R+U-W_1-W_2-G_1-G_2$$

式中　W_1——底板自重；

G_1——闸墩重；

G_2——上部结构重；

W_2——底板上水重；

R——基底反力；

U——扬压力（即浮托力U_1和渗透力U_2之和）。

则分配给各底板的不平衡剪力可由下列式计算：

$$Q_{板}=\int_f^e \tau_y L\mathrm{d}y=\frac{Q}{2J}\left(\frac{2}{3}e^3-e^2f+\frac{1}{3}f^3\right)$$

$$Q_{墩}=Q-Q_{板}$$

式中　e——截面水平轴至底板底面的距离，m；

f——截面水平轴至底板顶面的距离，m。

Q——闸段的不平衡剪力，t；

L——底板横向宽度的一半，9.4m；

J——截面对形心轴的惯性距。

求得 $Q_{墩}$，则中墩和边墩可按其厚度比进行分配，即 $Q_{中墩(边墩)}=b/b_{总}\times Q_{墩}$

$$Q_{中墩}=2/(2+1.65)\times Q_{墩}$$

$$Q_{边墩}=1.65/(2+1.65)\times Q_{墩}$$

每个中墩或边墩所分配的不平衡剪力为 $Q_{中墩}/2$ 或 $Q_{边墩}/2$。

4. 底板上作用荷载的计算

底板上的作用荷载包括单宽板条上的均布荷载和闸墩、边墩传来的集中荷载。

底板单宽条上的均布荷载为

$$q=\frac{W-U\pm Q_{板}}{2LB}$$

式中　W——分段上的底板自重及板上水重，kN；

U——分段上的扬压力，kN；

B——闸室顺水流方向分段长度，m；

$2L$——闸室垂直水流方向分段长度，m；

$Q_{板}$——分段底板上的不平衡力，对上游段取“－”号，对下游段取“＋”号，kN。

闸墩或边墩等传来的集中荷载为

$$P=\frac{G\pm Q_{墩}}{B}$$

式中　G——分段上的闸墩或边墩自重及上部结构重，kN；

$Q_{墩}$——分段上闸墩或边墩的不平衡剪力，对上游段取“－”号，对下游段取“＋”号，kN；

B——闸室顺水流方向分段长度，m。

由于边墩直接挡土，还应计算侧向土压力对底板水平中心线产生的力矩 m。

求出各种计算情况的底板梁上作用荷载后，可分为上下游分别绘出计算图；

根据计算图，可求出各种计算情况，上下游闸段的 m 图，通过比较，选出三种情况中的跨中的最大 m_{max}，据以验算强度和进行配筋计算和抗裂校核。

二、闸墩设计

1. 闸墩的功用

闸墩的功用见水工教材。

2. 闸墩的形状尺寸

闸墩的形状尺寸见第四章一、闸室的结构布置，本闸选用平面钢闸门。

3. 闸墩结构的计算情况

(1) 运用时期。闸门关闭，闸墩承受水压力，闸墩重以及上部结构重量，有浪压力时也应计入，此时闸墩应验算墩底应力和门槽应力，本闸选用正向挡水期进行验算。

1) 墩底水平截面上正应力的计算。计算公式可采用水工教材中公式，可列表计算。

2) 墩底水平截面上剪应力计算。计算公式可采用水工教材中公式，可列表计算。要求计算出的墩底应力应小于材料的允许应力（可参见“水工钢筋混凝土结构”）。

3）门槽应力验算及配筋。计算公式及计算简图可参见武汉水院《水工建筑物》下册P57～58，式（7-45）～式（7-47），图7-68。门槽配筋可参见教材。

（2）检修期。一孔检修，邻孔过水或关闭，此时闸墩应验算其承受侧向水压力及其荷载时的墩底强度。此时墩底水平截面上横向应力计算可采用教材中公式。参见相关规范，目前多数水闸闸室下游一侧多不设检修门槽，一般也不计算横向正应力。

三、铰接板桥设计

本闸闸室下游侧布置铰接板结构公路桥，根据设计任务书资料按汽－10级设计，桥面总宽5m，净宽4.5m。具体布置的尺寸见第四章一、闸室的结构布置。

每块铰接板净高可采用45cm，计算简图可参见水工教材。

铰接板桥的设计方法，步骤可参见水工教材。验算荷载暂不考虑。

四、边墩、翼墙设计

1. 边墩

边墩后直接挡土，因边墩与闸室连成整体，不必单独算其稳定性，只需算边墩底部应力。

计算情况可考虑完建期，取闸门上游（米湖一侧）一断面。

边墩可按重力式挡土墙原理进行设计，作用荷载有边墩自重，墩墙后侧土压力，填土容重的 $r_{自}=1.875t/m^3$，计算土压力时回填土为壤土应考虑凝聚力 C 的影响。

2. 翼墙

（1）上游翼墙建议采用C15钢筋混凝土扶壁式挡土墙，计算方法步骤可参见水工教材可取一最大断面进行分析（最高）。下游翼墙计算情况可取正向挡水期。

（2）下游翼墙建议采用重力式挡土墙、计算方法、步骤可参见SL 265—2001《水闸设计规范》附录D土压力计算，下游也取一最大断面进行分析。上游翼墙计算情况可取反向挡水期。

五、其他结构设计

时间允许，建议可设计胸墙，由指导教师选定。

参 考 文 献

［1］伍鹤皋．水利水电工程专业实践教学指导书［M］．北京：中国水利水电出版社，2011.
［2］胡明．水利水电工程专业毕业设计指南（第二版）［M］．北京：中国水利水电出版社，2010.
［3］冷涛．施工实训［M］．北京：中国水利水电出版社，2005.
［4］桂发亮．水文及水利水电规划综合练习［M］．北京：中国水利水电出版社，2007.
［5］崔振才．工程水文及水资源学习指导与技能训练［M］．北京：中国水利水电出版社，2007.
［6］冷爱国．水工建筑物实训指导［M］．北京：中国水利水电出版社，2008.
［7］工程造价综合实训课程建设团队．工程造价综合实训［M］．北京：中国水利水电出版社，2011.
［8］水利水电工程施工安全监控技术课程建设团队．水利水电工程施工安全监控技术［M］．北京：中国水利水电出版社，2011.
［9］水利工程施工资料整编课程建设团队；水利工程施工资料整编［M］．北京：中国水利水电出版社，2010.
［10］水利水电工程施工质量监控技术课程建设团队．水利水电工程施工质量监控技术［M］．北京：中国水利水电出版社，2010.
［11］水利水电工程招投标与标书编制课程建设团队．水利水电工程招投标与标书编制［M］．北京：中国水利水电出版社，2010.
［12］工程水文及水利计算课程建设团队．工程水文及水利计算［M］．北京：中国水利水电出版社，2010.
［13］沈刚．水利工程识图实训［M］．北京：中国水利水电出版社，2010.
［14］高琴月．水利水电工程造价软件操作［M］．北京：中国水利水电出版社，2010.
［15］黄森开．工程造价编制实训（水利水电工程技术专业）［M］．北京：中国水利水电出版社，2003.
［16］涂兴怀．工程施工实习实训（水利水电工程技术专业）［M］．北京：中国水利水电出版社，2003.
［17］于纪玉．综合实践（农业水利技术专业）［M］．北京：中国水利水电出版社，2003.
［18］徐永春．建筑工程专业技能综合实训［M］．北京：中国水利水电出版社，2014.
［19］张小林．建筑施工综合实训［M］．北京：中国水利水电出版社，2009.
［20］张小林．模板工程施工与组织［M］．北京：中国水利水电出版社，2009.
［21］郝红科．混凝土工程施工与组织［M］．北京：中国水利水电出版社，2013.